全国中医药行业高等教育"十四五"规划教材
全国高等中医药院校规划教材（第十一版） 配套用书

有机化学习题集

（新世纪第六版）

（供中药学、药学、中药制药、药物制剂等专业用）

主　编　林　辉（广州中医药大学）

中国中医药出版社
·北京·

图书在版编目（CIP）数据

有机化学习题集 / 林辉主编 . — 6 版 . — 北京：中国中医药
出版社，2021.8（2022.5 重印）
全国中医药行业高等教育"十四五"规划教材配套用书
ISBN 978-7-5132-7091-5

Ⅰ.①有…　Ⅱ.①林…　Ⅲ.①有机化学—中医学院—习题集
Ⅳ.① O62-44

中国版本图书馆 CIP 数据核字（2021）第 153332 号

中国中医药出版社出版

北京经济技术开发区科创十三街 31 号院二区 8 号楼
邮政编码　100176
传真　010-64405721
三河市同力彩印有限公司印刷
各地新华书店经销

开本 787×1092　1/16　印张 13.5　字数 298 千字
2021 年 8 月第 6 版　2022 年 5 月第 3 次印刷
书号　ISBN 978-7-5132-7091-5

定价　49.00 元
网址　www.cptcm.com

服 务 热 线　010-64405510　　微信服务号　zgzyycbs
购 书 热 线　010-89535836　　微商城网址　https://kdt.im/LIdUGr
维 权 打 假　010-64405753　　天猫旗舰店网址　https://zgzyycbs.tmall.com

如有印装质量问题请与本社出版部联系（010-64405510）

全国中医药行业高等教育"十四五"规划教材
全国高等中医药院校规划教材（第十一版）配套用书

《有机化学习题集》编委会

编写说明

　　《有机化学习题集》是全国中医药行业高等教育"十四五"规划教材《有机化学》的配套用书。自"十五"期间出版"新世纪第一版"以来，本习题集一直与《有机化学》规划教材各版次同步出版。2016年出版"新世纪第四版"后，因中国化学会在2017年更新了有机化学命名原则，故及时将《有机化学习题集》进行修订，作为"新世纪第五版"，本次出版的习题集顺延为"新世纪第六版"。历版习题集得到全国中医药院校的广泛采用，并获得好评。

　　本习题集坚持以学生为中心，充分体现专业性、科学性、先进性、实用性、思想性。为此，本次修订着重从以下两方面进行了完善。

　　第一，删除了一些偏题与难题；更正了错误的答案；规范了答案的格式。

　　第二，在每一章前面补充了选择题。为体现中医药特色，相当一部分选择题选用了中药活性成分的实例。

　　修订后的《有机化学习题集》体系完整，难易适中，题型多样。不仅方便学生自学自练，又兼顾了中药学的专业性与中医思维。该习题集可供全国高等中医药院校中药学、药学、中药制药、药物制剂等专业于"十四五"教学期间选用。

　　尽管本习题集编委会汇集了全国22所高等中医药院校、1所药科院校和1所军事医学院校有机化学课程教学骨干和专家，代表了该领域的教学水平，但是时间有限，编写错漏之处恐在所难免，敬请广大师生和读者在使用过程中提出宝贵意见，以便再版时修订提高。

《有机化学习题集》编委会

2021年6月

目　录

第一章 绪 论 ▷▷▷▷

习 题

1. 简述有机化合物的特点。
2. 简述最早人工合成的有机物及其合成反应。
3. 常用哪些技术手段来鉴定有机物的结构？
4. 试用蛛网式、结构简式和键线式表达 3-甲基己烷的结构。
5. 无机化学与有机化学在化学反应方面有何差异？
6. 无机物和有机物在结构方面有何差异？
7. 无机物和有机物在存在形式上有何差异？
8. 无机物和有机物在溶解性方面有何差异？
9. 哪些物理常数可为有机物的鉴定提供有益信息？
10. 何谓元素定性分析？
11. 为什么要进行元素定量分析？
12. 分子式能否视作某一物质的表达式？为什么？
13. 哪些有机物可以进行紫外分析？
14. 为什么有机化学是药学专业的重要基础课？
15. 简述中药专业与有机化学的相关性。

参考答案

1.

(1)可燃性。大部分有机物可燃,仅少部分不可燃。

(2)低沸点、低熔点。

(3)独特的溶解性。根据各自的结构特点,分别溶于各种不同的溶剂。

(4)反应速度慢。大部分有机反应速度较慢,仅少部分反应速度快。

(5)副反应多、反应产物复杂。

(6)组成和结构复杂。可由多种元素组成各种分子和高分子化合物,异构现象十分普遍。

(7)有机化合物的多功能性。一个化合物可以含有多种官能团,从而显示多种特征反应;在生物活性上也可显示多种不同的活性。

2.

最早人工合成的有机物是尿素。可由氰酸钾和氯化铵反应得氰酸铵,再通过简单加热即可合成尿素。

3.

紫外吸收光谱;红外吸收光谱;^1H 和 ^{13}C 核磁共振谱;质谱;X-Ray 结晶衍射等。

4.

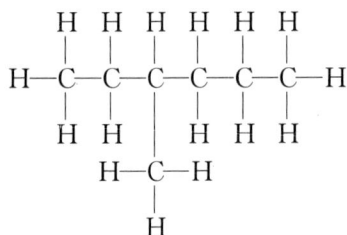 （蛛网式）

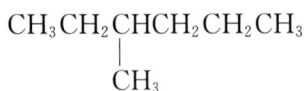 （结构简式）

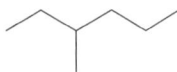 （键线式）

5.

前者因大多是以离子反应为主,故反应速度快。后者通常要经过分子间多个步骤或中间体,才使反应得以完成,从而导致反应速度慢。有机化学反应过程较复杂,因而常易出现各种副反应及产生许多不同的产物。

6.

无机化合物结构简单,通常分子式即可作为其表达式。而有机化合物则因其存在普遍的同分异构现象,并且随着结构化学和立体化学的发展,化合物的结构变得复杂和精细。

7.

由于无机物大部分以离子键结合,分子间引力较强,排列紧密而有序,因此以固体形式存在较多。有机物绝大部分以共价键结合,分子间的引力较弱,加之分子形状复杂,排列无序,因此其存在的形式较为多样化,有气态、液态、固态、胶体等。

8.

无机物多以离子键结合,一般都易溶于水。有机物以共价键结合,极性较小,大多不易溶于水,通常是根据其各自特征溶于各种不同的溶剂,有相似相溶之说。

9.

有机物的沸点、熔点、折光率及它们的色谱特征,如比移值、保留值、相对保留值等都是物质固有的性质,可据此作为鉴定的有益信息。随着波谱和质谱技术的发展,目前有机化合物的鉴定已愈来愈靠这些技术。

10.

元素定性分析是指通过一定的方法对化合物的元素组成进行分析的过程,通过元素的定性分析,可以了解化合物的元素组成,这些在其结构分析鉴定时是十分重要的信息。

11.

通过元素的定量分析可为确定有机物的实验式提供依据,并为其分子式的建立奠定基础。

12.

有机物存在极为普遍的同分异构现象,因此分子式不能作为某一物质的代表式,只有结构式才能代表某个物质。

13.

具有共轭体系的有机物可以进行紫外分析。因为它们的 π 电子可以在近紫外区中吸收某特定波长的能量,产生 $\pi \rightarrow \pi^*$ 的电子跃迁,所形成的紫外吸收光谱是有机物结构分析的依据。

14.

(1)药物中绝大部分都是有机化合物。

(2)药效和药理学都是针对有机物展开研究的。

(3)药物分析的对象都是以有机物为对象。

(4)药代动力学研究更是以有机物为对象。

(5)药物标准的建立、药物质量的控制也都是以有机物为主要对象。

(6)开展有机合成是新药研制的重要手段。

(7)药学专业所开设的许多专业基础课和专业课都是以有机化学作为其前期课程。

15.

(1)中药所含的各种成分,特别是有效成分,绝大部分是有机物。

(2)中药药理和中药的药代动力学无论是其研究对象或是研究设计等都离不开有机物的研究。

(3)中药现代化中所关注的热点,中药制剂工艺、剂型、中药标准及质量控制、质量标准等都与有机物密切相关,其中有些可认为是有机化学的分支课程。

(4)中药专业中的许多课程包括中药化学、中药鉴定、中药药理、中药分析、中药制剂以及相关的基础课都与有机物相关。

第二章 化学键 ▷▷▷▷

习 题

1. 单选题：

(1)下列是临床常用的四种药物及其分子模型图。在分子模型图中,每一个球表示一个原子,每一根棍表示一根共价键。据此,可以判断四个药物分子中极性最小的是：

A. 消毒防腐药乙醇

B. 呼吸兴奋药二氧化碳

C. 解毒药二巯丙醇

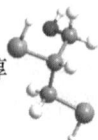

D. 催眠药水合氯醛

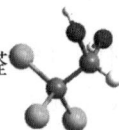

(2)下列化合物中偶极矩为零的是：

    A. H_2O B. HF   C. CCl_4 D. CH_3OH

(3)下列化合物中的碳原子为 sp 杂化的是：

    A. 乙烷   B. 乙烯   C. 乙炔   D. 苯

(4)甲醇分子中碳原子的杂化状态是：

    A. 未杂化   B. sp   C. sp^2 D. sp^3

(5)丁-2-烯中存在的电性效应是：

    A. σ-p 超共轭   B. σ-π 超共轭   C. p-π 共轭   D. π-π 共轭

(6)1-溴丙烷中存在的电子效应是：

    A. 诱导效应   B. σ-p 超共轭   C. 斥电子效应   D. 吸电子效应

(7)共价键①C—F、②C—Cl、③C—I 按照极化度由大到小的顺序排列是：

    A. ①>②>③   B. ②>③>①   C. ①>③>②   D. ③>②>①

(8)将下列碳正离子按稳定性由大到小的顺序排列：

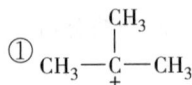

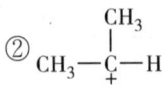

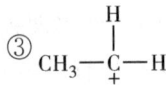

    ① $CH_3-\underset{+}{\overset{CH_3}{\underset{|}{C}}}-CH_3$ ② $CH_3-\underset{+}{\overset{CH_3}{\underset{|}{C}}}-H$ ③ $CH_3-\underset{+}{\overset{H}{\underset{|}{C}}}-H$

    A. ①>②>③   B. ②>③>①   C. ①>③>②   D. ③>②>①

(9)$(CH_3)_3\overset{+}{C}$ 比 $CH_3\overset{+}{CH_2}$ 稳定的原因是：

　　A. 有吸电子效应　　　　　　　　B. σ-p 超共轭和－I 效应都强

　　C. 有 p-π 共轭　　　　　　　　D. σ-p 超共轭和＋I 效应都强

(10)分子间能够形成氢键的是：

　　A. 乙醚　　　　　B. 乙醇　　　　　C. 乙烯　　　　　D. 乙烷

(11)在 $CH_2{=}CH{-}CH_2{-}C{\equiv}CH$ 分子中，不存在下列哪种杂化形式：

　　A. spd　　　　　B. sp　　　　　C. sp^2　　　　　D. sp^3

(12)由原子轨道组成分子轨道时，不须遵循以下哪个原则：

　　A. 能量相近　　　B. 最大重叠　　　C. 对称匹配　　　D. 组合自由

(13)关于共轭效应，表述不正确的是：

　　A. 共轭效应只存在于有共轭体系的分子中

　　B. 共轭体系的碳链越长，离域越充分

　　C. 由成键原子的电负性不同而产生

　　D. 共轭效应传递时，电子云略呈现正负交替分布

(14)下列关于键能的表述不正确的是：

　　A. 键能是共价键强度的量度

　　B. 双原子分子的键能就是该键的离解能

　　C. 多原子分子的键能则是相同类型共价键断裂所需能量的平均值

　　D. 键能越大，表明所形成的同类共价键越不牢固

(15)共振论是描述电子离域的一种简便方法，其基本观点不包括：

　　A. 共振结构式不具有客观真实性，但与真实结构存在内在联系

　　B. 共振杂化体是一个混合物

　　C. 不同极限式之间的原子位置相同，未成对电子数目相等

　　D. 能量越低越稳定，则对共振杂化体的贡献越大

2. 共价键的形成本质可用哪两种理论来解释？这两种理论的着眼点有何不同？

3. 两个 p 轨道能以下列 A 或者 B 的方式重叠形成 π 键或 σ 键，哪一种重叠方式形成 π 键？哪一种重叠方式形成 σ 键？如何区分两者？

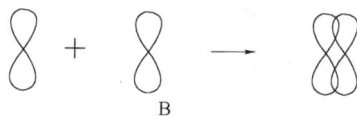

4. 有机化合物分子中常见的轨道杂化方式有哪些？

5. 可用以反映共价键本质和特性的参数有哪些？

6. 名词解释：

(1)化学键　　(2)共振结构式　　(3)电性效应　　(4)诱导效应　　(5)共轭效应

(6)超共轭效应　　(7)氢键　　(8)电荷转移络合物　　(9)包合物　　(10)离域电子

7. 下列何种纯物质在液体状态下可形成氢键？在液体状态下不形成氢键的物质中，

何者可在水中形成氢键?

(1) H_3C-OH　　　　(2) $H_3C-\overset{\displaystyle O}{\overset{\|}{C}}-CH_3$　　　　　(3) H_3C-CH_3

(4) $H_3C-O-CH_3$　　(5) $H_3C-\overset{\displaystyle O}{\overset{\|}{C}}-O-H$

8. 依据共振论,判断下列各式中哪些是错误的:

(1) $H_3C-\overset{\displaystyle O}{\overset{\|}{C}}-CH_3 \longleftrightarrow H_3C-\overset{\displaystyle OH}{\overset{|}{C}}=CH_2$

(2) $H_2C=CH-\overset{\cdot}{C}H_2 \longleftrightarrow H_2\overset{\cdot}{C}-CH=CH_2$

(3) $H_2C=CH-\overset{\cdot}{C}H_2 \longleftrightarrow H_2\overset{\cdot}{C}-\overset{\cdot}{C}H-\overset{\cdot}{C}H_2$

9. 指出下列化合物中碳原子的杂化轨道类型:

(1) $HC\equiv C-CH_2-CH=CH-CH_3$　　　(2) $H_2C=CH-O-CH_2CH_3$

(3) $H_2C=C=CH_2$　　　　　　　　　　(4) $H-C\equiv N$

(5) $CH_3CH(CH_3)_2$　　　　　　　　　　(6) ⬡$-CH_3$

10. CH_3CH_2OH 和 CH_3OCH_3 的沸点分别为 78℃ 和 34.6℃,试解释原因。

11. 硝基化合物结构式的一种表示方法如下:

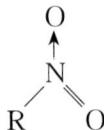

$$R-\overset{\displaystyle O}{\underset{\displaystyle O}{\overset{\uparrow}{N}}}$$

物理实验结果表明:两个氮氧键的键长相等,既不同于 N—O 单键,也不同于 N=O 双键,试用共振论解释这种情况。

12. 指出下列分子中存在的共轭体系类型:

(1)$H_3C-CH=CH_2$　　(2)$H_2C=CH-CH=CH_2$　　(3)$H_2C=CH-Cl$

13. 填空:

(1)以叁键连接的两个碳原子之间的电子总数为_____。

(2)通过原子间电子转移所形成的化学键为_____。

(3)形状像哑铃的原子轨道是_____。

(4)甲烷分子中的四个共价键均为_____键。

(5)sp^3 杂化轨道的空间形状为_____。

(6) $H-\overset{\displaystyle O}{\overset{\|}{\underset{\displaystyle }{C}}}-H$ 中碳原子的杂化方式为_____。

参考答案

1.

(1)B　(2)C　(3)C　(4)D　(5)B　(6)A　(7)D　(8)A　(9)D　(10)B　(11)A
(12)D　(13)C　(14)D　(15)B

2.

价键理论和分子轨道理论。价键理论认为共价键是由两个自旋方向相反的电子配对形成的,分子中的价电子被定域在两个成键原子之间的区域内。分子轨道理论则是以形成共价键的电子是分布在整个分子之中这样的观点为着眼点,考虑到了全部原子轨道之间的相互作用。

3.

依照原子轨道重叠的方式不同,化合物分子中的共价键可分为 π 键(B)和 σ 键(A)两种类型。

σ 键中原子轨道沿键轴方向,以"头碰头"的方式发生重叠。其特点是:在键轴方向上进行最大程度的重叠,可以自由旋转,形成的价键比较牢固。

原子轨道从侧面以"肩并肩"的方式重叠交盖所形成的共价键称为 π 键。π 键的特点是在 σ 键的基础上构建,因而只能与 σ 键共存;不能自由旋转,重叠程度小,不牢固,易断裂,是化学反应易发生的部位。

4.

有机化合物分子中常见的杂化方式有:sp^3 杂化(如乙烷中的碳原子)、sp^2 杂化(如乙烯中的碳原子)和 sp 杂化(如乙炔中的碳原子)。详见教材相关章节。

5.

反映共价键本质和特性的参数有键能、键长和键角等。

6.

(1)化学键:化合物分子中,相邻原子(两个或多个)间的相互作用称为化学键。

(2)共振结构式:根据共振的理论,一个分子、离子或自由基如按价键理论可写成两个或更多个仅在电子排布上不同的结构式,并以不同的几率不断地出现,这些结构式即称为共振结构式。

(3)电性效应:有机化合物分子中,影响电子分布的诱导效应、共轭效应等统称为电性效应。

(4)诱导效应:在共价键中,由于成键原子(或基团)的电负性不相同,使得共价键两端或整个分子的正负电荷分配不平衡,导致电子云向一侧成键原子方向偏移的现象,称为诱导效应。

(5)共轭效应:丁-1,3-二烯是共轭体系简单而典型的代表,其分子结构如下图所示:

丁-1,3-二烯分子中,四个碳原子均为 sp^2 杂化,除形成位于同一平面的三个 C—C σ 键和六个 C—H σ 键之外,每个碳原子上还有一个未参与杂化的 p 电子,在垂直于 σ 键的平面上,侧面平行重叠形成两个 π 键。这种 p 轨道之间的重叠不仅仅限于 C_1 与 C_2、C_3 与 C_4 之间,C_2 与 C_3 间也发生了一定程度的重叠。这种重叠方式的结果是每一对 p 电子不只是被两个碳原子所吸引,而是被四个碳原子所吸引。π 电子则有更大的活动范围,它分布在整个分子中而不是局限于相邻的两个原子之间。此时丁-1,3-二烯分子中发生了一些物理性质和化学性质的改变,如键长平均化(乙烷和乙烯分子中 C—C 键和 C=C 键的键长分别为 154pm 和 134pm,而丁-1,3-二烯分子中,C—C 键的键长为 146pm,C=C 键的键长为 136pm,其双键要长于一般的双键,单键要短于一般的单键)、内能降低以及折光率增高等。像这种由于分子中共轭体系的存在致使分子中电子发生平均化的效应,称为共轭效应,也称为电子离域效应(常用 C 表示)。

(6)超共轭效应:碳氢 σ 键与 π 键之间发生电子离域形成的 σ-π 共轭体系是一种超共轭体系,由超共轭体系引发的电性效应,称为"超共轭效应"(hyperconjugative effect)。产生超共轭效应的原因与 C—H 键的性质及碳原子的杂化方式有关,以丙烯为例说明。

丙烯分子甲基碳原子有四个 sp^3 杂化轨道,其中三个轨道与氢原子的 1s 轨道重叠形成 C—H σ 键,一个轨道与双键碳原子的一个 sp^2 杂化轨道形成 C—C σ 键。C—H 键中由于氢原子很小,对电子云的引力很弱,它们与 π 键或 p 轨道相连时,C—H 键的电子云会向双键或 p 轨道偏移,电子发生一定程度的离域,由于 C—H 键电子云与 p 轨道间并不完全平行,故这种电子离域的程度较小。丙烯分子中的甲基表现出的超共轭效应导致双键发生极化。

$$CH_3 \!\rightarrow\! \overset{\delta+}{C}H\!=\!\overset{\delta-}{C}H_2$$

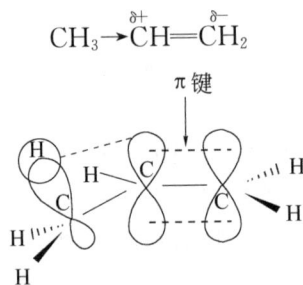

超共轭效应的强弱与分子中和 π 键发生共轭的 C—H 键的数目有关。参与共轭的 C—H 键数目越多,则发生的超共轭效应也越强。

除了 σ-π 超共轭体系之外,分子中还存在 σ-p 超共轭,C—H σ 键与相邻原子上的 p 轨道发生超共轭。总的说来,超共轭效应所起的影响比共轭效应小得多,在物理或化学性质上的表现不如共轭效应明显,但它在解释某些化合物的现象时,仍有着十分重要的作用。

(7)氢键:在化合物分子中,当氢原子和电负性很强而半径很小的原子(如 N、O、F 等)以共价键结合时,两原子的共用电子对强烈地偏向于强电负性的原子,"裸露"出氢原子核。此时如果氢原子附近存在含未成键孤对电子的原子或基团,例如 N、O、F 或—OH、—COOH、

—NO_2、—NO、—$CONH_2$ 等,它们之间便会相互靠近、相互吸引,这种静电吸引作用称为氢键。

(8)电荷转移络合物:是电荷从一个化合物分子转移到另一个化合物分子所形成的一种键能很弱的络合物。

(9)包合物:是一类由主体分子和客体分子作用形成的独特形式的络合物,又称为包藏物、加合物或包含物。在包合物中,主体分子通常具有或能够形成一较大空腔的晶格,它可以容纳客体分子而将其包合在内。当二者靠近时,客体分子便可以进入此空腔形成包合物。

(10)离域电子:指化合物分子中,离开原有的区域,在更大的范围内运动的电子。

7.

在液体状态下可形成氢键者:(1)(5)。

在液体状态下不形成氢键、但在水中可形成氢键者:(2)(4)。

8.

(1)错。原子的相对位置发生了改变。

(3)错。未成对电子数不同。

9.

(1)叁键两端碳原子是 sp 杂化,双键两端碳原子是 sp^2 杂化,其他碳原子为 sp^3 杂化。

(2)双键两端碳原子是 sp^2 杂化,其他碳原子为 sp^3 杂化。

(3)两端碳原子是 sp^2 杂化,中间碳原子是 sp 杂化。

(4)碳原子均为 sp 杂化。

(5)所有碳原子均为 sp^3 杂化。

(6)苯环上碳原子均为 sp^2 杂化,甲基碳为 sp^3 杂化。

注:碳原子的杂化状态可以由碳原子连接的 π 键数确定,连接一个 π 键的碳原子是 sp^2 杂化,连接二个 π 键的碳原子是 sp 杂化,没有连接 π 键的碳原子是 sp^3 杂化。

10.

CH_3CH_2OH 分子间能形成氢键缔合,增加了分子间的作用力,故沸点要高于不能形成分子间氢键的 CH_3OCH_3。

11.

硝基化合物中存在着以下共振结构:

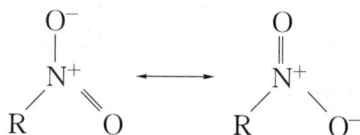

$$
\begin{array}{ccc}
\overset{\displaystyle O^-}{\underset{\displaystyle R}{\overset{\displaystyle |}{N^+}}}{\searrow}O & \longleftrightarrow & \overset{\displaystyle O}{\underset{\displaystyle R}{\overset{\displaystyle \|}{N^+}}}{\searrow}O^-
\end{array}
$$

12.

(1)σ,π-超共轭体系;(2)π,π-共轭体系;(3)p,π-共轭体系。

13.

(1)6 个;(2)离子键;(3)p 轨道;(4)σ 键;(5)正四面体;(6)sp^2 杂化。

第三章 烷 烃 ▷▷▷▷

习 题

1. 单选题：

(1)下列化合物哪个同时具有伯、仲、叔、季四种类型的碳原子：

A. 戊烷 B. 2-甲基戊烷

C. 2,2,3-三甲基戊烷 D. 2,2-二甲基戊烷

(2)化合物 中,3°碳原子的数目是：

A. 2个 B. 3个 C. 4个 D. 5个

(3)烷烃中碳原子的杂化类型为：

A. sp^4 B. sp C. sp^2 D. sp^3

(4)丁烷最稳定构象为：

A. 邻位交叉式 B. 部分重叠式

C. 全重叠式 D. 对位交叉式

(5)下列化合物中沸点最高的是：

A. 3,3-二甲基戊烷 B. 正庚烷

C. 2-甲基庚烷 D. 正戊烷

(6)基团 的正确名称为：

A. 叔丁基 B. 异丙基 C. 仲丁基 D. 异丁基

(7)饱和碳上的氢最易发生自由基卤代反应的是：

A. 伯氢 B. 仲氢 C. 叔氢 D. 季氢

(8)下列自由基按稳定性最强的是：

A. $CH_3CH_2\overset{CH_3}{\underset{|}{CH}}\dot{C}H_2$ B. $CH_3CH_2\overset{CH_3}{\underset{|}{\dot{C}}}CH_3$

C. $CH_3\overset{CH_3}{\underset{|}{\dot{C}}}HCHCH_3$ D. $\dot{C}H_2CH_2\overset{CH_3}{\underset{|}{C}}HCH_3$

(9)2-甲基丙烷与氯发生取代反应,主要产物是 2-氯-2-甲基丙烷,是因为:

    A. 伯氢原子的比例大   B. 伯氢原子最易取代

    C. 叔碳原子的自由基最稳定   D. 叔碳原子的位阻大

(10)细辛以根茎入药,具有解表散寒等功效。将细辛注入实验兔子体内,发现其血浆中含有以下三种成分:

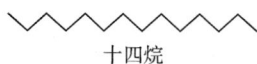

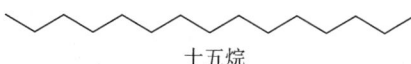

十四烷   十五烷   柠檬烯

    则这些成分有关说法正确的是:

    A. 十四烷的沸点比十五烷低

    B. 三者都易溶于水

    C. 三者的分子中,都含有 sp^2 杂化的碳原子

    D. 三者都是直链烷烃

2. 写出下列各基团的名称:

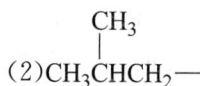

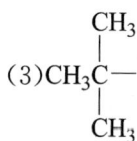

(1)$CH_3CHCH_2CH_3$

(2)$CH_3CHCH_2—$ （含 CH_3 支链）

(3)$CH_3C—$ （含两个 CH_3）

3. 用系统命名法命名下列化合物:

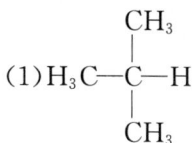

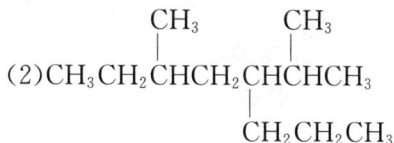

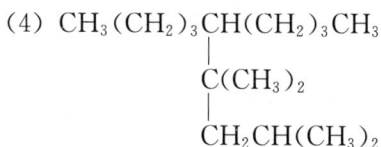

(1)$H_3C—C—H$ （含两个 CH_3）

(2)$CH_3CH_2CHCH_2CHCHCH_3$ （含 CH_3、CH_3 及 $CH_2CH_2CH_3$ 支链）

(3)$CH_3CHCH_2CH_3$ （含 C_2H_5 支链）

(4) $CH_3(CH_2)_3CH(CH_2)_3CH_3$ （含 $C(CH_3)_2$ 和 $CH_2CH(CH_3)_2$ 支链）

(5)$CH_3CH_2C(CH_2CH_3)_2CH_2CH_3$

(6)$(CH_3)_2CHCH_2CH_2CH(C_2H_5)_2$

4. 写出下列烷烃的结构式(用键线式表示):

(1)环己烷   (2)1-叔丁基-4-甲基环己烷

5. 将下面的纽曼式改写为锯架式,锯架式改写为纽曼式:

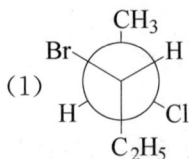

(1)

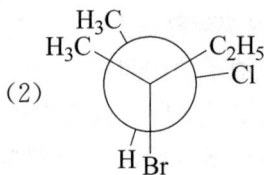

(2)

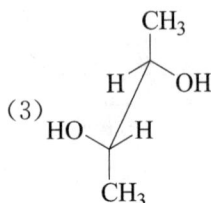

(3)

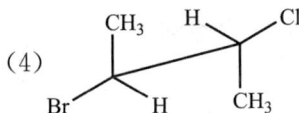

(4)

6. 写出下列化合物的结构式：

(1)2,3-二甲基-4-丙基庚烷　　　　　(2)5-仲丁基癸烷

(3)4-叔丁基-2,2,6,6-四甲基庚烷　　(4)4-异丙基-2,3-二甲基壬烷

(5)新戊烷　　　　　　　　　　　　(6)异丁烷

(7)6-甲基-5-(1,2-二甲基丙基)十二烷

〔指出(1)和(3)中的伯、仲、叔、季碳原子〕

7. 哪一种或者哪几种分子量为 86 的烷烃具有：

(1)两种一溴代衍生物　　　　　　　(2)三种一溴代衍生物

(3)四种一溴代衍生物　　　　　　　(4)五种一溴代衍生物

(5)(1)式烷烃有多少个二溴代衍生物

8. 写出分子式为 C_7H_{16} 的烷烃各种异构体,并用系统命名法命名。

9. 将下列化合物按沸点由高至低排列(不查手册)：

(1)A. 3,3-二甲基戊烷　　　　　　　B. 2-甲基庚烷

　　C. 正庚烷　　　　　　　　　　　D. 正戊烷

　　E. 2-甲基己烷

(2)A. 辛烷　　　　　　　　　　　　B. 己烷

　　C. 2,2,3,3-四甲基丁烷　　　　　D. 3-甲基庚烷

　　E. 2,3-二甲基戊烷　　　　　　　F. 2-甲基己烷

(3)A. 2-甲基己烷　　　　　　　　　B. 2,3-二甲基己烷

　　C. 癸烷　　　　　　　　　　　　D. 3-甲基辛烷

10. 写出 2,2,4-三甲基戊烷进行氯代反应可能得到的一氯代产物的结构式。

11. 判断下列各组构象是否代表相同的化合物(即构型是否相同)。

（1）

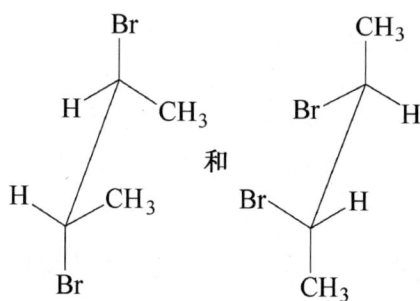

和

（2）

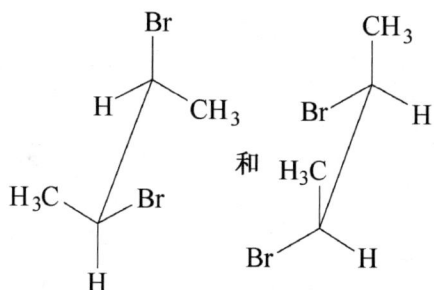

和

（3）

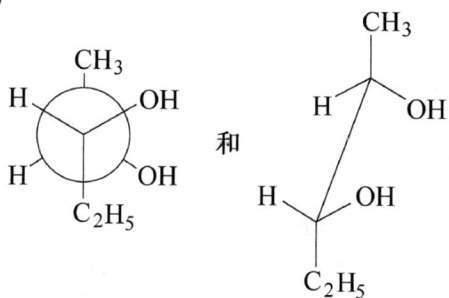

和

（4）

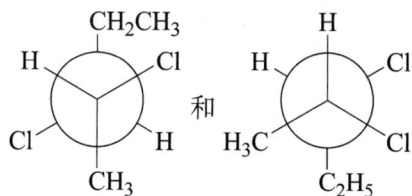

和

（5）

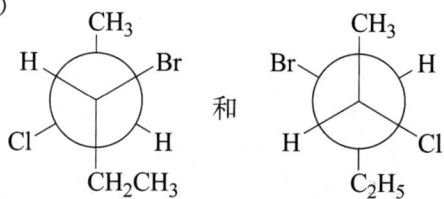

和

（6）

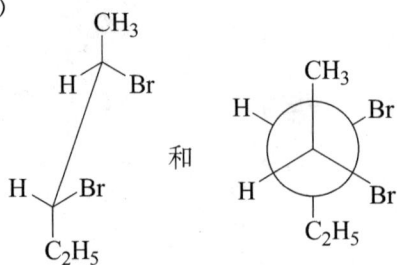

12. 分子式为 C_8H_{18} 的烷烃与氯在紫外光照射下反应，产物中的一氯代烷只有一种，写出这个烷烃的结构式。

参考答案

1.

(1)C (2)A (3)D (4)D (5)C (6)C (7)C (8)B (9)C (10)A

2.

(1)仲丁基   (2)异丁基

(3)叔丁基

3.

(1)2-甲基丙烷   (2)5-异丙基-3-甲基辛烷

(3)3-甲基戊烷   (4)5-丁基-2,4,4-三甲基壬烷

(5)3,3-二乙基戊烷   (6)5-乙基-2-甲基庚烷

4.

(1)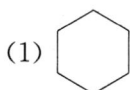

(2)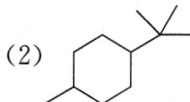

5.

(1)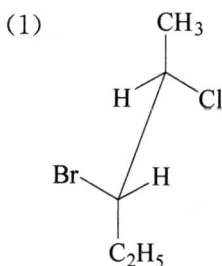

(2)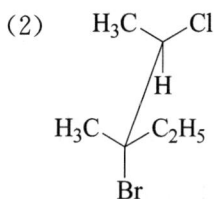

(3)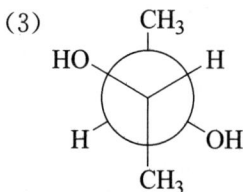

(4)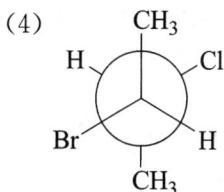

6.

(1)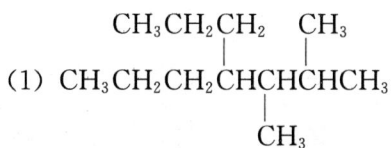

(2)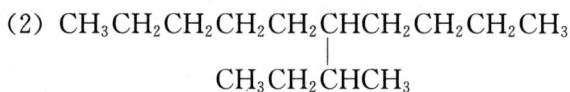

(3)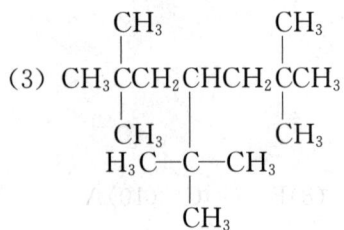

(4)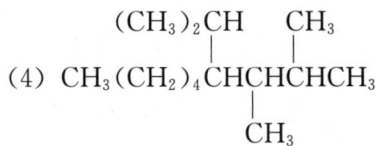

(5)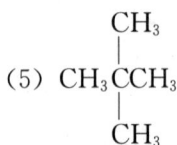

(6)

(7)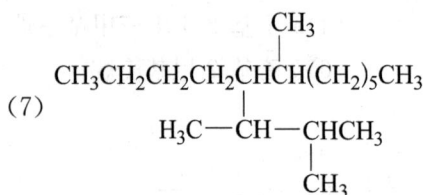

7.

(1)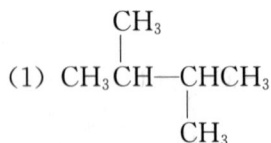

(2)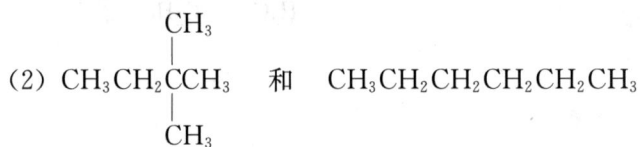

(3)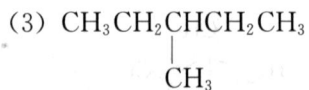

(4)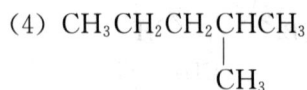

(5)　6 种

8.

(1) 　　　　(2)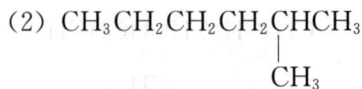

　　　　　　庚烷　　　　　　　　　　　　2-甲基己烷

(3)

3-甲基己烷

(4)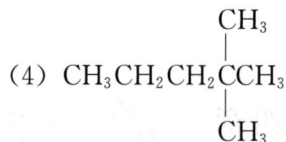

2,2-二甲基戊烷

(5)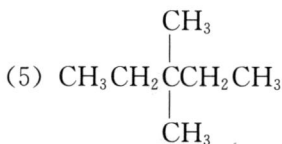

3,3-二甲基戊烷

(6)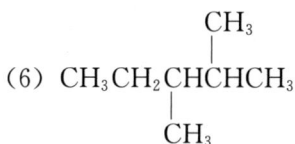

2,3-二甲基戊烷

(7)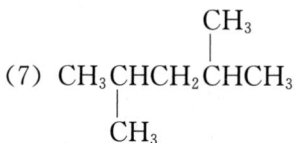

2,4-二甲基戊烷

(8)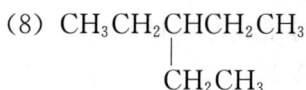

3-乙基戊烷

(9)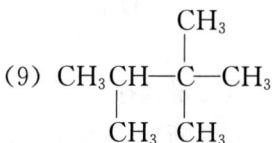

2,2,3-三甲基丁烷

9.

(1) B＞C＞E＞A＞D

(2) A＞D＞C＞F＞E＞B

(3) C＞D＞B＞A

10.

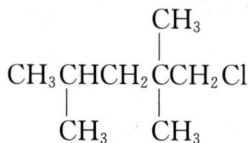

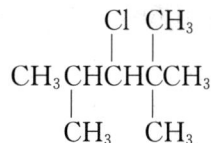

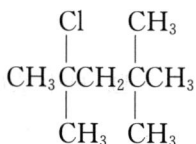

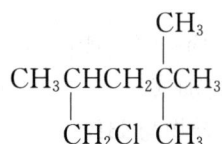

11.

(1)相同 (2)不同 (3)相同 (4)相同

(5)相同 (6)不同

12.

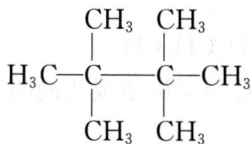

第四章　烯　烃 ▷▷▷

习　题

1. 单选题：

(1)分子式为 C_4H_8 的烯烃有几个：

　　A. 2　　　　　　　　　B. 3　　　　　　　　　C. 4　　　　　　　　　D. 5

(2)乙烯分子中，参与形成 C—H 键的轨道类型是：

　　A. sp^3-s　　　　　　B. sp^2-s　　　　　　C. sp-s　　　　　　D. p-s

(3)下列对 π 键描述不正确的是：

　　A. 不能绕键轴自由旋转　　　　　　　　B. π 键必须与 σ 键共存

　　C. 仅存在于烯烃中　　　　　　　　　　D. 比 σ 键更容易断裂，发生加成反应

(4)下列化合物不存在顺反异构现象的是：

　　A. 丁烯　　　　　　B. 丁-2-烯　　　　　C. 1,2-二氯丁烯　　　D. 2-氯丁-2-烯

(5)下列化合物是 Z 构型的是：

A. $\begin{array}{c}(CH_3)_2CH \\ CH_3CH_2CH_2\end{array}C=C\begin{array}{c}C_2H_5 \\ CH_3\end{array}$　　　　B. $\begin{array}{c}(CH_3)_2CH \\ CH_3CH_2CH_2\end{array}C=C\begin{array}{c}CH_3 \\ C_2H_5\end{array}$

C. $\begin{array}{c}OHC \\ HOOC\end{array}C=C\begin{array}{c}CH_2OH \\ CH_3\end{array}$　　　　D. $\begin{array}{c}CH\equiv C \\ (CH_3)_3C\end{array}C=C\begin{array}{c}C_2H_5 \\ CH(CH_3)_2\end{array}$

(6)丙烯使 Br_2/CCl_4 褪色，属于哪一种反应机理：

　　A. 亲电加成　　　　B. 自由基取代　　　C. 协同加成　　　D. 自由基加成

(7)下列化合物与 HBr 发生亲电加成反应，反应活性最大的是：

　　A. $CH_2=CH_2$　　　　　　　　　　　　B. $CH_2=CHNO_2$

　　C. $CH_2=CHCH_3$　　　　　　　　　　D. $CH_3CH=CHCH_3$

(8)下列碳正离子中最稳定的是：

　　A. $CH_2=CH\overset{+}{C}HCH_3$　　　　　　　　　　B. $CH_2=CHCH_2\overset{+}{C}H_2$

　　C. $CH_3\overset{+}{C}HCH_2CH_3$　　　　　　　　　　D. $CH_3CH_2CH_2\overset{+}{C}H_2$

(9)某烯烃 C_6H_{12} 被酸性高锰酸钾氧化和臭氧氧化后再还原水解生成相同的产物，该烯烃可能是：

A. $CH_2{=}CH(CH_2)_3CH_3$ B. $CH_3CH{=}CHCH_2CH_2CH_3$

C. $CH_3CH_2CH{=}CHCH_2CH_3$ D. $(CH_3)_2C{=}C(CH_3)_2$

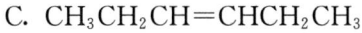

(10) 丁香酚(eugenol)广泛存在于丁香、罗勒等中药中，可转化为二氢丁香酚和(Z)-异丁香酚。有关说法不正确的是：

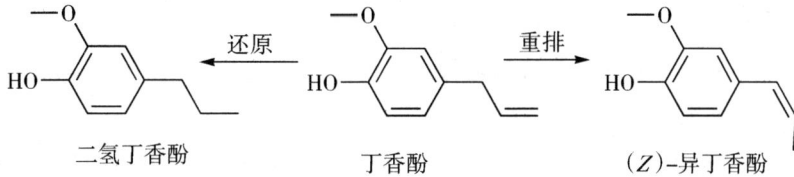

二氢丁香酚   丁香酚   (Z)-异丁香酚

A. 丁香酚可发生催化加氢反应

B. (Z)-异丁香酚，也可称为顺-异丁香酚

C. 丁香酚的环外双键与苯环之间存在 π-π 共轭

D. 丁香酚可以与溴发生反应

2. 将下列结构改写为键线式：

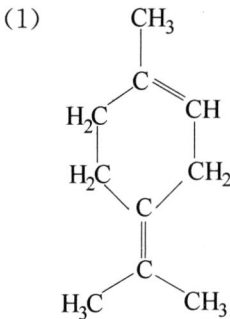

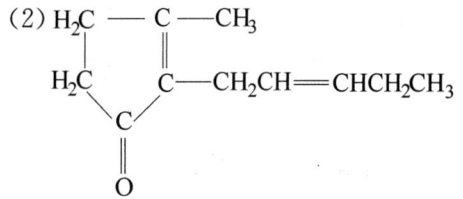

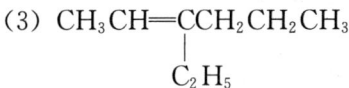

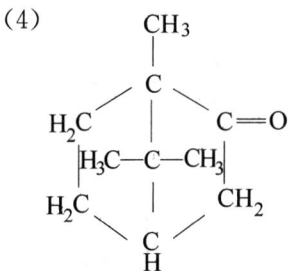

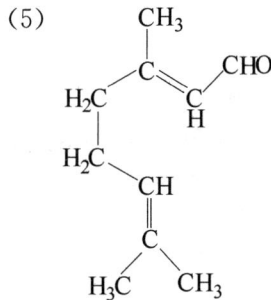

(1)

(2)

(3) $CH_3CH{=}CCH_2CH_2CH_3$
                $|$
                 C_2H_5

(4)

(5)

3. 下列化合物哪些有 Z、E 异构体？

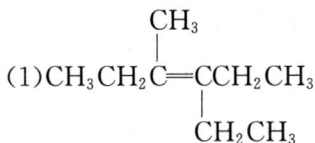

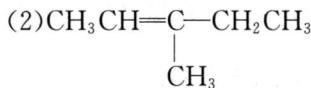

(1) $CH_3CH_2C{=}CCH_2CH_3$
             上 CH_3 下 CH_2CH_3

(2) $CH_3CH{=}C{-}CH_2CH_3$
                 $|$
                 CH_3

(3) $CH_3CH_2CH=CHCH_2I$

(4) $CH_3CH=CHCH(CH_3)_2$

(5) $CH_2=C(Cl)CH_3$

(6) $CH_3CH_2CH=C(CH_3)_2$

(7) $CH_3CH_2CH=CCH_2CH_3$
      |
      CH_3

(8) $(CH_3)_2CHCH_2CCH_2CH_3$
         ‖
        $CHCH_2CH_3$

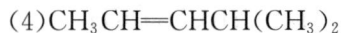

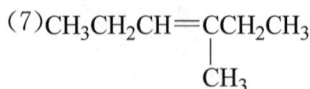

4. 用系统命名法命名下列化合物，若是 Z、E 异构体应在名称中标明构型：

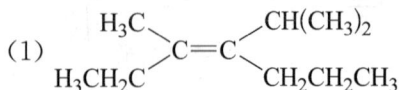

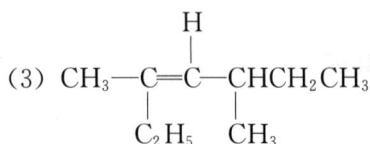

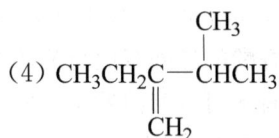

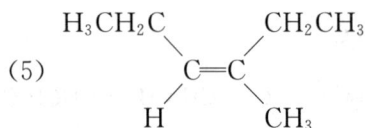

(1)
$$\begin{array}{c} H_3C \\ \\ H_3CH_2C \end{array} C=C \begin{array}{c} CH(CH_3)_2 \\ \\ CH_2CH_2CH_3 \end{array}$$

(2) $(CH_3)_2CHCH_2CH=C(CH_3)_2$

(3) $CH_3-C=C-CHCH_2CH_3$
    | | |
    C_2H_5 H CH_3

（其中 $CH_3-\overset{\displaystyle C_2H_5}{\underset{}{C}}=\overset{\displaystyle H}{\underset{\displaystyle CH_3}{C}}-CHCH_2CH_3$）

(4) $CH_3CH_2C-CHCH_3$
     ‖ |
    CH_2 CH_3

(5)
$$\begin{array}{c} H_3CH_2C \\ \\ H \end{array} C=C \begin{array}{c} CH_2CH_3 \\ \\ CH_3 \end{array}$$

5. 写出下列化合物的结构式：

(1) 4-甲基辛-3-烯

(2) 3-乙基-2-甲基辛-3-烯

(3) (E)-己-2-烯

(4) (Z)-3-甲基戊-2-烯

(5) 顺-3,4-二甲基己-3-烯

6. 在聚丙烯生产中，常用己烷或庚烷作溶剂，但要求溶剂中不能含有不饱和烃。如何检验溶剂中是否有不饱和烃？若有，如何除去？

7. 指出下列各组化合物属于哪类（碳架、官能团位置或顺、反）异构？

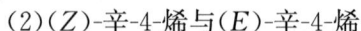

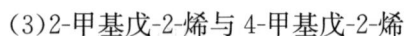

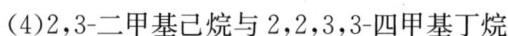

(1) 己-2-烯与己-3-烯

(2) (Z)-辛-4-烯与(E)-辛-4-烯

(3) 2-甲基戊-2-烯与4-甲基戊-2-烯

(4) 2,3-二甲基己烷与2,2,3,3-四甲基丁烷

8. 回答下列问题：

(1) 将下列碳正离子按稳定性由强至弱的顺序排列：

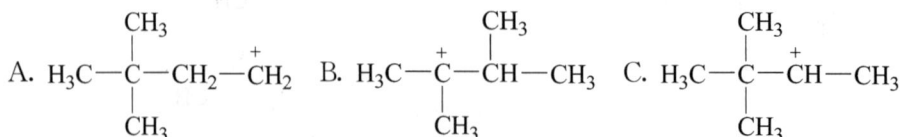

A. $H_3C-\overset{\displaystyle CH_3}{\underset{\displaystyle CH_3}{C}}-CH_2-\overset{+}{C}H_2$

B. $H_3C-\overset{\displaystyle CH_3}{\underset{\displaystyle CH_3}{C}}-\overset{+}{C}H-CH_3$

C. $H_3C-\overset{\displaystyle CH_3}{\underset{\displaystyle CH_3}{C}}-\overset{+}{C}H-CH_3$

(2) 将下列烯烃按亲电加成反应活性由大至小的顺序排列：

 A. 乙烯   B. 丙烯   C. 丁-2-烯

9. 写出下列烯烃经过臭氧氧化-还原水解后的产物：

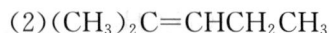

(1) $H_2C=CHCH_2CH_3$

(2) $(CH_3)_2C=CHCH_2CH_3$

(3)$H_2C=CHCH_2CH=CHCH_3$ (4) ☐

10. 烯烃经过酸性高锰酸钾氧化后分别生成下列化合物，试推测原烯烃结构。

(1)CH_3COOH 和 $(CH_3)_2CHCOOH$ (2)$HOOCCH_2COOH$ 和 CO_2

11. 写出下列反应的主要产物：

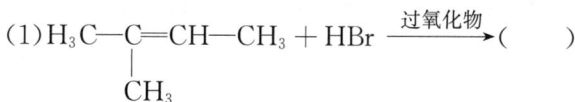

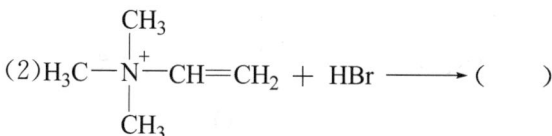

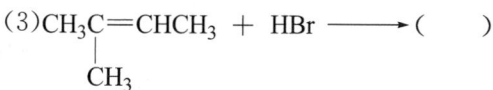

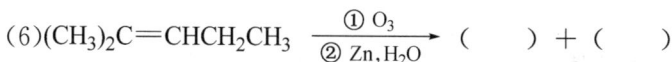

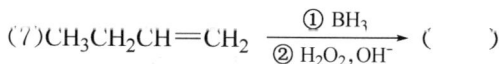

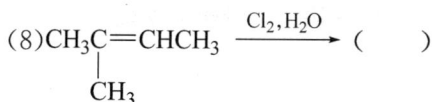

$$(1)\ H_3C-\underset{\underset{CH_3}{|}}{C}=CH-CH_3 + HBr \xrightarrow{\text{过氧化物}} (\qquad)$$

$$(2)\ H_3C-\underset{\underset{CH_3}{|}}{\overset{\overset{CH_3}{|}}{N^+}}-CH=CH_2 + HBr \longrightarrow (\qquad)$$

$$(3)\ CH_3\underset{\underset{CH_3}{|}}{C}=CHCH_3 + HBr \longrightarrow (\qquad)$$

$$(4)\ (CH_3)_2C=CHCH_3 + KMnO_4 + H_2O \xrightarrow{H^+} (\qquad)+(\qquad)$$

$$(5)\ CH_3CH_2CH=CH_2 + H_2SO_4 \longrightarrow (\qquad)\xrightarrow{H_2O}(\qquad)$$

$$(6)\ (CH_3)_2C=CHCH_2CH_3 \xrightarrow[\text{② Zn,H}_2\text{O}]{\text{① O}_3} (\qquad)+(\qquad)$$

$$(7)\ CH_3CH_2CH=CH_2 \xrightarrow[\text{② H}_2\text{O}_2,\text{OH}^-]{\text{① BH}_3} (\qquad)$$

$$(8)\ CH_3\underset{\underset{CH_3}{|}}{C}=CHCH_3 \xrightarrow{Cl_2,H_2O} (\qquad)$$

$$(9)\ \hexagon \xrightarrow[\text{CHCl}_3]{\text{NBS}} (\qquad)$$

12. 某化合物 A 的分子式为 C_7H_{14}，经酸性 $KMnO_4$ 氧化后生成两个化合物 B 和 C。A 经臭氧氧化后再还原水解也生成相同产物 B 和 C。B 是一种与水混溶的常见有机溶剂。试写出 A、B 和 C 的结构式。

13. 某化合物分子式为 C_7H_{10}，能加两分子溴，该化合物经臭氧氧化-还原水解后得两种产物，乙酰基乙醛（$CH_3\underset{\underset{O}{\|}}{C}CH_2\underset{\underset{O}{\|}}{C}H$）和丙酮醛（$CH_3\underset{\underset{O}{\|}}{C}\underset{\underset{O}{\|}}{C}H$）。写出该化合物的结构。

14. 分子式为 C_6H_{12} 的两个烯烃，分别用酸性高锰酸钾氧化。一个烯烃的产物为 $CH_3\underset{\underset{O}{\|}}{C}CH_2CH_3$ 和乙酸，另一个烯烃的产物为 $(CH_3)_2CHCH_2COOH$ 和 CO_2。写出这两个烯烃的结构。

参考答案

1.
(1)C　(2)B　(3)C　(4)A　(5)A　(6)A　(7)D　(8)A　(9)D　(10)C

2.

(1)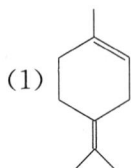

(2) 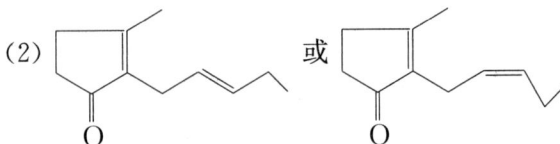 或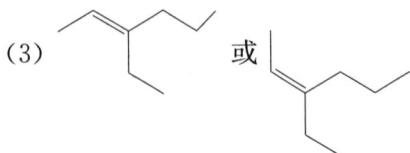

(3) 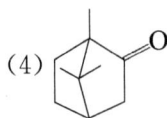 或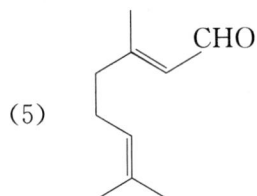

(4)

(5)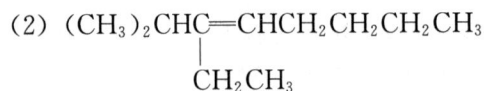

3.
(2)(3)(4)(7)(8)有顺反异构体。

4.
(1)(E)-4-异丙基-3-甲基庚-3-烯　　　　(2)2,5-二甲基己-2-烯

(3)(Z)-3,5-二甲基庚-3-烯　　　　(4)2-甲基-3-甲亚基戊烷

(5)顺-3-甲基己-3-烯 或(Z)-3-甲基己-3-烯

5.
(1) $CH_3CH_2CH{=}CCH_2CH_2CH_2CH_3$
　　　　　　　　$\underset{\textstyle CH_3}{|}$

(2) $(CH_3)_2CHC{=}CHCH_2CH_2CH_2CH_3$
　　　　　　　　$\underset{\textstyle CH_2CH_3}{|}$

(3)

(4)

(5)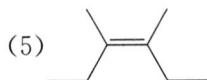

6.
　可用稀高锰酸钾溶液或溴的四氯化碳溶液检验,若有不饱和烃存在,会出现褪色现象。可用浓硫酸洗涤该溶剂,分去硫酸层后,重新蒸馏即可得到不含不饱和烃的己烷或庚烷溶剂。

7.

(1)官能团位置异构   (2)顺反异构

(3)碳架异构   (4)碳架异构

8.

(1)B＞C＞A   (2)C＞B＞A

9.

(1)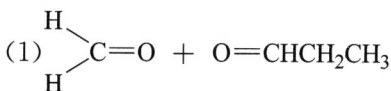

(2)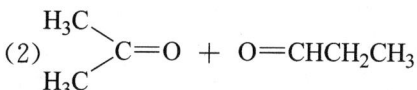

(3)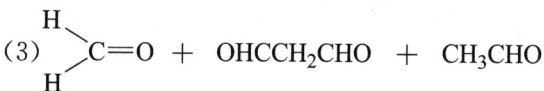

(4)OHCCH$_2$CH$_2$CHO

10.

(1) 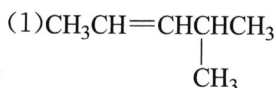CH$_3$CH＝CHCHCH$_3$
         CH$_3$
         (2)H$_2$C＝CHCH$_2$CH＝CH$_2$

11.

(1)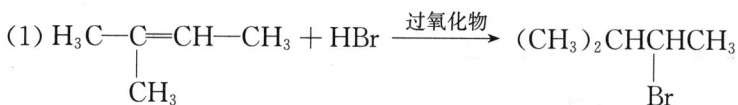

(2)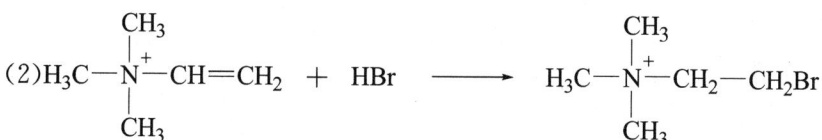

(3)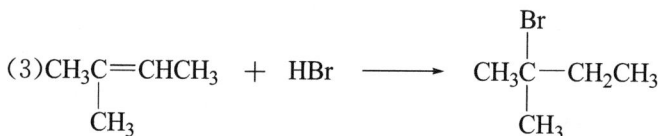

(4)(CH$_3$)$_2$C＝CHCH$_3$+KMnO$_4$+H$_2$O $\xrightarrow{H^+}$ CH$_3$COCH$_3$+CH$_3$COOH

(5)CH$_3$CH$_2$CH＝CH$_2$+H$_2$SO$_4$ ⟶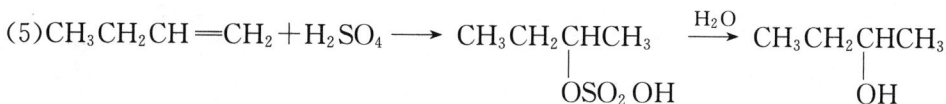

(6)(CH$_3$)$_2$C＝CHCH$_2$CH$_3$ $\xrightarrow[\text{② Zn,H}_2\text{O}]{\text{① O}_3}$ CH$_3$COCH$_3$ + CH$_3$CH$_2$CHO

(7)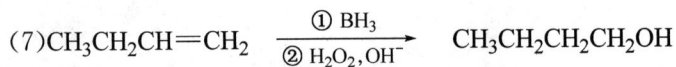

(8)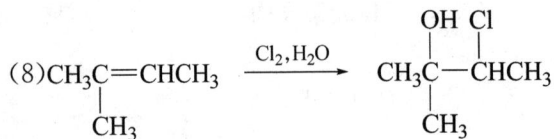

(9)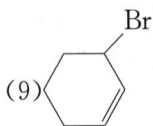

12.

A. 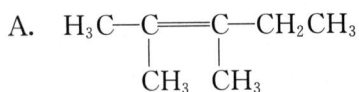　　　　　B.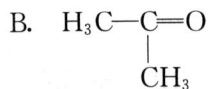

C.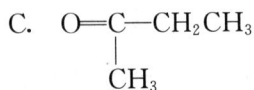

13.

14.

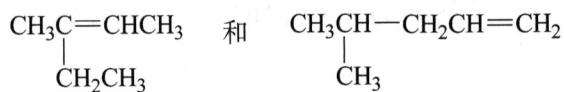

第五章 　炔烃和二烯烃 ▷▷▷▷

习　题

1. 单选题：

(1)乙炔分子中,构成碳碳叁键的是：

 A. 3 个 σ 键   B. 2 个 σ 键和 1 个 π 键

 C. 3 个 π 键   D. 2 个 π 键和 1 个 σ 键

(2)下列化合物具有 π-π 共轭体系的是：

 A. $CH_2\!=\!CHCH\!=\!CH_2$ B. $CH_2\!=\!CHBr$

 C. $CH_2\!=\!CH\!-\!CH_2\!-\!CH\!=\!CH_2$ D. $CH_3CH\!=\!C\!=\!CH_2$

(3)同时具有 sp、sp^2、sp^3 杂化类型的化合物是：

 A. $CH_2\!=\!CHCH\!=\!CH_2$ B. $CH\!\equiv\!C\!-\!CH_3$

 C. $CH_2\!=\!CH\!-\!CH_2\!-\!CH\!=\!CH_2$ D. $CH_3CH\!=\!C\!=\!CH_2$

(4)下列化合物中,酸性最强的是：

 A. 戊-1-烯   B. 正戊烷

 C. 戊-1-炔   D. 戊-2-炔

(5)下列哪种试剂可以将丁-2-炔转化成顺-丁-2-烯：

 A. H_2/Lindlar 催化剂   B. H_2/Ni

 C. Na/液氨   D. $LiAlH_4$

(6)鉴别戊-1-炔和戊-2-炔,可以采用下列哪种试剂：

 A. Br_2/CCl_4 B. $CuCl_2$

 C. $Ag(NH_3)_2NO_3$ D. HCl

(7)下列炔烃在 $HgSO_4$-H_2SO_4 的存在下发生水合反应,能得到醛的是：

 A. $CH_3C\!\equiv\!CCH_3$ B. $CH_3CH_2C\!\equiv\!CH$

 C. $CH_3C\!\equiv\!CH$ D. $HC\!\equiv\!CH$

(8)下列哪组试剂可以用于鉴别丁-1,3-二烯和丁-2-烯：

 A. Br_2/CCl_4 B. $KMnO_4$/H^+

 C. HBr   D. 顺丁烯二酸酐

(9)异松油烯(terpinolene)存在于菊科植物向日葵中,结构式如下：

则关于异松油烯的说法正确的是：

A. 异松油烯中存在 π-π 共轭体系

B. 异松油烯中两个双键都存在 Z/E 异构体

C. 异松油烯不能发生加成反应

D. 异松油烯容易发生氧化反应

(10)在用于治疗白癜疯的"白癜灵"胶囊中,研究人员发现了两种含有碳碳叁键的化学成分,即壬-3-炔和 panaxjapyne A。其中,panaxjapyne A 的结构式如下：

则有关说法正确的是：

A. 壬-3-炔及 panaxjapyne A 都含有 π-π 共轭体系

B. 壬-3-炔及 panaxjapyne A 都能与硝酸银的氨溶液反应

C. 壬-3-炔及 panaxjapyne A 都能让溴水褪色

D. 壬-3-炔不能使高锰酸钾褪色,而 panaxjapyne A 可以

2. 用系统命名法命名下列化合物,若是 Z、E 异构体应在名称中标明构型。

(1)$(CH_3)_2CHC \equiv CCHCH(CH_3)_2$
  $|$
  CH_3

(2)$(CH_3)_3CC \equiv CC \equiv CC(CH_3)_3$

(3)$CH_3CH_2C \equiv CAg$

(4)

(5)$CH_3CH \equiv CHCH_2C \equiv CCH_3$

(6)$CH_3-CH \equiv CH-C \equiv CH$

3. 写出下列化合物的结构式或构型式。

(1)2,7-二甲基辛-3,5-二炔

(2)(3Z,5E)-5-甲基庚-1,3,5-三烯(构型式)

(3)3-甲基庚-1-烯-5-炔

(4)4-乙基-5-甲基己-2-炔

(5)3-甲基戊-1,3-二烯

(6)庚-2,4-二烯

4. 写出下列化合物的结构式,若命名有误,请予以更正。

(1)(E)-2,3-二甲基己-1,3-二烯

(2)3-异丙基庚-5-炔

(3)3-甲基庚-4-炔

(4)庚-5-烯-2-炔

5. 下列化合物可由哪些原料通过双烯合成得到：

(1) 　　(2)

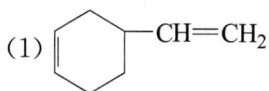

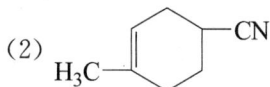

6. 下列各不饱和化合物与一分子溴的选择性加成产物是什么？试解释之。

(1)$CH_3CH=CHCH_2CH=CHCF_3$　　(2)$(CH_3)_2C=CHCH_2CH=CH_2$

7. 写出下列反应的主要产物：

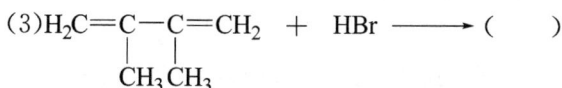

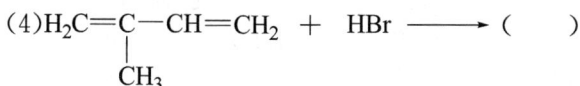

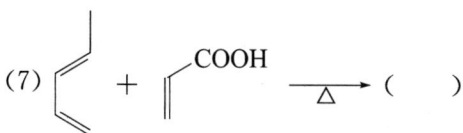

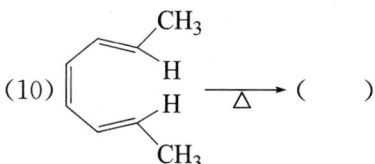

(1)$CH_3CH_2C\equiv CCH_3$ ＋ H_2 $\xrightarrow[\text{喹啉}]{Pd,BaSO_4}$ (　　)

(2)$CH_3CH_2C\equiv CCH_3$ $\xrightarrow[\text{液氨}]{Na}$ (　　)

(3)$H_2C=\underset{CH_3}{\underset{|}{C}}-\underset{CH_3}{\underset{|}{C}}=CH_2$ ＋ HBr $\longrightarrow$ (　　)

(4)$H_2C=\underset{CH_3}{\underset{|}{C}}-CH=CH_2$ ＋ HBr $\longrightarrow$ (　　)

(5)$CH_3C\equiv CH$ $\xrightarrow[\text{稀 }H_2SO_4]{HgSO_4}$ (　　)

(6)$H_2C=CH-CH-CH_2$ ＋ $H_2C=CH-CHO$ $\xrightarrow{\triangle}$ (　　)

(7) ＋ $\xrightarrow{\triangle}$ (　　)

(8) ＋ $\xrightarrow{\triangle}$ (　　)

(9) $\xrightarrow{\text{光照}}$ (　　)

(10) $\xrightarrow{\triangle}$ (　　)

8. 以丙炔为原料合成

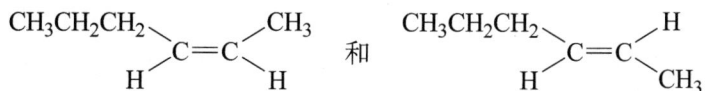

　和

9. 用简单化学方法鉴别下列各组化合物：

(1)己烷、己-1-烯、己-1-炔

(2)庚-1,3-二烯、庚-1,4-二烯、庚-1-炔

(3)戊-1-炔、戊-2-炔、戊烷

10. 名词解释：

(1)HOMO (2)LUMO

(3)周环反应 (4)电环化反应

(5)顺旋和对旋 (6)Diels-Alder 反应

(7)双烯体和亲双烯体

11. 某化合物 A 的分子式为 C_5H_8，在液 NH_3 中与 $NaNH_2$ 作用后，再与 1-溴丙烷作用，生成分子式为 C_8H_{14} 的化合物 B；用 $KMnO_4$ 氧化 B 得分子式为 $C_4H_8O_2$ 的两种不同的酸 C 和 D。A 在 $HgSO_4$ 存在下与硫酸作用，可得分子式为 $C_5H_{10}O$ 的酮 E。试推测 A～E 的结构，并用反应式简要说明推断过程。

12. 分子式为 C_6H_{10} 的 A 及 B，均能使溴的四氯化碳溶液褪色，并且经催化氢化得到相同的产物正己烷。A 可与氯化亚铜的氨溶液作用产生红棕色沉淀，而 B 不发生这种反应。B 经臭氧氧化后再还原水解，得到 CH_3CHO 及 $OHCCHO$(乙二醛)。推断 A 及 B 的结构，并用反应式加简要说明表示推断过程。

参考答案

1.

(1)D (2)A (3)D (4)C (5)A (6)C (7)D (8)D (9)D (10)C

2.

(1)2,5,6-三甲基庚-3-炔

(2)2,2,7,7-四甲基辛-3,5-二炔

(3)丁-1-炔银

(4)(3E)-2,4-二甲基己-1,3,5-三烯

(5)庚-2-烯-5-炔

(6)戊-3-烯-1-炔

3.

(1)

(2)

(3)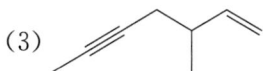

(4)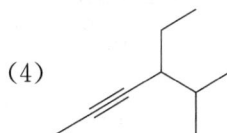

(5)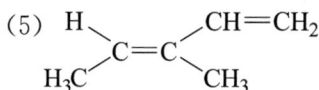

(3E)-3-甲基戊-1,3-二烯
或 顺-3-甲基戊-1,3-二烯

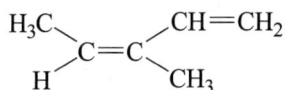

(3Z)-3-甲基戊-1,3-二烯
或 反-3-甲基戊-1,3-二烯

(6)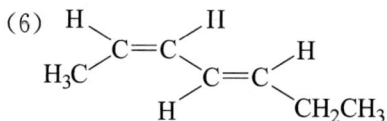

(2Z,4E)-庚-2,4-二烯

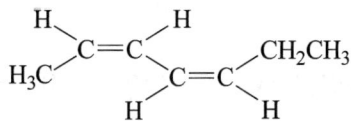

(2Z,4Z)-庚-2,4-二烯

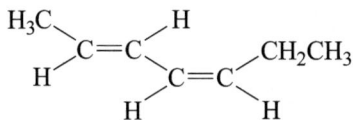

(2E,4Z)-庚-2,4-二烯

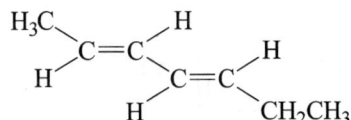

(2E,4E)-庚-2,4-二烯

4.

(1)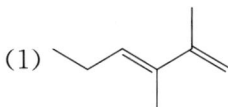

(2)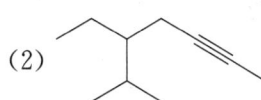

错,应为 5-乙基-6-甲基庚-2-炔。

(3)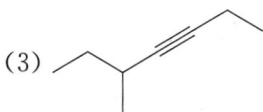

错,应为 5-甲基庚-3-炔。

(4)

错,应为 庚-2-烯-5-炔。

5.

(1) 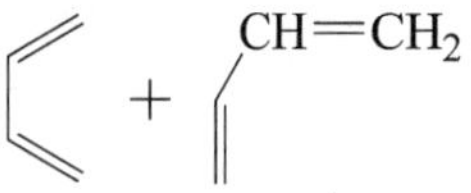

(2) 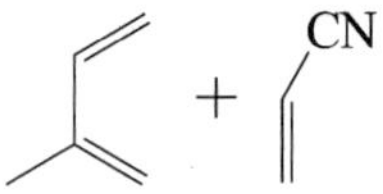

6. 反应产物分别为：

(1) 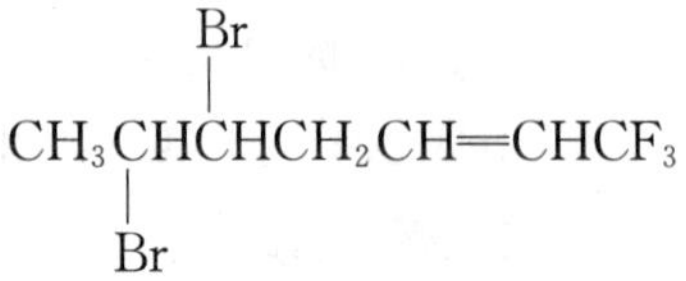

(2) 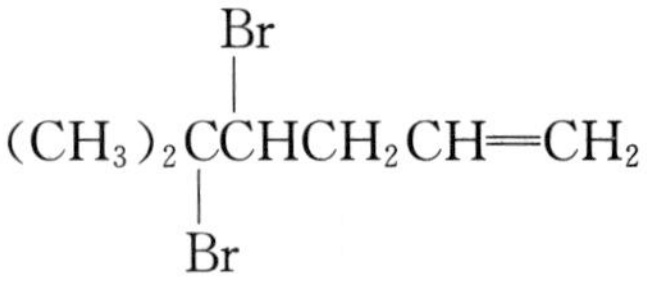

烯烃的亲电加成反应通常选择发生在电子云密度较高的双键上。—CF_3 为吸电子基团，可使与之相连的双键的电子云密度降低，故反应物(1)与 Br_2 的加成发生在远离—CF_3 的双键上；—CH_3 为斥电子基团，可使与之相连的双键的电子云密度增加，故反应物(2)与 Br_2 的加成发生在连有较多烷基的双键上。

7.

(1) 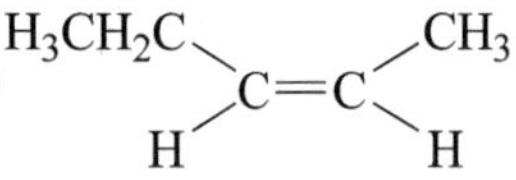

(2) 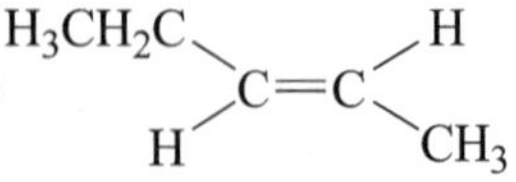

(3) 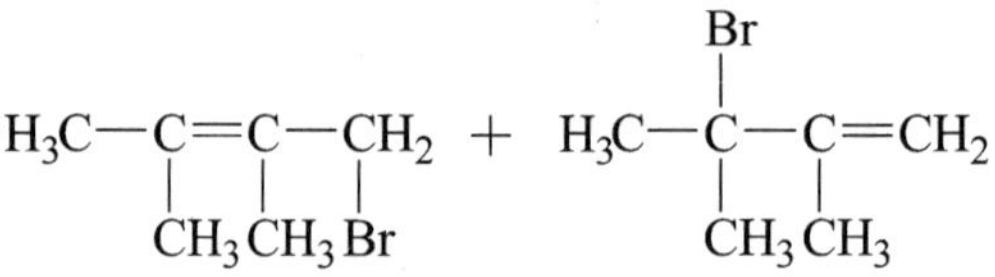

(4) 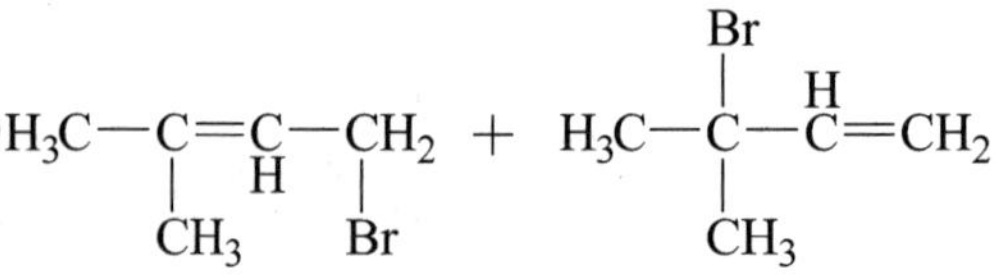

(5) 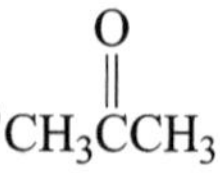

(6) 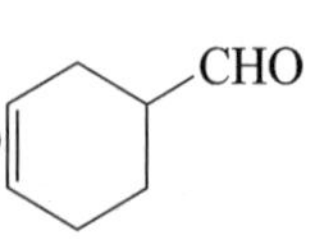

(7) 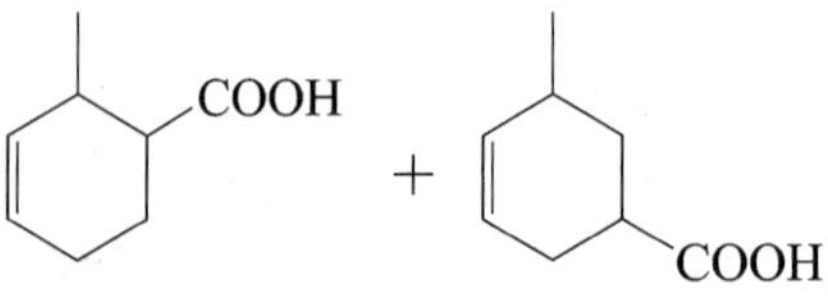

(8)

(9)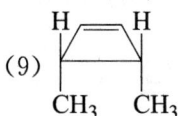

(10)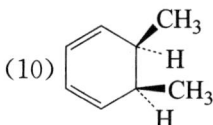

8.

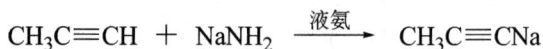

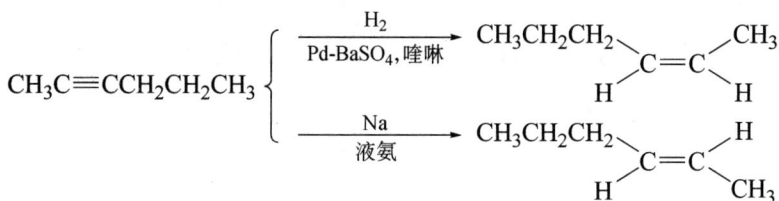

9.

(1)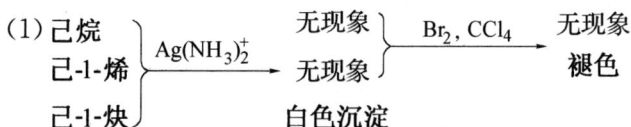

(2)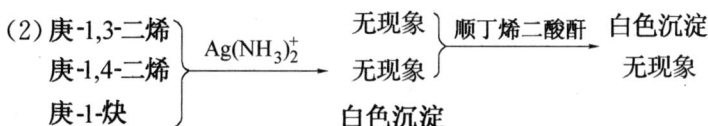

(3)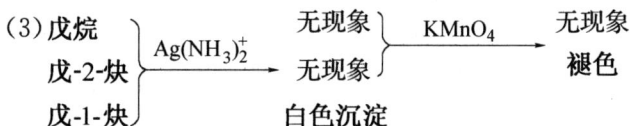

10.

(1) HOMO：分子中能量最高的填充电子轨道。

(2) LUMO：分子中能量最低的未填充电子轨道。

(3) 周环反应：形成环状过渡态的协同反应（只形成过渡态而不生成任何活性中间体的反应），称为周环反应

(4) 电环化反应：共轭二烯烃及其他共轭多烯烃在热或光的作用下，可以发生分子内

的环合反应。反应中,分子在断裂一个 π 键的同时,在共轭双键的两端的碳原子相互以 σ 键结合,生成相应的环状化合物。这类反应及其逆反应称为电环化反应。

(5)顺旋和对旋:在电环化反应中,两个碳碳键键轴向同一个方向旋转成环,称为顺旋;两个碳碳键键轴向相反方向旋转成环,称为对旋。

(6)Diels-Alder 反应:共轭二烯烃及其衍生物与含有碳碳双键、叁键等不饱和化合物相互作用,生成六元环状化合物的反应,称为 Diels-Alder 反应。

(7)双烯体和亲双烯体:Diels-Alder 反应中,共轭二烯烃及其衍生物称为双烯体;与双烯体进行反应的不饱和化合物称为亲双烯体。

11.

A. $(CH_3)_2CHC\equiv CH$

B. $(CH_3)_2CHC\equiv CCH_2CH_2CH_3$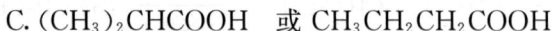

C. $(CH_3)_2CHCOOH$　或 $CH_3CH_2CH_2COOH$

D. $CH_3CH_2CH_2COOH$　或 $(CH_3)_2CHCOOH$

E. $(CH_3)_2CHCOCH_3$

12.

A. $CH_3CH_2CH_2CH_2C\equiv CH$ 　　　　B. $CH_3CH=CHCH=CHCH_3$

第六章 脂环烃 ▷▷▷▷

习 题

1. 单选题：

(1)在室温下能使 Br_2/CCl_4 褪色的化合物是：

    A. 丙烷　　　　　B. 环丙烷　　　　　C. 环己烷　　　　　D. 己烷

(2)环丙烷更容易发生开环加成反应,下述原因错误的是：

    A. 角张力大　　　　　　　　　　B. 有扭转张力

    C. 仲氢比较活泼　　　　　　　　D. 恢复正常键角

(3)鉴别环丙烷和丙烷可用的试剂是：

    A. Br_2/CCl_4　　　　B. 浓 HNO_3　　　　C. $KMnO_4$　　　　D. $FeCl_3$

(4)鉴别环丙烷和丙烯可用的试剂是：

    A. Br_2/CCl_4　　　　　　　　　B. $AgNO_3$

    C. $KMnO_4$　　　　　　　　　　D. $Ag(NH_3)_2NO_3$

(5)环己烷的优势构象是：

    A. 半船式　　　　B. 半椅式　　　　C. 船式　　　　D. 椅式

(6)1,2-二甲基环己烷最稳定的构象是：

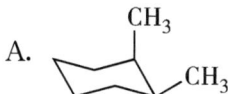

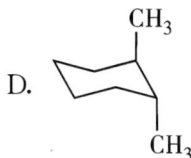

A. 　　　　B.

C. 　　　　D.

(7)化合物 $(CH_3)_2CH$——Cl 的系统名称正确的是：

    A. 顺-1-氯-4-异丙基环己烷　　　　B. 反-1-氯-4-异丙基环己烷

    C. (E)-1-氯-4-异丙基环己烷　　　　D. 反-4-氯-1-异丙基环己烷

(8)薄荷醇是存在于中药薄荷中的化学成分,在薄荷醇分子中含有一个六元环骨架。薄荷醇的结构式与稳定构象分别如下图所示。

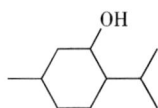

结构式　　　　　　　　　　　　稳定构象

则有关说法不正确的是：

A. 甲基处于平伏键（e 键）　　　　　B. 异丙基处于平伏键（e 键）

C. OH 基处于平伏键（e 键）　　　　D. 六元环为船式构象

(9) 环己烷通过转环作用,从一种椅式构象转环为另一种椅式构象时,下列错误的是：

A. 直立键变为平伏键　　　　　　　　B. 取代基全部变成稳定的平伏键

C. 平伏键变直立键　　　　　　　　　D. 键的相对位置不变

(10) 阳荷 *Zingiber striolatum* Diels 是姜科姜属的药食同源植物,内含桧烯（sabinene）。

桧烯结构式如下：

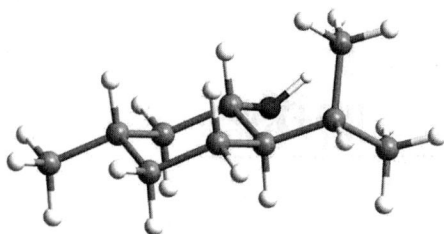

有关桧烯的说法正确的是：

A. 桧烯是一个螺环化合物　　　　　　B. 桧烯是一个桥环化合物

C. 桧烯遇到溴水不能开环　　　　　　D. 桧烯遇到高锰酸钾可开环

2. 用系统命名法命名下列化合物：

(1) 　　　　(2)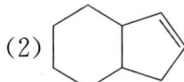

(3) 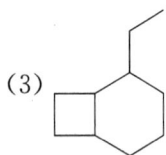　　　　(4)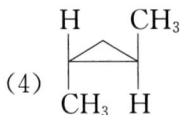

(5) 　　　　(6)

(7) 　　　　(8)

(9) 　　　　(10) $(CH_3)_2CHCHCH(CH_3)_2$

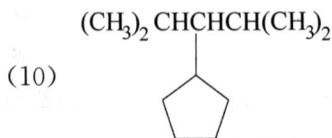

3. 写出下列化合物结构式：

(1)顺-二环[3.3.0]辛烷　　　　　　　　(2)二环[3.2.0]庚-1(5)-烯

(3)反十氢萘(构象式)　　　　　　　　　(4)顺-1-叔丁基-4-甲基环己烷

(5)2,3-二甲基环己烯　　　　　　　　　(6)8-甲基二螺[2.1.5.1]十一碳-6-烯

4. 写出分子式符合 C_5H_{10} 的所有脂环烃的异构体(包括顺反异构)并命名。

5. 写出下列化合物的优势构象式。

(1)反-1,2-二甲基环己烷　　　　　　　　(2)1-异丙基-1-甲基环己烷

(3)顺-1-溴-3-甲基环己烷　　　　　　　　(4)反-1,4-二甲基环己烷

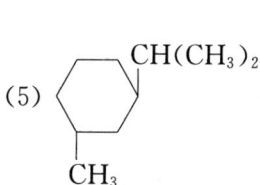

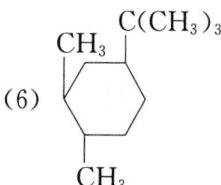

(5) 　　　　　　　　　(6)

6. 用简单化学方法鉴别下列各组化合物：

(1)环己烷、环己烯　　　　　　　　　　(2)环丙烷、丙烯

(3)戊-2-烯、1,1-二甲基环丙烷、环戊烷

7. 完成下列反应：

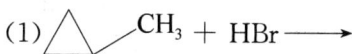

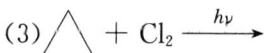

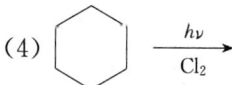

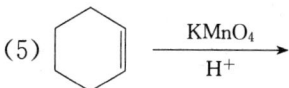

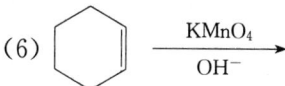

(1) 　　　　　　　　(2)

(3) 　　　　　　　　(4)

(5) 　　　　　　　　(6)

8. 写出反-1-异丙基-3-甲基环己烷和顺-1-异丙基-4-甲基环己烷的可能椅式构象。指出占优势的构象。

9. 某烃的分子式为 $C_{10}H_{16}$，能吸收 $1mol\ H_2$，分子中不含甲基、乙基和其他烷基。用酸性 $KMnO_4$ 溶液氧化，得到一个对称的二酮($C_{10}H_{16}O_2$)。试写出这个烃的结构式。

10. 化合物 A 的分子式为 C_6H_{10}，加氢后可生成甲基环戊烷。A 经臭氧氧化分解后生成 2-甲基戊二醛( )，写出 A 的结构式。

11. 化合物 A，分子式为 C_4H_8，能使 Br_2/CCl_4 溶液褪色，但不能使稀的 $KMnO_4$ 溶液褪色。A 与 HBr 反应得 B，B 也可以从 A 的同分异构体 C 与 HBr 反应得到。化合物 C 能使 Br_2/CCl_4 溶液和 $KMnO_4$ 溶液褪色。试推测 A、B、C 的结构式。

参考答案

1.
(1)B　(2)C　(3)A　(4)C　(5)D　(6)B　(7)B　(8)D　(9)B　(10)B

2.
(1)3-溴环己烯　　　　　　　　　　(2)二环[4.3.0]壬-7-烯

(3)2-乙基二环[4.2.0]辛烷　　　　　(4)反-1,2-二甲基环丙烷

(5)二环[5.2.1]癸-2-烯　　　　　　　(6)二螺[3.2.5.2]十四碳-8-烯

(7)2-甲基螺[3.5]壬烷　　　　　　　(8)10-甲基螺[4.5]癸-6-烯

(9)三环[3.2.1.0^{2,4}]辛烷　　　　　　(10)3-环戊基-2,4-二甲基戊烷

3.

(1) 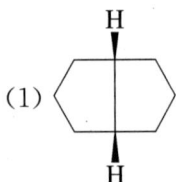　　(2) 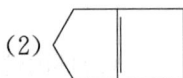　　(3)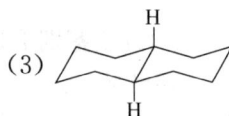

(4) 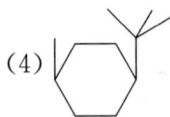　　(5) 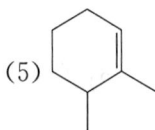　　(6)

4.

(1)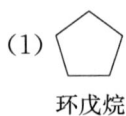

环戊烷

(2)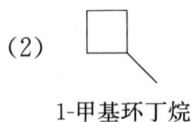

1-甲基环丁烷

(3)

顺-1,2-二甲基环丙烷

(4)

反-1,2-二甲基环丙烷

(5)

1,1-二甲基环丙烷

(6)

乙基环丙烷

5.

(1)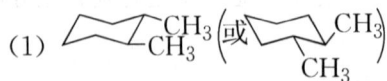

(2)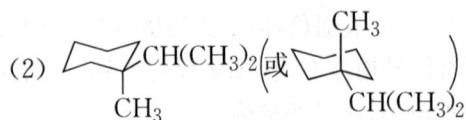

(3) Br—〔环己烷〕—CH₃

(4) 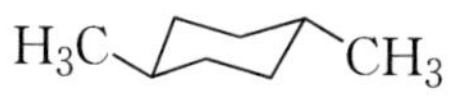 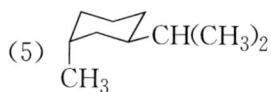 H₃C　CH₃

(5) 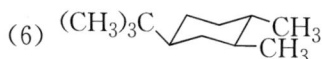 CH(CH₃)₂　CH₃

(6) 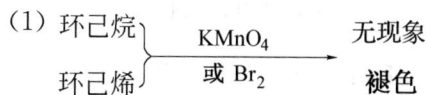 (CH₃)₃C　CH₃ CH₃

6.

(1) 环己烷 ┐
　　环己烯 ┘ —KMnO₄ 或 Br₂→ 无现象　褪色

(2) 环丙烷 ┐
　　丙烯 ┘ —KMnO₄→ 无现象　褪色

(3) 环戊烷
　　戊-2-烯
　　1,1-二甲基环丙烷 ┘ —Br₂→ 无现象　褪色　褪色 —KMnO₄→ 褪色　无现象

7.

(1) CH₃CHCH₂CH₃ (带Br)

(2) BrCH₂CH₂CH₂Br

(3) 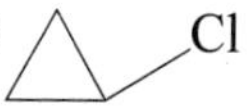 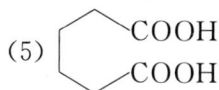 Cl

(4) 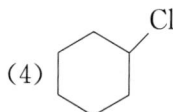 Cl

(5)  COOH COOH

(6) 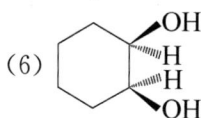 OH H H OH

8.

在取代环己烷的构象中,较大取代基处于 e 键者为优势构象:

(1)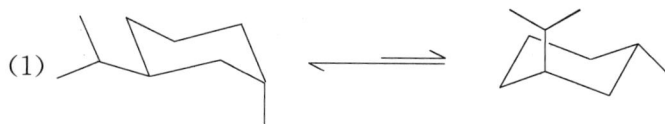

(2)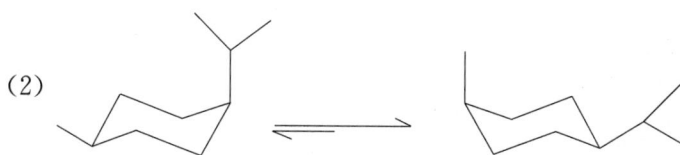

9.

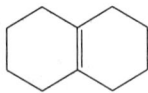

10. A.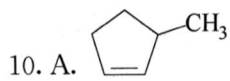

11. A. 　　　　　　　　B.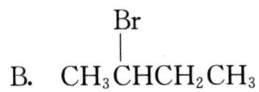

C. $CH_3CH=CHCH_3$（或 $CH_2=CHCH_2CH_3$）

第七章　芳香烃 ▷▷▷▷

习　题

1. 单选题：

(1)苯与混酸的反应过程属于：

　　A. 亲电加成　　　　B. 亲核加成　　　　C. 亲核取代　　　　D. 亲电取代

(2)苯与溴在铁粉存在下进行反应，就反应历程来说，进攻试剂是：

　　A. Br^-　　　　　　B. Br^+　　　　　　C. $Br \cdot$　　　　　D. $FeBr_4^-$

(3)甲苯和氯气在光照下进行反应，其反应历程是：

　　A. 亲电取代　　　　　　　　　　B. 亲核取代

　　C. 自由基取代　　　　　　　　　D. 自由基加成

(4)下列化合物进行硝化反应，活性最高的是：

　　A. 苯　　　　　　B. 苯酚　　　　　　C. 甲苯　　　　　　D. 硝基苯

(5)下列反应属于哪种类型：

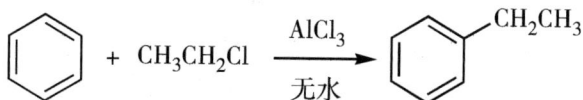

　　A. 亲电反应　　　　B. 亲核取代　　　　C. 自由基反应　　　　D. 亲核加成

(6)下列化合物中亲电取代反应活性最大的是：

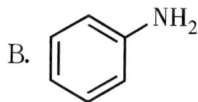

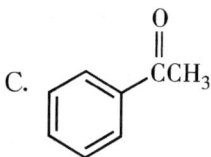

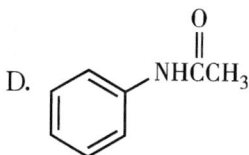

(7)下列化合物与苯比较，更易进行烷基化反应的是：

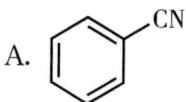

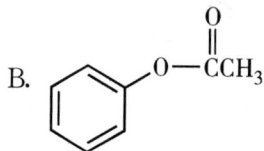

C.
$$\underset{\text{（苯环）}}{}\overset{\displaystyle O}{\overset{\|}{C}}CH_3$$

D.
$$\underset{\text{（苯环）}}{}\overset{\displaystyle O}{\overset{\|}{C}}\!-\!OCH_3$$

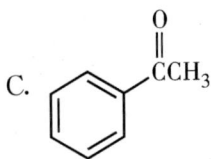

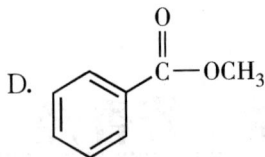

(8)下列傅-克反应哪个不能进行：

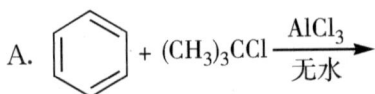

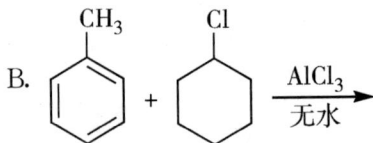

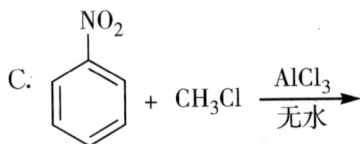

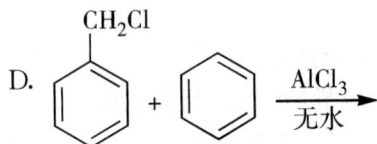

A. （苯环）$+ (CH_3)_3CCl \xrightarrow[\text{无水}]{AlCl_3}$

B. （甲苯）$+$（氯代环己烷）$\xrightarrow[\text{无水}]{AlCl_3}$

C. （硝基苯 NO_2）$+ CH_3Cl \xrightarrow[\text{无水}]{AlCl_3}$

D. （苄氯 CH_2Cl）$+$（苯环）$\xrightarrow[\text{无水}]{AlCl_3}$

(9)下列化合物，按亲电反应活性排列，由大到小的顺序是：

①C_6H_5Cl　　　②$C_6H_5CH_3$　　　③$C_6H_5CF_3$

A. ③＞②＞①　　　　　　　　　　B. ③＞①＞②

C. ②＞③＞①　　　　　　　　　　D. ②＞①＞③

(10)下列化合物能使酸性高锰酸钾溶液褪色，而不能使溴水褪色的是：

A. 丙烯　　　　　B. 环丙烷　　　　　C. 苯　　　　　　D. 甲苯

(11)下列化合物用高锰酸钾酸性溶液氧化，可得到苯甲酸的是：

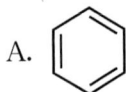

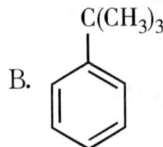

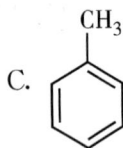

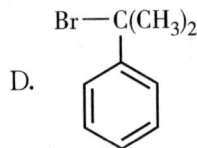

A. （苯环）

B. （苯环—$C(CH_3)_3$）

C. （苯环—CH_3）

D. （苯环—$C(CH_3)_2$—Br）

(12)在苯环的亲电取代反应中，下列基团属于间位定位基的是：

A. —OCH_3　　　　B. —Br　　　　C. —NO_2　　　　D. —CH_3

(13)下列化合物中，苯环与环上取代基间的电子效应属于 σ-π 超共轭的是：

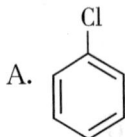

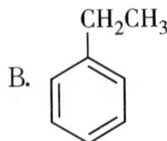

A. （苯环—Cl）

B. （苯环—CH_2CH_3）

C.

OH

D.

COOH

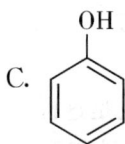

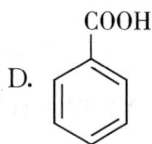

(14)下列碳正离子最稳定的是：

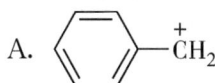

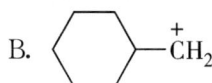

A. $\overset{+}{CH_2}$

B. $\overset{+}{CH_2}$

C.

D. $(CH_3)_2\overset{+}{CH}$

(15)化合物 （含 SO_3H、CH_3 的萘结构） 的系统名称正确的是：

A. 1-甲基-6-磺酸基萘　　　　B. 2-磺酸基-5-甲基萘

C. 5-甲基萘-2-磺酸　　　　　D. 1-甲基萘-6-磺酸

(16)下列化合物没有芳香性的是：

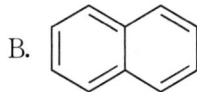

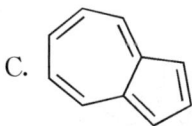

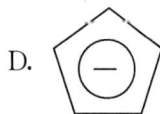

A.

B.

C.

D.

(17)判断环多烯是否具有芳香性的规则是：

A. 洪特规则　　　　　　　　B. 休克尔规则

C. 马氏规则　　　　　　　　D. 查依采夫规则

(18)以苯为原料,通过傅克反应制备一取代烷基苯往往需用过量苯,其原因是：

A. 用苯作溶剂　　　　　　　B. 苯不活泼

C. 反应中有部分苯分解　　　D. 防止生成多烷基苯

(19)抗生素泛涎菌素(panosialin)有 wA 和 wB 两种,其结构式如下：

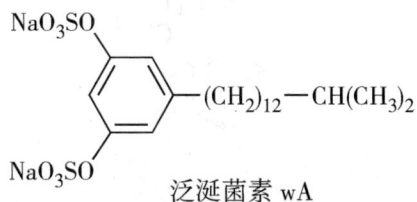

NaO_3SO ... $(CH_2)_{12}-CH(CH_3)_2$

NaO_3SO

泛涎菌素 wA

NaO_3SO ... $(CH_2)_{14}-CH_3$

NaO_3SO

泛涎菌素 wB

有关泛涎菌素的说法不正确的是：

A. 泛涎菌素 wA 与泛涎菌素 wB 是一对同分异构体

B. 泛涎菌素 wA 与泛涎菌素 wB 属于芳香烃,是苯的同系物

C. 泛涎菌素 wA 与泛涎菌素 wB 的侧链均可被氧化

D. 泛涎菌素 wA 同时具有亲水性与亲油性,泛涎菌素 wB 也是这样

（20）茴香砂仁 *Achasma yunnanense* T. L. Wu et Senjen 属于姜科茴香砂仁属,是傣族的民间药用植物,富含挥发油。在挥发油中,草蒿脑（estragole）的含量最高。草蒿脑结构如下:

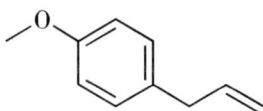

有关草蒿脑的说法不正确的是:

A. 草蒿脑上的甲氧基是吸电子基团

B. 草蒿脑可以发生亲电加成反应

C. 草蒿脑可以发生亲电取代反应

D. 草蒿脑发生亲电取代反应的活性比苯强

2. 用系统命名法命名下列化合物:

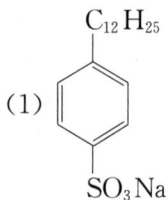

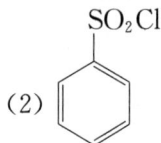

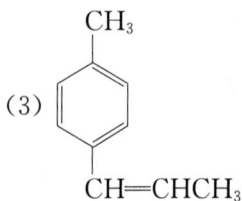

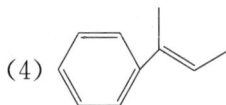

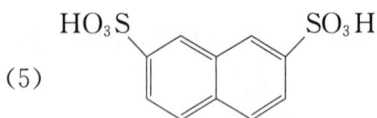

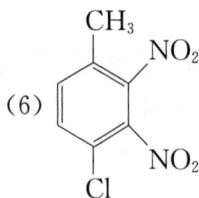

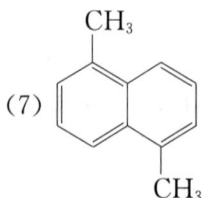

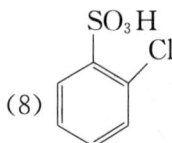

(9) 　　(10)

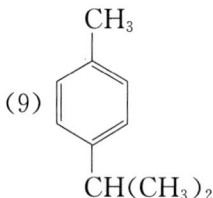

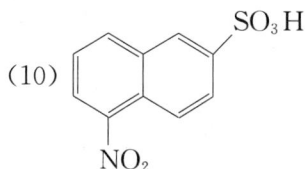

3. 写出下列化合物的结构式：

(1)1,5-二硝基萘　(2)β-萘胺　(3)9-溴菲　(4)对氯苄氯
(5)3,5-二硝基苯磺酸　(6)三苯甲烷　(7)9,10-蒽醌　(8)(*Z*)-1-苯基丙-1-烯
(9)9,10-蒽醌-2-磺酸　(10)α-萘酚

4. 将下列各组化合物按亲电取代反应活性由大到小的顺序排列：

(1)A. 苯　B. 甲苯
C. 二硝基苯　D. 硝基苯

(2)A. 　B.

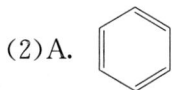

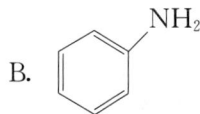

C. 　D.

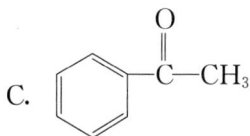

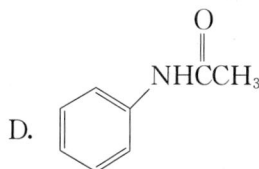

(3)A. 苯甲酸　B. 对苯二甲酸　C. 对二甲苯　D. 对甲基苯甲酸
(4)A. 对硝基苯酚　B. 2,4-二硝基氯苯　C. 2,4-二硝基苯酚

5. 完成下列反应式：

(1) $+CH_3CH_2CH_2Cl \xrightarrow[\text{无水}]{AlCl_3}$ (　　) $\xrightarrow[\text{光}]{Cl_2}$ (　　)

(2) $+HNO_3 \longrightarrow$ (　　)

(3) $+KMnO_4 \xrightarrow[\triangle]{H^+}$ (　　)

(4) $\xrightarrow[165℃]{\text{浓 } H_2SO_4}$ (　　) $\xrightarrow[H_2SO_4]{HNO_3}$ (　　)

(5) $+O_2 \xrightarrow[400\sim500℃]{V_2O_5}$ (　　) $\xrightarrow[Ni]{H_2}$ (　　) $\xrightarrow{AlCl_3(\text{无水})}$ (　　)

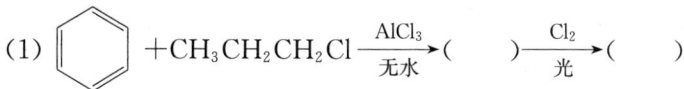

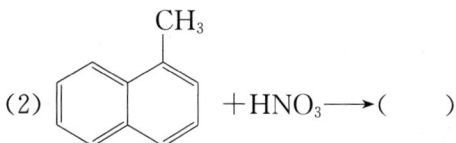

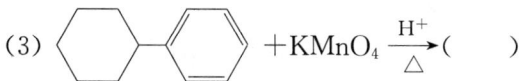

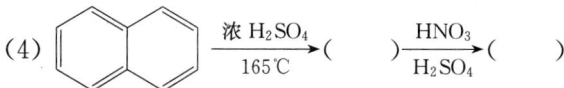

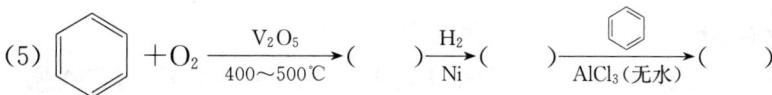

(6) 苯 $+CH_3CH_2OH \xrightarrow[\text{无水}]{AlCl_3}($　$) \xrightarrow[\triangle]{KMnO_4}($　$) \xrightarrow[H_2SO_4]{HNO_3}($　$)$

(7) 甲苯 $+ ClCH_2CHCH_2CH_3 \xrightarrow[\text{无水}]{AlCl_3}($　$) \xrightarrow[H^+]{KMnO_4}($　$)$
　　　　　　　　　　|
　　　　　　　　　CH_3

(8) 2 苯 $+CH_2Cl_2 \xrightarrow[\text{无水}]{AlCl_3}($　$)$

(9) 苯—$CH_2CH_2CH_2COCl \xrightarrow[\text{无水}]{AlCl_3}($　$)$

(10) 甲苯 $+ Br_2$
　光 → (　)
　$FeBr_3$ → (　)

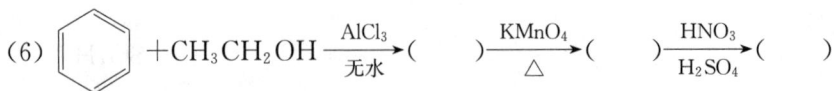

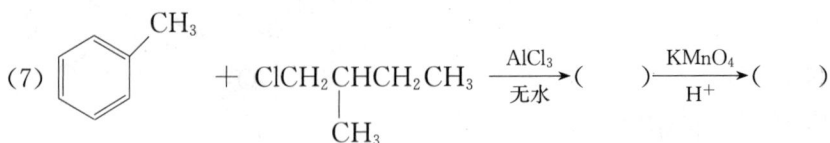

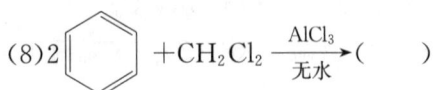

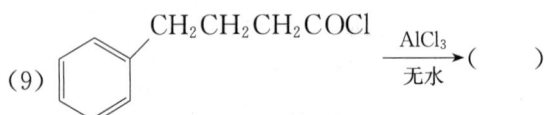

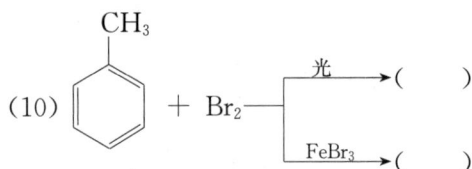

6. 用化学方法区别下列化合物:

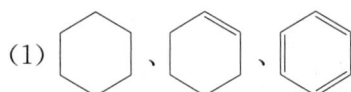

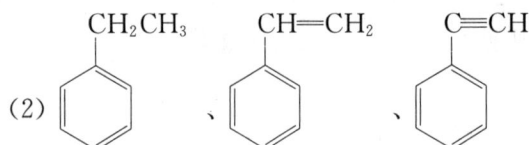

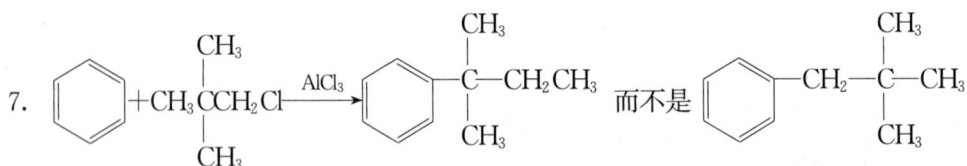

(1) 环己烷、环己烯、苯

(2) 苯乙基、苯乙烯、苯乙炔
CH_2CH_3 、 $CH=CH_2$ 、 $C\equiv CH$

7. 苯 $+CH_3\overset{CH_3}{\underset{CH_3}{C}}CH_2Cl \xrightarrow{AlCl_3}$ 产物 而不是 产物

试解释之,并写出反应历程。

8. 分子式为 $C_6H_4Br_2$ 的芳烃 A,以混酸硝化,只得到一种一元硝化产物,试推断 A 的结构。

9. 某烃 A,实验式为 CH,分子量为 208,强氧化得苯甲酸,臭氧氧化分解产物只得苯乙醛。推测 A 的结构。

10. 某芳烃分子式为 C_9H_{12},强氧化后可得一种二元酸。将原来的芳烃进行硝化,所得一元硝基化合物有两种,写出该芳烃的结构和各步反应式。

11. 芳烃 A 分子式为 $C_{12}H_{10}$,完全氢化得化合物 B,分子式为 $C_{12}H_{20}$,若 A 剧烈氧化得化合物二元羧酸 C,C 脱羧得到萘,写出 A、B、C 的结构式及有关反应式。

12. 化合物茚 C_9H_8,存在于煤焦油中,能迅速使 Br_2/CCl_4 和 $KMnO_4$ 溶液褪色;它只吸收 1mol 氢,生成茚满 C_9H_{10};较剧烈氢化时,生成分子式为 C_9H_{16} 的化合物;茚经剧烈氧化生成邻苯二甲酸,试推出茚的结构,并写出有关反应式。

13. 溴苯氯代后分离得到两个分子式为 C_6H_4ClBr 的异构体 A 和 B,将 A 溴代得到几种分子式为 $C_6H_3ClBr_2$ 的产物,而 B 经溴代得到两种分子式为 $C_6H_3ClBr_2$ 的产物 C 和 D。A 溴代后所得产物之一与 C 相同,但没有任何一个与 D 相同。推测 A、B、C、D 的结构式,写出各步反应式。

14. 判断下列化合物是否具有芳香性:

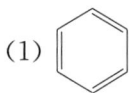

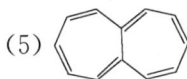

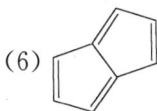

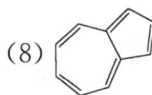

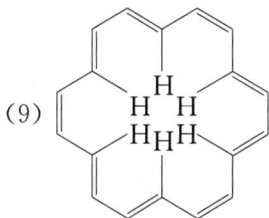

(1) (2) (3) (4)

(5) (6) (7) (8)

(9)

15. 用箭头表示下列化合物进行一硝化的主要产物:

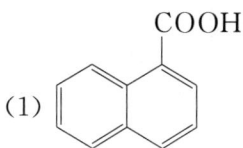

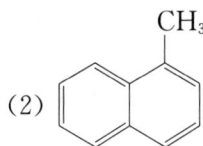

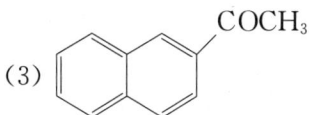

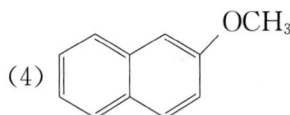

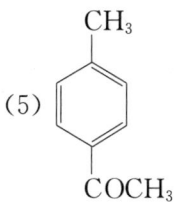

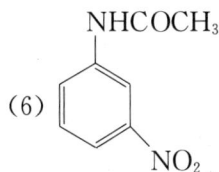

(1) COOH

(2) CH₃

(3) COCH₃

(4) OCH₃

(5) CH₃ / COCH₃

(6) NHCOCH₃ / NO₂

(7)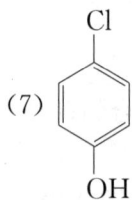

(8)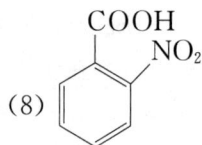

(9)

16. 以苯、甲苯及其他试剂合成下列化合物：

(1)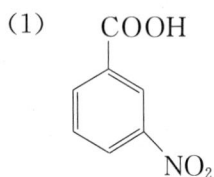

(2) 对叔丁基苯甲酸

(3)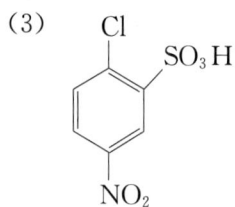

(4) 二苯甲烷

(5)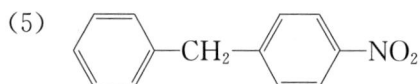

(6)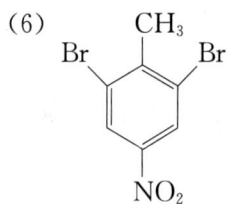

(7)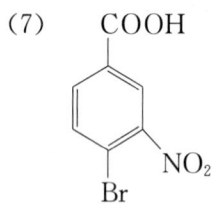

(8)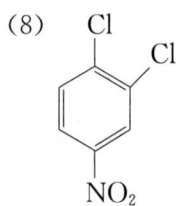

(9)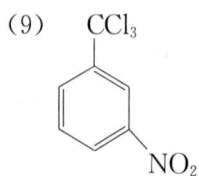

(10)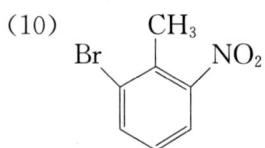

参考答案

1.

(1)D (2)B (3)C (4)B (5)A (6)B (7)B (8)C (9)D (10)D

(11)C (12)C (13)B (14)A (15)C (16)A (17)B (18)D (19)B

(20)A

2.

(1)4-十二烷基苯磺酸钠　　　　(2)苯磺酰氯

(3)1-对甲苯基丙-1-烯　　　　(4)(E)-2-苯基丁-2-烯

(5)萘-2,7-二磺酸　　　　(6)4-氯-2,3-二硝基甲苯或 1-氯-4-甲基-2,3-二硝基苯

(7)1,5-二甲基萘　　　　(8)2-氯苯磺酸

(9)对异丙基甲苯或对甲基异丙苯　　10)5-硝基萘-2-磺酸

3.

(1)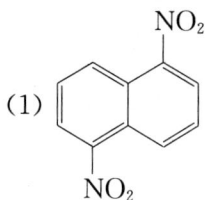

(2)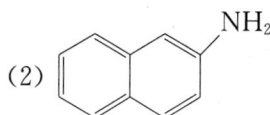

(3)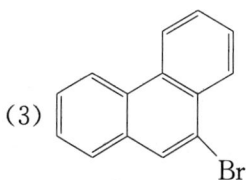

(4)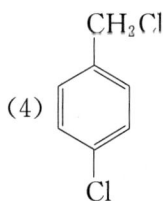

(5)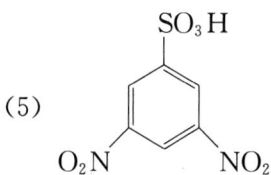

(6)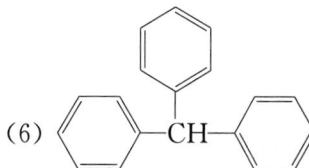

(7)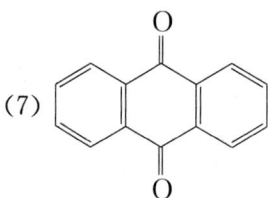

(8)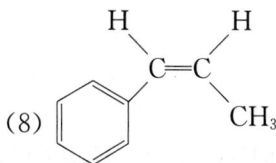

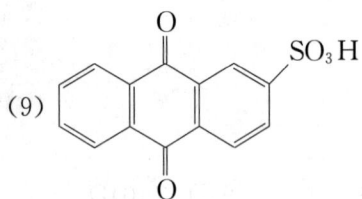 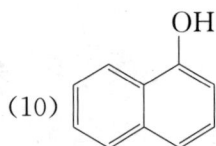

(9)   (10)

4.

(1) BADC   (2) BDAC   (3) CDAB   (4) ACB

5.

(1)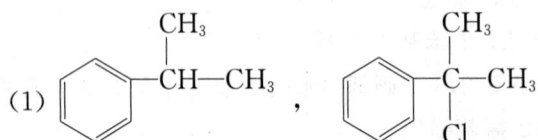

(2)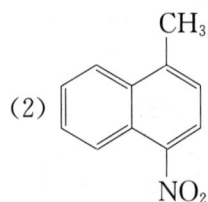

(3)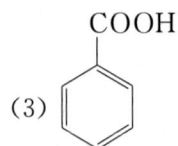

(4)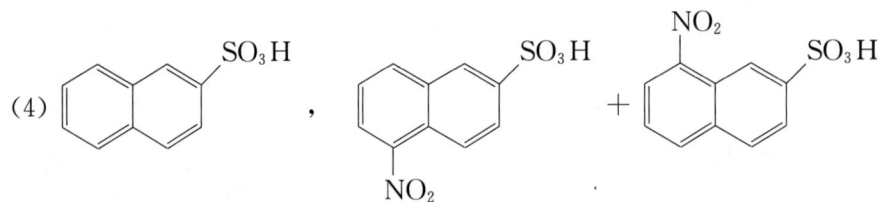

(5)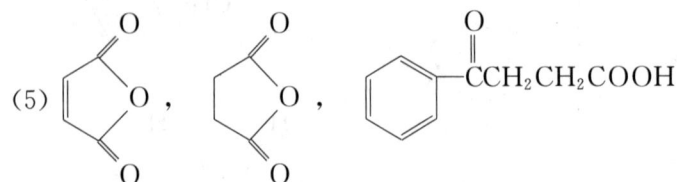

(6)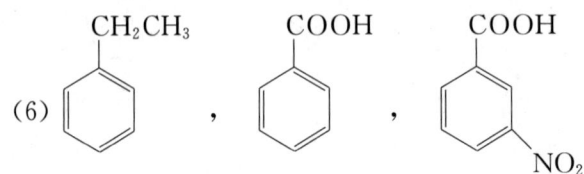

(7)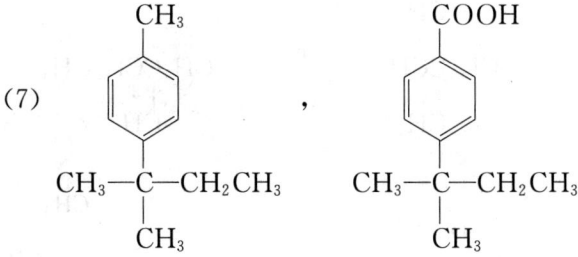

(8)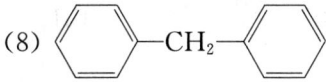

(9)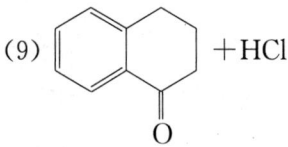

(10)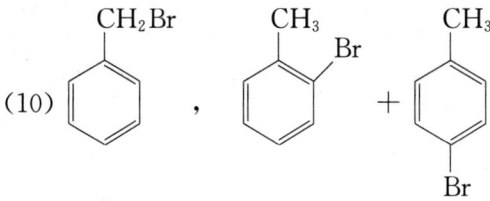

6.

(1)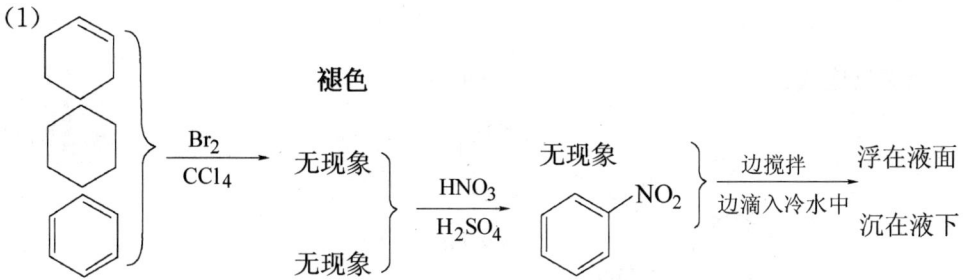

(2)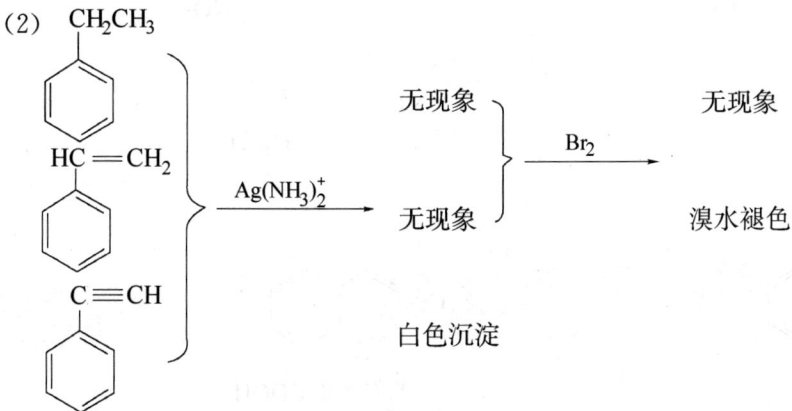

7.

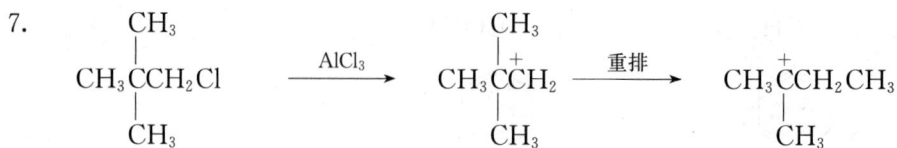

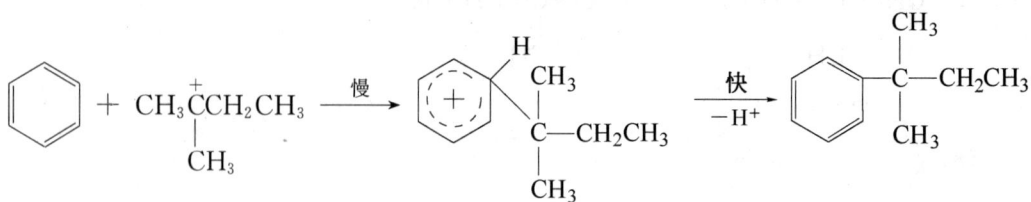

8.

9.

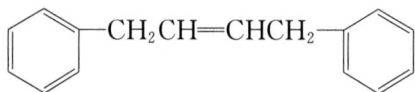

10.

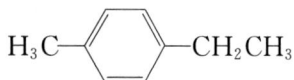

有关反应式：

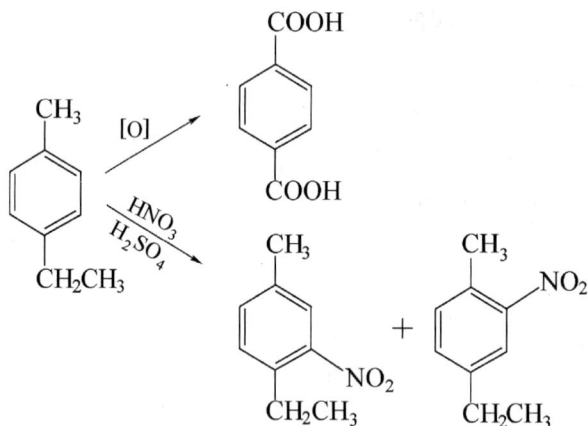

11.

A. 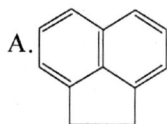　　　B. 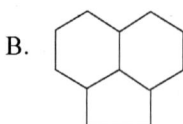　　　C.

有关反应式：

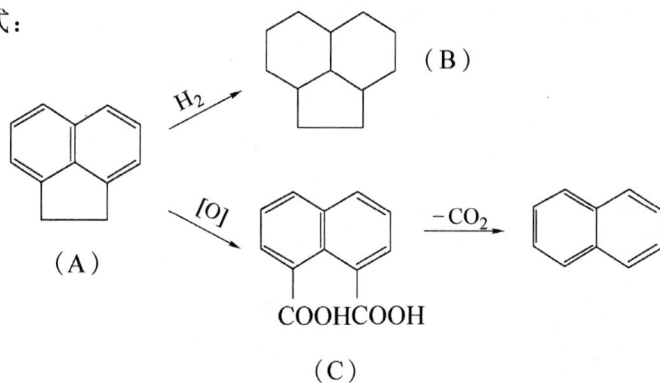

12.

茚的结构：

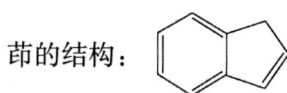

有关反应式：

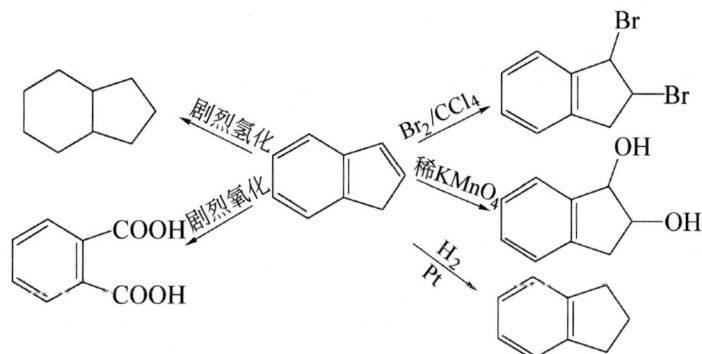

13.

A.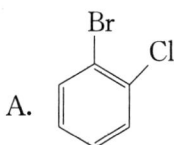

B.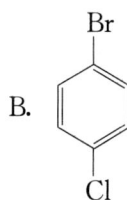

C.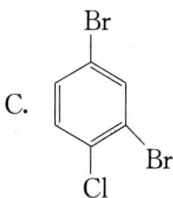

D.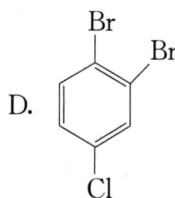

有关反应式：

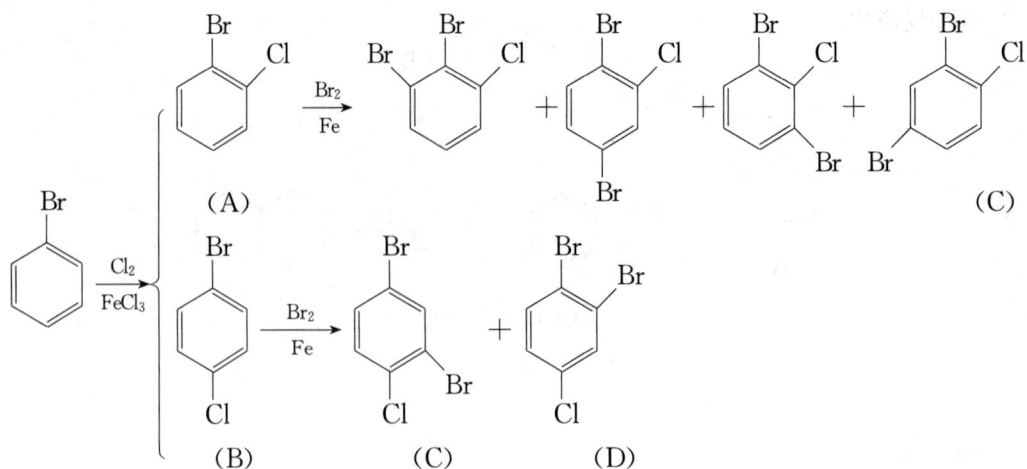

14.

(1)、(7)、(8)、(9)有芳香性。

15.

(1)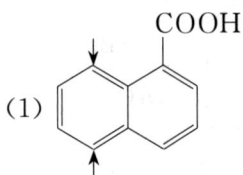

(2)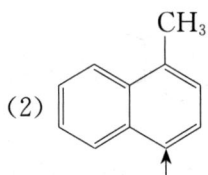

(3)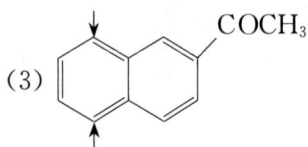

(4)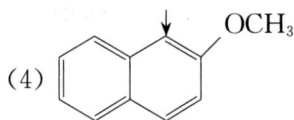

(5)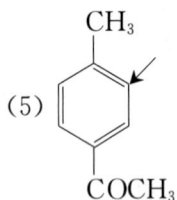

(6)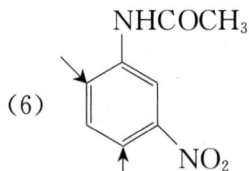

(7)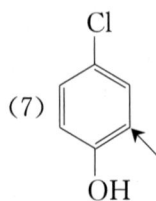

(8)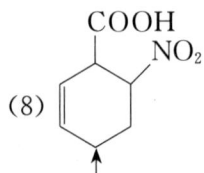

(9)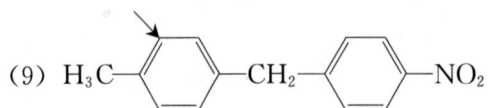

16.

(1)

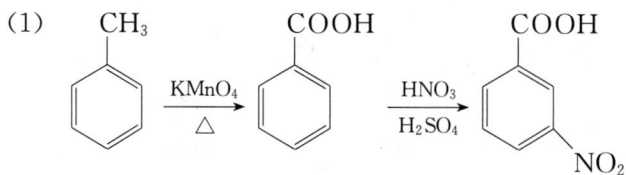

(2)

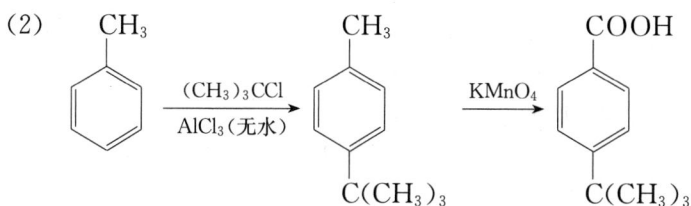

(3)

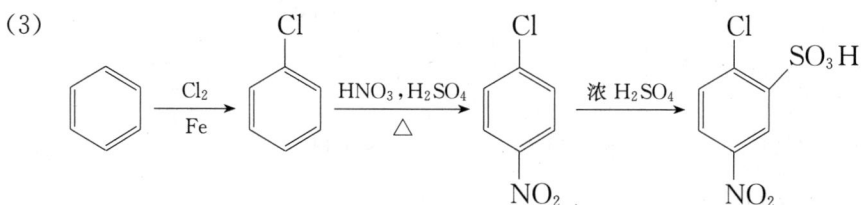

(4)

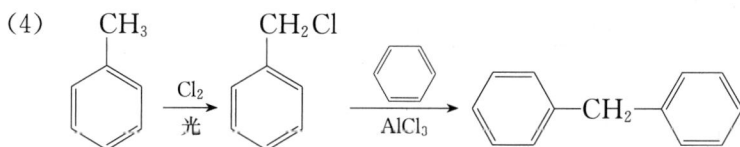

(5)

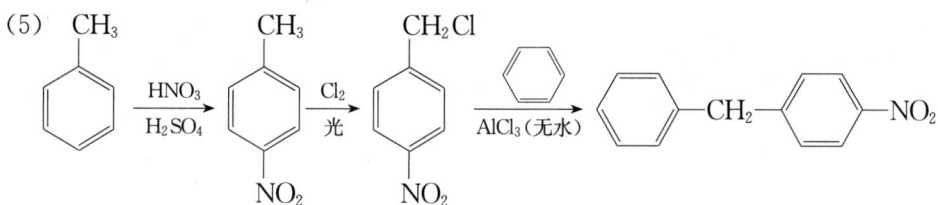

(6)

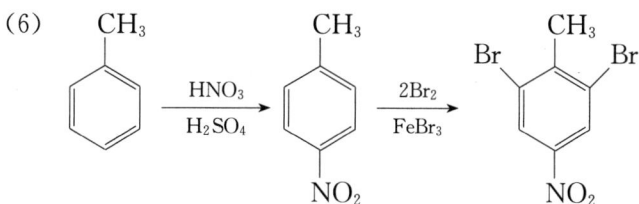

(7)

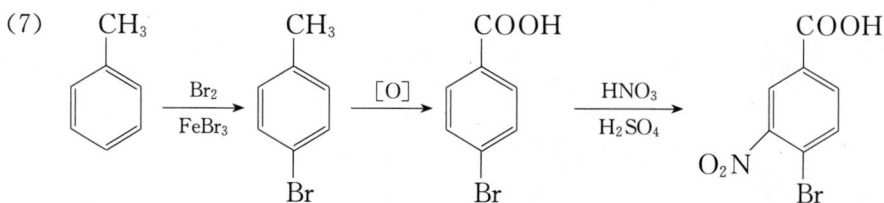

（8）

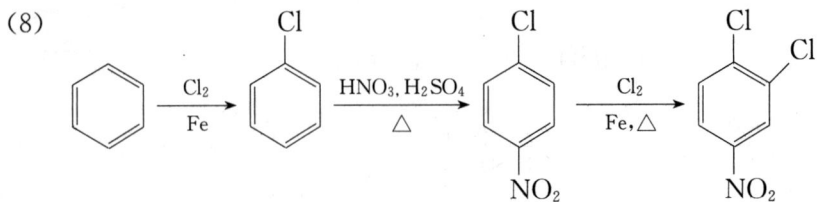

苯 →（Cl₂/Fe）氯苯 →（HNO₃, H₂SO₄, △）对硝基氯苯 →（Cl₂, Fe, △）2,3-二氯硝基苯

（9）

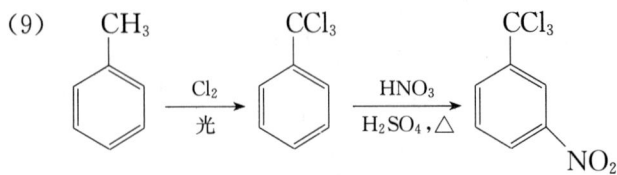

甲苯 →（Cl₂/光）三氯甲苯 →（HNO₃/H₂SO₄, △）间硝基三氯甲苯

（10）

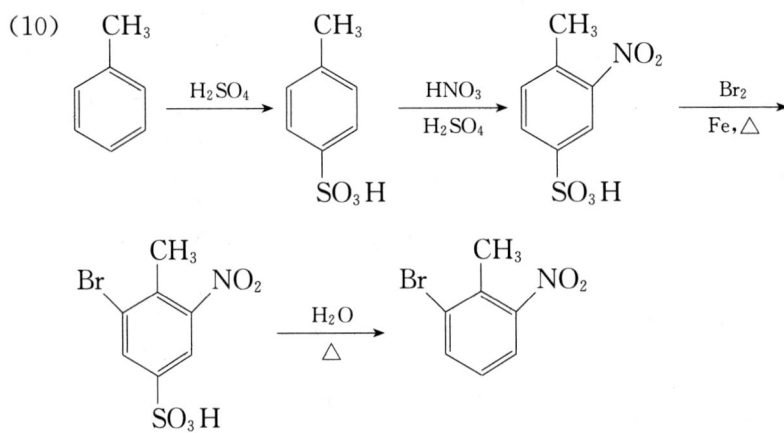

甲苯 →（H₂SO₄）对甲苯磺酸 →（HNO₃/H₂SO₄）→（Br₂/Fe, △）→（H₂O/△）

第八章　　立体化学基础 ▷▷▷▷

习　题

1. 单选题：

(1)绿原酸是广泛存在于杜仲、金银花、茵陈等中药中的一种化学成分,其结构式与分子模型如下：

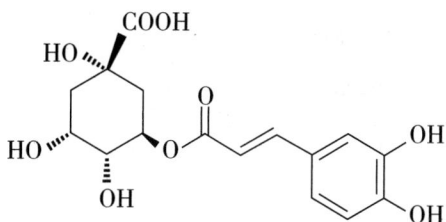

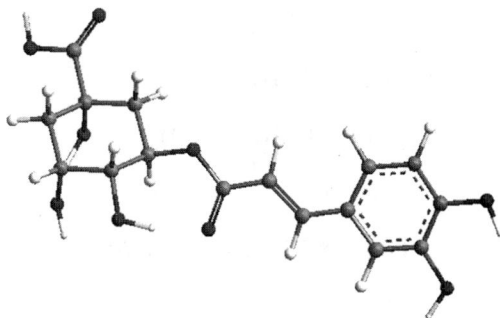

关于绿原酸的说法不正确的是：

A. 绿原酸分子中有四个手性碳原子

B. 绿原酸分子中,所有的原子都处于同一个平面

C. 绿原酸分子中的碳碳双键是 E-型

D. 绿原酸分子存在 π-π 共轭体系

(2)下列基团中的较优基团是：

A. 苯基　　　　　　　　　　　　　　B. 烯丙基

C. 叔丁基　　　　　　　　　　　　　D. 乙炔基

(3)化合物

$$\begin{array}{c} COOH \\ H \text{——} OH \\ CH_2OH \end{array}$$

,其构型是：

A. R 型　　　　　　　　　　　　　　B. S 型

C. E 型　　　　　　　　　　　　　　D. Z 型

(4)关于消旋体的描述不正确的是：

A. 没有旋光性　　　　　　　　　　　B. 内消旋体为纯净物

C. 外消旋体为混合物　　　　　　　　D. 都可以拆分

(5)以下说法不正确的是：

    A. 手性分子与其镜像互为对映体

    B. 手性分子具有旋光性

    C. 所有手性分子都有非对映异构体

    D. 有手性碳原子的分子不一定有手性

(6)下列化合物具有手性的是：

    A. 顺-1,2-二氯环丁烷   B. 顺-4-氯戊-2-烯

    C. (2R，3S)-酒石酸   D. 顺-丁-2-烯酸

(7)不存在顺反异构,但存在对映异构体的化合物是：

    A. 丁烯二酸   B. 丙烯酸

    C. 丁-2-烯酸   D. 2-羟基丁-3-烯酸

(8)下列化合物中,可能以内消旋体存在的是：

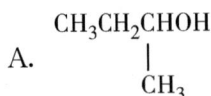

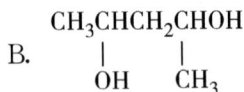

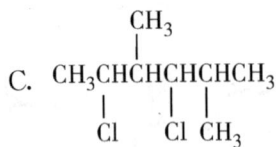

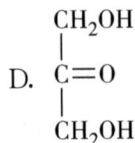

A. $CH_3CH_2\underset{\underset{CH_3}{|}}{C}HOH$ B. $CH_3\underset{\underset{OH}{|}}{C}H\underset{\underset{CH_3}{|}}{C}H_2CHOH$

C. $CH_3\underset{\underset{Cl}{|}}{C}H\overset{\overset{CH_3}{|}}{C}H\underset{\underset{Cl}{|}}{C}H\underset{\underset{CH_3}{|}}{C}HCH_3$ D. $\underset{\underset{CH_2OH}{|}}{\overset{\overset{CH_2OH}{|}}{C}}=O$

(9)下列结构中,构型相同的是：

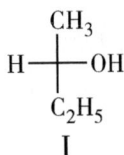

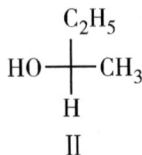

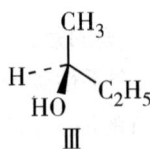

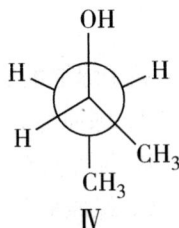

    A. (Ⅰ)和(Ⅱ)   B. (Ⅱ)和(Ⅲ)

    C. (Ⅰ)和(Ⅳ)   D. (Ⅱ)和(Ⅳ)

(10)化合物 cucumegastimane i 具有细胞毒性,可以从植物艾菫中分离得到。其构型式如下：

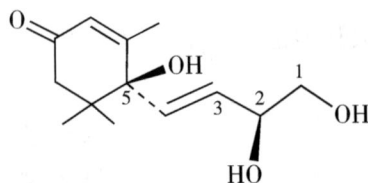

则有关说法不正确的是：

    A. 该化合物有三个手性碳   B. 5号碳的构型是 S

    C. 2号碳的构型是 S   D. 3号碳碳双键的构型是 E

2. 试用"＊"标出下列分子中的手性碳原子：

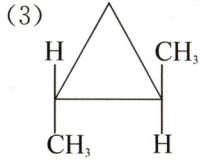

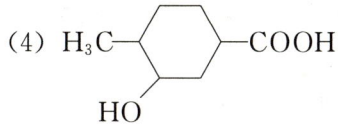

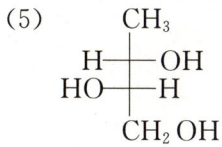

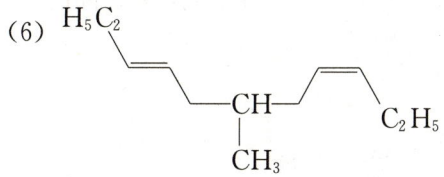

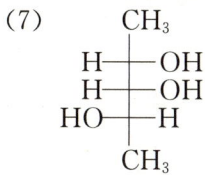

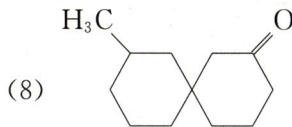

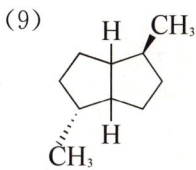

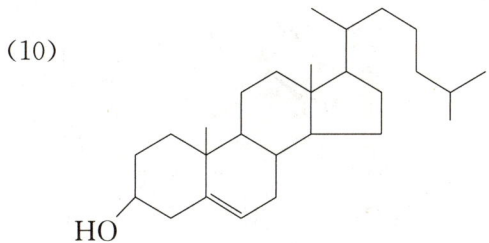

(1) $CH_3CHDC_2H_5$

(2) $BrCH_2CHCH_2Cl$
　　　　　$|$
　　　　CH_3

(3)

(4)

(5)
CH_3
$H\!-\!|\!-\!OH$
$HO\!-\!|\!-\!H$
CH_2OH

(6)

(7)
CH_3
$H\!-\!|\!-\!OH$
$H\!-\!|\!-\!OH$
$HO\!-\!|\!-\!H$
CH_3

(8)

(9)

(10)

3. 试指出下列化合物中哪些属于手性分子：

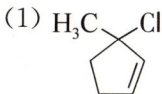

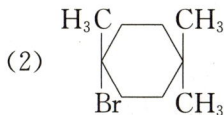

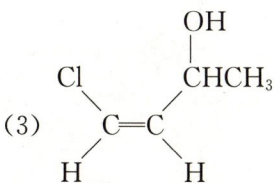

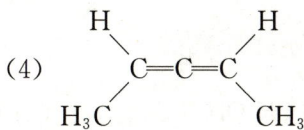

(1)

(2)

(3)

(4)

(5)

(6)

(7)

$$\begin{array}{c} COOH \\ H \text{——} OH \\ H \text{——} OH \\ COOH \end{array}$$

(8)

$$\begin{array}{c} CHO \\ H \text{——} OH \\ H \text{——} OH \\ H \text{——} OH \\ CH_2OH \end{array}$$

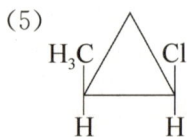

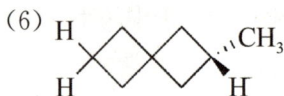

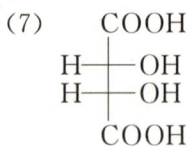

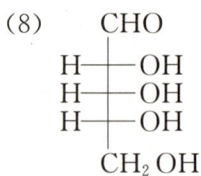

4. 正确判断下列各组化合物之间的关系（构造异构、顺反异构、对映体、非对映体、同一化合物等）：

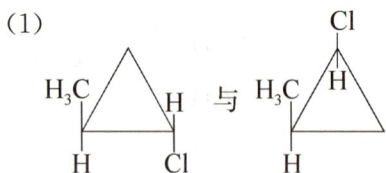

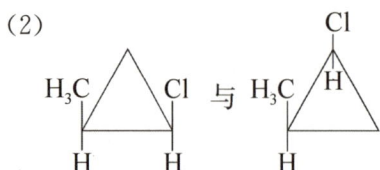

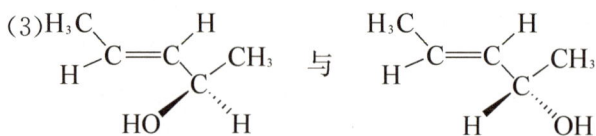

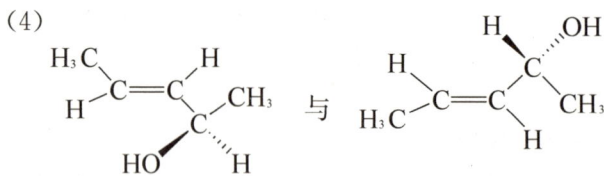

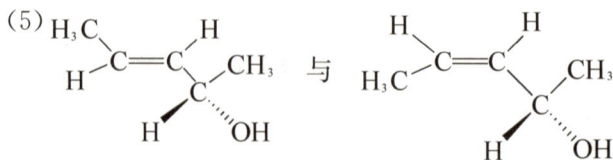

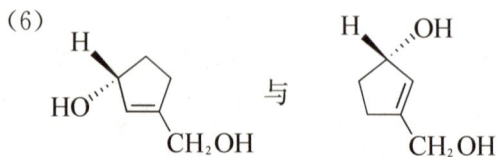

(1)

与

(2)

与

(3)

与

(4)

与

(5)

与

(6)

与

(7)

与

(8)

与

(9)

$$\begin{array}{c} CH_3 \\ H \rule{1.5cm}{0.4pt} OH \\ CH = CH_2 \end{array}$$

与

$$\begin{array}{c} CH = CH_2 \\ H_3C \rule{1.5cm}{0.4pt} OH \\ H \end{array}$$

(10)

$$\begin{array}{c} CH_3 \\ H \rule{1cm}{0.4pt} Br \\ H \rule{1cm}{0.4pt} Cl \\ CH_3 \end{array}$$

与

$$\begin{array}{c} Cl \\ H \rule{1cm}{0.4pt} CH_3 \\ H \rule{1cm}{0.4pt} Br \\ CH_3 \end{array}$$

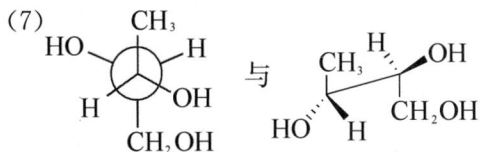

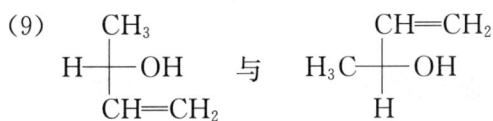

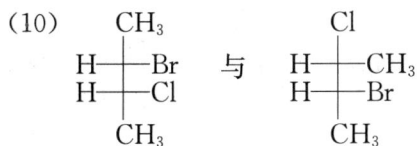

5. 写出下列各化合物的 Fisher 投影式：

(1) (S)-丁-2-醇

(2) (3R,4S)-3-氯戊-1,4-二醇

(3) (2R,3S,4R)-2,3,4-三羟基己酸

6. 用 R/S 标记下列化合物中各手性碳原子的构型：

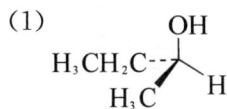

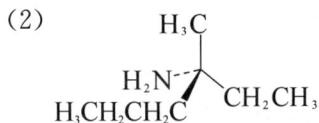

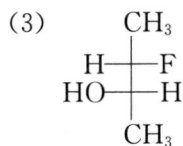

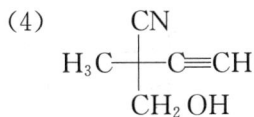

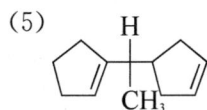

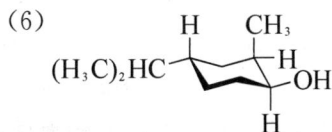

(1)

$$\begin{array}{c} OH \\ H_3CH_2C \rule{1cm}{0.4pt} H \\ H_3C \end{array}$$

(2)

$$\begin{array}{c} H_3C \\ H_2N \rule{1cm}{0.4pt} CH_2CH_3 \\ H_3CH_2CH_2C \end{array}$$

(3)

$$\begin{array}{c} CH_3 \\ H \rule{1cm}{0.4pt} F \\ HO \rule{1cm}{0.4pt} H \\ CH_3 \end{array}$$

(4)

$$\begin{array}{c} CN \\ H_3C \rule{1cm}{0.4pt} C \equiv CH \\ CH_2OH \end{array}$$

(5)

(6)

7. 写出下列各化合物的对映体(假如有的话)，并用 R/S 标定其构型：

(1) 3-氯戊-1-烯

(2) 3-氯-4-甲基戊-1-烯

(3) HOOCCH$_2$CHOHCOOH

(4) C$_6$H$_5$CH(CH$_3$)NH$_2$

(5) CH$_3$CH(NH$_2$)COOH

8. 用 Fisher 投影式表示下列化合物的结构,并指出其中哪些是内消旋体?

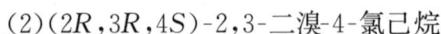

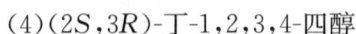

(1)(R)-戊-2-醇

(2)(2R,3R,4S)-2,3-二溴-4-氯己烷

(3)(S)-CH$_2$OH-CHOH-CH$_2$NH$_2$

(4)(2S,3R)-丁-1,2,3,4-四醇

(5)(S)-α-溴乙苯

(6)(R)-甲基仲丁基醚

9. 写出 3-甲基戊烷进行氯化反应时可能生成的一氯代物的构造式,并以费歇尔投影式表示其中手性分子的结构,指出其中哪些是对映体,哪些是非对映体。

10. 写出下列化合物的费歇尔投影式,并以 R/S 标记每个手性碳原子的构型。

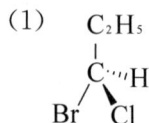

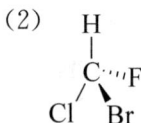

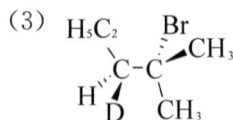

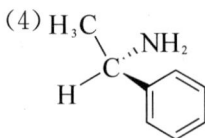

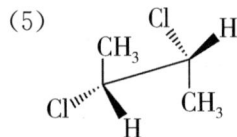

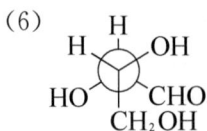

(1)
C$_2$H$_5$
|
C····H
Br   Cl

(2)
H
|
C····F
Cl   Br

(3)
H$_5$C$_2$ Br
| |
C—C—CH$_3$
| |
H   CH$_3$
D

(4)
H$_3$C   NH$_2$
\ /
C
|
H (phenyl)

(5)
Cl   H
CH$_3$···C—C
Cl   CH$_3$
H

(6)
H   OH
HO   CHO
CH$_2$OH

11. 判断下列叙述是否正确。

(1)一对对映异构体之间总是具有实物与镜像的关系。

(2)物体和镜像分子在任何情况下都是对映异构体。

(3)非手性的化合物也可能存在手性因素。

(4)具有 S 构型的化合物其旋光方向一定是左旋的。

(5)所有手性化合物都具有非对映异构体。

(6)非光学活性的物质一定是非手性的化合物。

(7)如果一个化合物有一个对映体,它必然是手性的。

(8)所有具有手性碳原子的化合物都是手性的。

(9)某些手性化合物可以是非光学活性的。

(10)某些非对映异构体可以是物体与镜像的关系。

(11)若非手性的分子经反应得到的产物是手性分子,则必定是外消旋体。

(12)如果一个分子不存在对称面,则其必定是手性分子。

12. 回答下列各题:

(1)导致化合物具有手性的充分必要条件是什么?

(2)旋光方向与 R、S 构型之间有什么关系?

(3)内消旋体和外消旋体之间有什么本质区别?

13. 现有某旋光性物质 9.2%(g/mL)的溶液一份:

(1)将一部分该溶液放在 5cm 长的测试管中,测得旋光度为 +3.45°,试计算该物质的比旋光度。

(2)若将该溶液放在 10cm 长的测试管中测定,你预计观察到的旋光度应是多少?

14. 化合物 A 的分子式为 C_7H_{14},具有光学活性。A 催化还原可吸收 1 摩尔氢生成化合物 $B(C_7H_{16})$;A 用酸性高锰酸钾氧化得到乙酸和另一具有光学活性的羧酸 C,试根据以上信息推测 A、B、C 的结构。

15. 某醇 $C_5H_{10}O(A)$ 具有旋光性,催化加氢后生成的醇 $C_5H_{12}O(B)$ 没有旋光性,试写出(A),(B)的结构式。

参考答案

1.

(1)B (2)A (3)A (4)D (5)C (6)B (7)D (8)B (9)D (10)A

2.

(1) $CH_3\overset{*}{C}HDC_2H_5$

(2) $BrCH_2\overset{*}{C}HCH_2Cl$
$\qquad\qquad\quad |$
$\qquad\qquad CH_3$

(3)

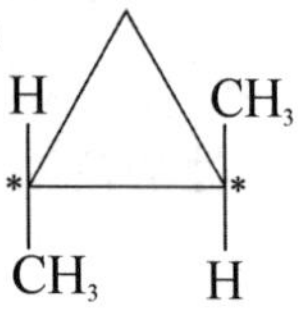

(4)

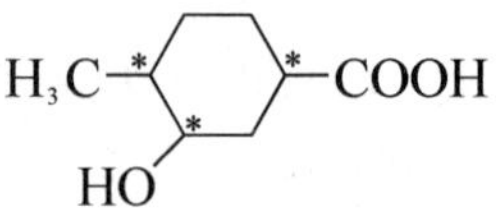

(5)

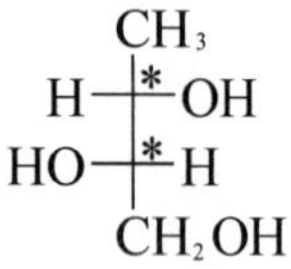

(6)

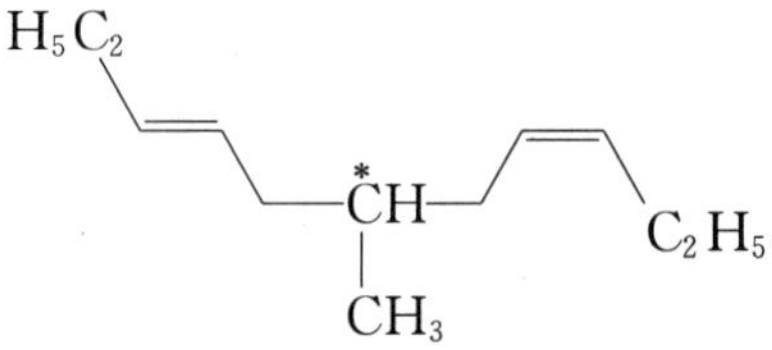

(7)

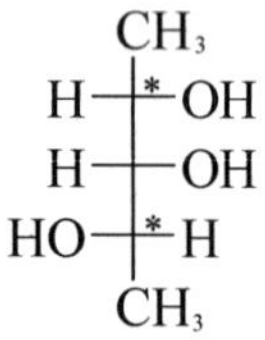

(8)

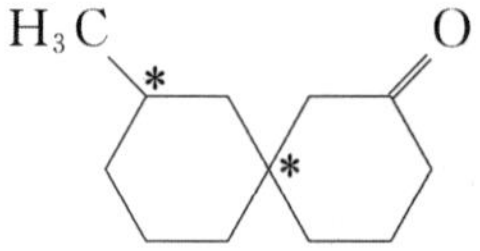

(9)

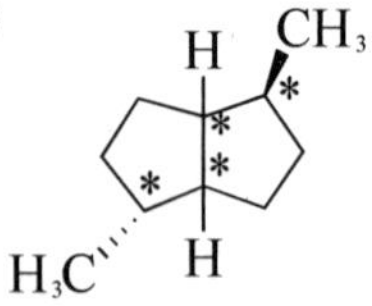

(10)

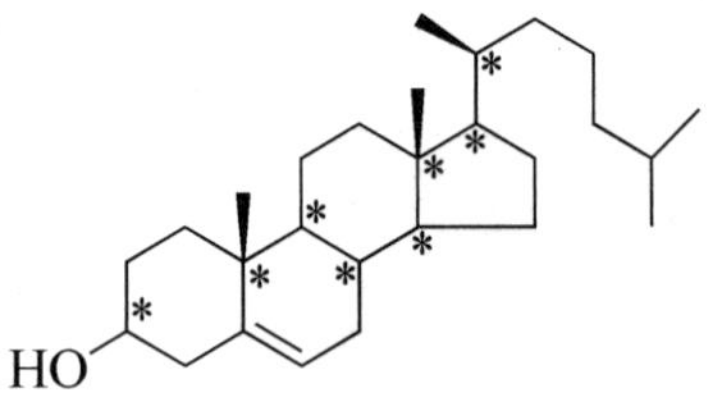

3.

(1)(3)(4)(5)(8)是手性分子。

4.

(1)顺反异构,非对映体　　　(2)对映体

(3)对映体　　　　　　　　　(4)同一化合物

(5)顺反异构　　　　　　　　(6)对映体

(7)对映体　　　　　　　　　(8)同一化合物

(9)同一化合物　　　　　　　(10)非对映体

5.

(1)
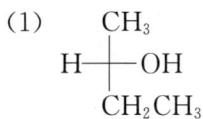

(R)-丁-2-醇

(2)
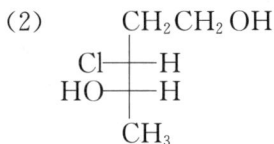

(3R,4S)-3-氯戊-1,4-二醇

(3)
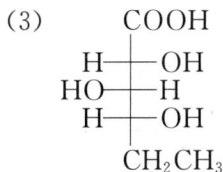

(2R,3S,4R)-2,3,4-三羟基己酸

6.

(1)
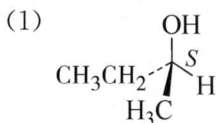

(2)
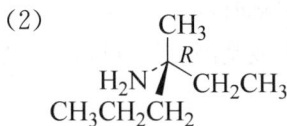

(3)
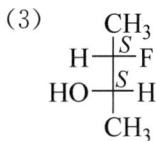

(4)
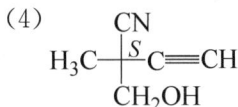

(5)
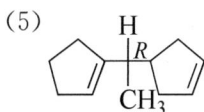

(6)
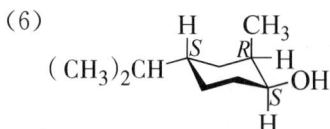

7.

(1)
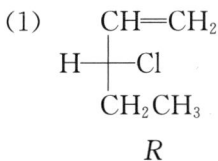

(2)
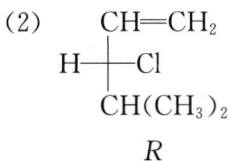

(3)
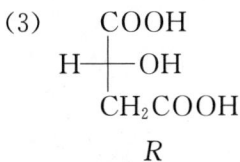

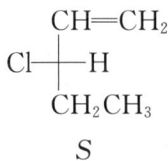

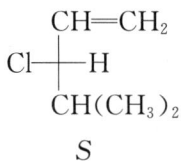

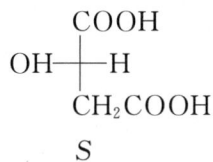

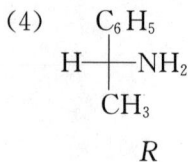

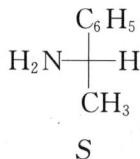

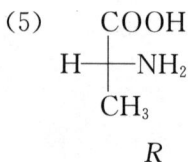

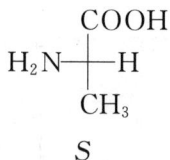

(4)

$$\begin{array}{c} C_6H_5 \\ H\!-\!\!\!-\!\!\!-\!NH_2 \\ CH_3 \end{array}$$

R

$$\begin{array}{c} C_6H_5 \\ H_2N\!-\!\!\!-\!\!\!-\!H \\ CH_3 \end{array}$$

S

(5)

$$\begin{array}{c} COOH \\ H\!-\!\!\!-\!\!\!-\!NH_2 \\ CH_3 \end{array}$$

R

$$\begin{array}{c} COOH \\ H_2N\!-\!\!\!-\!\!\!-\!H \\ CH_3 \end{array}$$

S

8.

用费歇尔投影式表示化合物结构时,由于手性碳 R 和 S 构型的差别仅仅在于其所连任意两个原子或基团的空间位置不同,因此通过交换任意两个原子或基团位置一次,就可以互变一次构型。解题时,可任意写出分子的费歇尔投影式,先进行构型判断,如果有误,则可将其中两个原子或基团的位置进行一次交换,即可得到正确的构型。

(1)(R)-戊-2-醇

$$CH_3CH_2CH_2CHCH_3$$
$$\qquad\qquad\quad OH$$

$$\begin{array}{c} CH_3 \\ HO\!-\!\!\!-\!\!\!-\!H \\ CH_2CH_2CH_3 \end{array}$$

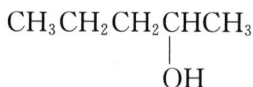

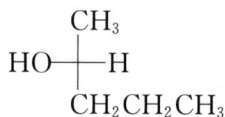

(2)(2R,3R,4S)-2,3-二溴-4-氯己烷

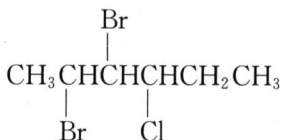

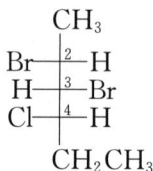

$$CH_3CHCHCHCH_2CH_3$$
$$\qquad\; Br\quad\; Cl$$
$$\quad Br$$

$$\begin{array}{c} CH_3 \\ Br\!-\!\!\!-\!\!\overset{2}{}\!\!\!-\!H \\ H\!-\!\!\!-\!\!\overset{3}{}\!\!\!-\!Br \\ Cl\!-\!\!\!-\!\!\overset{4}{}\!\!\!-\!H \\ CH_2CH_3 \end{array}$$

(3) (S)-CH$_2$OH-CHOH-CH$_2$NH$_2$

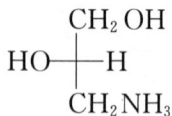

$$\begin{array}{c} CH_2OH \\ HO\!-\!\!\!-\!\!\!-\!H \\ CH_2NH_3 \end{array}$$

(4) (2S,3R)-丁-1,2,3,4-四醇

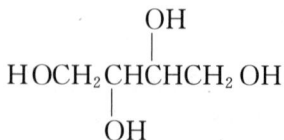

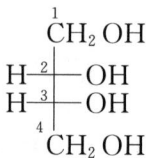

$$HOCH_2CHCHCH_2OH$$
$$\qquad\quad OH\;\; OH$$

$$\begin{array}{c} \overset{1}{C}H_2OH \\ H\!-\!\!\!-\!\!\overset{2}{}\!\!\!-\!OH \\ H\!-\!\!\!-\!\!\overset{3}{}\!\!\!-\!OH \\ \overset{4}{C}H_2OH \end{array}$$

内消旋体

(5)（S）-α-溴乙苯

C₆H₅CHCH₃
    |
    Br

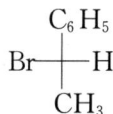

(6)（R）-甲基仲丁基醚

CH₃OCHCH₂CH₃
      |
      CH₃

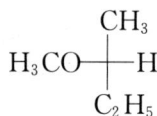

9.

3-甲基戊烷进行一氯代反应时可生成四种构造异构体,结构如下:

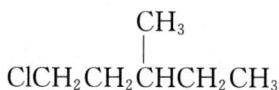

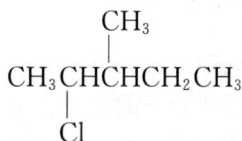

（1）

（2）

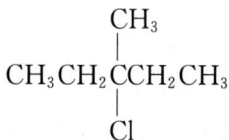

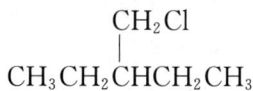

（3）

（4）

其中(1)为手性分子,存在如下一对对映体:

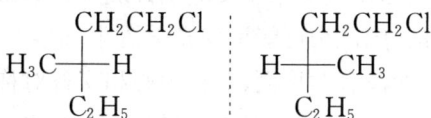

(2)亦具有手性,存在如下两对对映体:

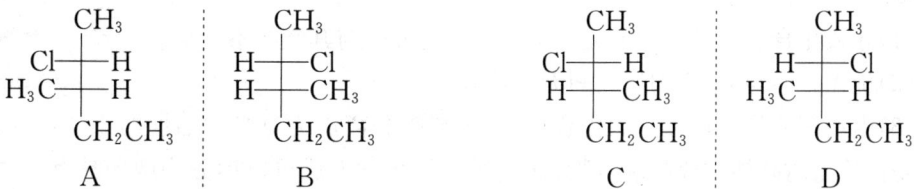

A   B   C   D

其中 A 与 B、C 与 D 互为对映体;A 与 C、D 为非对映体;B 与 C、D 为非对映体。

10.

(1)

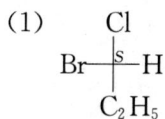

(2)

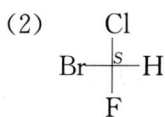

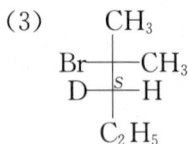

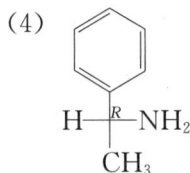

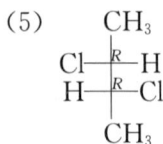

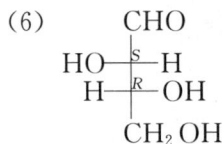

(3)

$$
\begin{array}{c}
CH_3 \\
Br \overline{\quad} C \overline{\quad} CH_3 \\
D \overline{\quad}^S \overline{\quad} H \\
C_2H_5
\end{array}
$$

(4)

$$
\begin{array}{c}
\bigcirc \\
H \overline{\quad}^R \overline{\quad} NH_2 \\
CH_3
\end{array}
$$

(5)

$$
\begin{array}{c}
CH_3 \\
Cl \overline{\quad}^R \overline{\quad} H \\
H \overline{\quad}^R \overline{\quad} Cl \\
CH_3
\end{array}
$$

(6)

$$
\begin{array}{c}
CHO \\
HO \overline{\quad}^S \overline{\quad} H \\
H \overline{\quad}^R \overline{\quad} OH \\
CH_2OH
\end{array}
$$

11.

(1)正确。符合对映异构体的定义。

(2)错误。因为物体与镜像分子可以是相同分子,只有物体与镜像分子不能重叠时,才是对映体关系。

(3)正确。例如,内消旋体是非手性化合物,但可以有手性中心。

(4)错误。手性分子的旋光方向是通过旋光仪测得的结果,与 R 或 S 型之间没有必然的关系,R 构型的化合物可以为左旋或右旋,其对映体 S 构型也可以为右旋或左旋。

(5)错误。只有一个手性碳原子的手性化合物不存在非对映异构体。

(6)错误。外消旋体没有光学活性,却是由手性化合物构成的。

(7)正确。符合对映体的定义。

(8)错误。内消旋体具有一个以上的手性碳原子,但却是非手性化合物。

(9)错误。所有的手性化合物都必然是光学活性的。然而,有些手性化合物对光学活性的影响较小,甚至难于直接测定,这是可能的。

(10)错误。根据定义,非对映异构体就是彼此不互为镜像关系的立体异构体。

(11)错误。这种情况下是否得到外消旋体要由反应历程及反应条件决定。如果反应是在手性溶剂或手性催化剂等手性条件下进行的,则产物可能呈现光学活性。

(12)错误。从对称性的角度分析,一个化合物没有对称面、对称中心和交替对称轴中的任何一种对称因素存在,分子才是手性的,所以光考虑一个对称因素是不全面的。

12.

(1)导致化合物具有手性的充分必要条件是分子与其镜像不能重叠。

(2)旋光方向与 R、S 型之间无必然联系。

(3)内消旋体是一种独立的化合物,不可能被分离成为有光学活性的化合物;而外消旋体是由等量对映体构成的混合物,通过适当的化学方法可以拆分为两个具有光学活性不同的化合物。

13.

(1)$[\alpha]_D^t = \dfrac{\alpha}{l \times c} = \dfrac{+3.45°}{0.5 \times 0.092} = +75°$

(2)$\alpha = [\alpha]_D^t \times l \times c = +75° \times 1 \times 0.092 = +6.9°$

14.

A、B、C 的结构如下：

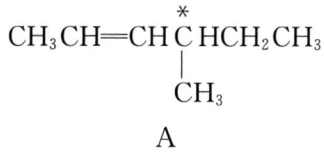

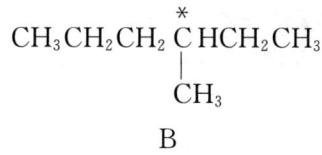

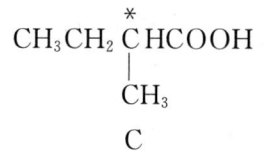

$$CH_3CH = CH\overset{*}{C}HCH_2CH_3 \qquad CH_3CH_2CH_2\overset{*}{C}HCH_2CH_3 \qquad CH_3CH_2\overset{*}{C}HCOOH$$
$$\qquad\quad |\qquad\qquad\qquad\qquad\qquad |\qquad\qquad\qquad\qquad\quad |$$
$$\qquad\quad CH_3\qquad\qquad\qquad\qquad\quad CH_3\qquad\qquad\qquad\qquad CH_3$$
$$\qquad\qquad A\qquad\qquad\qquad\qquad\qquad\qquad B\qquad\qquad\qquad\qquad\qquad C$$

15.

A 与 B 的结构如下：

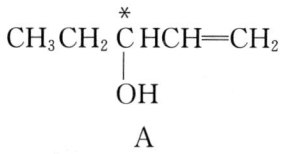

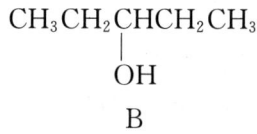

$$CH_3CH_2\overset{*}{C}HCH = CH_2 \qquad CH_3CH_2CHCH_2CH_3$$
$$\qquad\qquad |\qquad\qquad\qquad\qquad\qquad\qquad |$$
$$\qquad\qquad OH\qquad\qquad\qquad\qquad\qquad\quad OH$$
$$\qquad\qquad A\qquad\qquad\qquad\qquad\qquad\qquad\qquad B$$

第九章　卤代烃 ▷▷▷▷

习　题

1. 单选题：

(1)下列与临床相关化合物中,属于卤代烃的是：

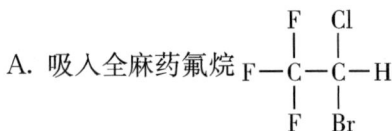

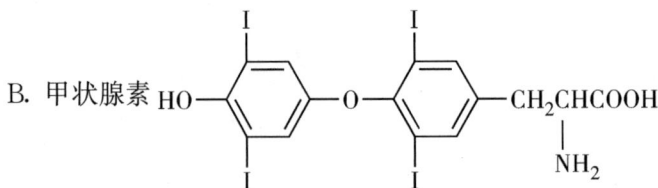

A. 吸入全麻药氟烷　F—C—C—H (结构式 带 F、Cl、F、Br)

B. 甲状腺素　HO——O——CH₂CHCOOH，带 I、I、I、I 及 NH₂

C. 镇静催眠药水合氯醛　Cl—C—CH，带 Cl、Cl、OH、OH

D. 吸入全麻药异氟烷　结构式带 F、Cl、F、F、O、F

(2)1-氯丁烷在氢氧化钠水溶液中加热,发生的反应是：

 A. 取代反应   B. 加成反应

 C. 消除反应   D. 重排反应

(3)与 $AgNO_3$ 作用最易生成沉淀的是：

 A. $CH_2=CHCH_2Br$ B. $CH_3CH_2CH_2Br$

 C. $CH_3CH=CHBr$ D. $CH_3CHBrCH_3$

(4)关于溴代乙烯,表述错误的是：

 A. 有 p-π 共轭效应   B. 溴有诱导吸电子作用(-I)

 C. 溴原子很不活泼   D. 溴有共轭吸电子作用(-C)

(5)卤代烃发生消除反应,遵循下列哪个规则:

    A. 霍夫曼规则　　　　　　　　B. 查依采夫规则

    C. 马氏规则　　　　　　　　　D. 休克尔规则

(6)关于使用格氏试剂制备时,表述错误的是:

    A. 必须在干燥、低温下反应

    B. 无水乙醚提高格氏试剂的稳定性

    C. 格氏试剂在干燥的空气中不分解

    D. 格氏试剂中碳负离子的亲核性很强

(7)卤代烃的亲核取代和消除反应是竞争关系,表述错误的是:

    A. 伯卤代烃在水溶液中有利于取代反应

    B. 叔卤代烃在醇溶液中有利于消除反应

    C. 叔卤代烃的空间位阻大,不利于消除反应

    D. 伯卤代烃的空间位阻小,有利于亲核取代

(8)下列①②③三个化合物发生 S_N1 反应时,速度由快到慢的顺序是:

    ①2-氯-2-甲基丁烷　　　②2-氯-3-甲基丁烷　　　③1-氯戊烷

    A.①>②>③　　　　　　　　B.②>③>①

    C.①>③>②　　　　　　　　D.③>②>①

(9)卤代烃发生 S_N1 历程的速度与亲核试剂的亲核性无关,其原因是:

    A. 反应机理分两步进行　　　　B. 亲核试剂不参与决速步的反应

    C. 生成碳正离子中间体容易重排　　D. 产物可能会出现消旋化

(10)存在于南中国海域的桶海绵 *Xestospongia testudinaria* 富集了一种含溴有机物 xestospongiene Z1。该化合物被证明有细胞毒性,其构型式如下。

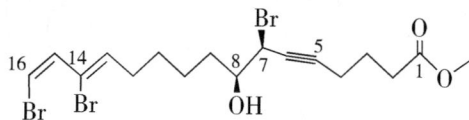

有关说法正确的是:

    A. 7 号碳原子的构型是 *S*

    B. 8 号碳原子的构型是 *R*

    C. 7 号溴原子比 14 号溴原子更难被取代

    D. 该化合物是一个典型的卤代烃

2. 用系统命名法命名下列化合物:

(1)$(CH_3)_2CBrCHClCH_2CHFCH_3$

(2)$(CH_3)_2CHCH=CHCHClCH_3$

(3)$(CH_3)_3CCH=CHCH(CH_3)CH=CHCCl_3$

(4)$(CH_3)_3CCH_2CH_2C\equiv CCHBrCH_3$

(5)

(6)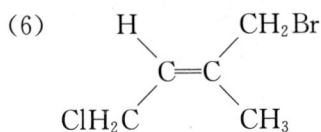

(7)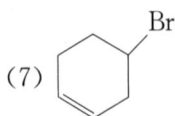

(8)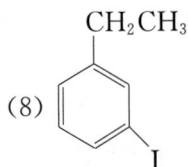

(9)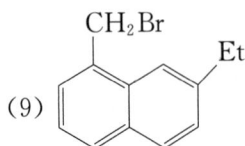

(10)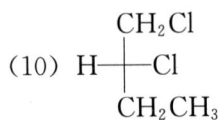

(11)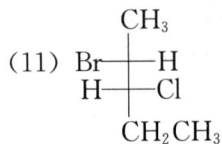

(12)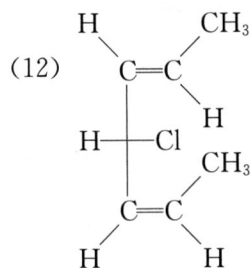

(13)

(14)

(15)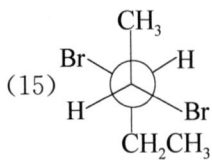

(16)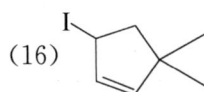

(17)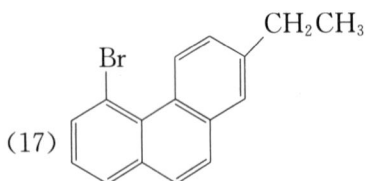

(18)

3. 写出下列化合物的结构式：

(1)5-溴-4-甲基戊-2-炔

(2)4-氯-3-乙基-2-甲基己烷

(3)烯丙基氯

(4)丙烯基氯

(5)异丁基溴

(6)仲丁基氯

(7)氯苄　　　　　　　　　　　　　　　　(8)β-溴代萘

4. 写出二氯丁烷可能的异构体(包括立体异构),并用系统命名法命名。

5. 指出下列反应中哪一个是亲核试剂?

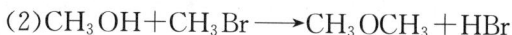

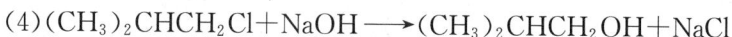

(1)$CH_3CH_2I+NH_2Ph \longrightarrow CH_3CH_2N^+H_2Ph+I^-$

(2)$CH_3OH+CH_3Br \longrightarrow CH_3OCH_3+HBr$

(3)$CH_3CH_2Br+NaCN \longrightarrow CH_3CH_2CN+NaBr$

(4)$(CH_3)_2CHCH_2Cl+NaOH \longrightarrow (CH_3)_2CHCH_2OH+NaCl$

6. 完成下列反应式(写主要的有机产物和试剂),并指出所属反应历程或反应类型。

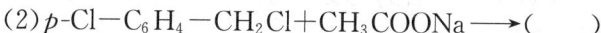

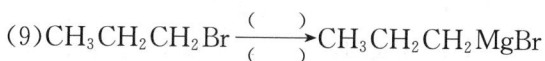

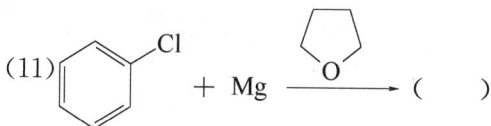

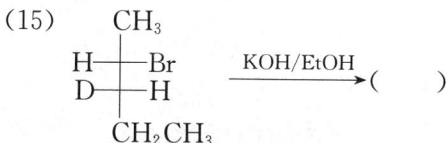

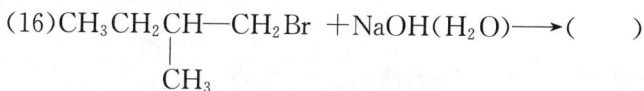

(1)$CH_3OCH_2CH_2OH+SOCl_2 \longrightarrow ($　　$)$

(2)$p\text{-}Cl-C_6H_4-CH_2Cl+CH_3COONa \longrightarrow ($　　$)$

(3)$CH_2=CHCH_2Br+NaOC_2H_5+CH_3CH_2OH \longrightarrow ($　　$)$

(4)$CH_3CH=CHCH=CHCH_2Cl+NaHCO_3(H_2O) \longrightarrow ($　　$)$

(5)$CH_3CH_2CHBrCH_3 \xrightarrow[KOH]{乙醇溶液} ($　　$)$

(6)$CH_3CH_2CHBrCH_3 \xrightarrow[NaOH]{水溶液} ($　　$)$

(7)$CH_3CH_2CH_2CHOHCH_3+HBr \longrightarrow ($　　$)$

(8)$CH_3CH=CHCH_2CH_2Cl+LiAlH_4 \longrightarrow ($　　$)$

(9)$CH_3CH_2CH_2Br \xrightarrow[(\quad)]{(\quad)} CH_3CH_2CH_2MgBr$

(10)$CH_3CH_2CH_2Cl \xrightarrow{Na} ($　　$)$

(11)

(12)

(13)$CH_3CHBr-CH_2Br+NaNH_2 \xrightarrow{EtOH} ($　　$)$

(14)$CH_3CH_2Br+KI \xrightarrow{丙酮} ($　　$)$

(15)

(16)$CH_3CH_2CH-CH_2Br+NaOH(H_2O) \longrightarrow ($　　$)$

$(17) CH_3CH_2I + CH_3COO^- Ag^+ \longrightarrow ($ $)$

$(18) CH_3 \underset{n\text{-}C_3H_7}{\overset{C_2H_5}{\underset{|}{\overset{|}{—}}}} Br + KOH(H_2O) \longrightarrow ($ $)$

$(19) CH_3CH_2Cl + H_2 \xrightarrow{Pt} ($ $)$

7. 试写出 CH_3MgBr 与下列试剂作用的产物：

(1) C_6H_5OH (2) $C_6H_5C\equiv CH$ (3) CH_3COOH (4) H_2O

(5) $EtOH$ (6) CH_3CH_2Cl

8. 写出下列化合物在碱性条件下脱溴化氢后的主要产物：

$(1) (CH_3)_2CH—CHBrCH_2CH_2CH_3 \longrightarrow ($ $)$

$(2) CH_3CH_2—CHBr—CH_2—CH=CHCH_3 \longrightarrow ($ $)$

$(3) (CH_3)_2CH—CH_2—CHBr—CHBr—CH_3 \longrightarrow ($ $)$

$(4) (CH_3)_2CHCH_2CH_2CH_2Br \longrightarrow ($ $)$

$(5) C_6H_5—CH_2—CHBr—CH(CH_3)_2 \longrightarrow ($ $)$

$(6) (CH_3)_2CH \underset{\overset{|}{CH_3}}{—CH—CHBrCH_3} \longrightarrow ($ $)$

9. 试比较下列卤烃进行 S_N1 反应时的反应速率：

$(1)①CH_3CH_2CH_2CH_2Cl$ $②(CH_3)_2CClCH_3$ $③CH_3CH_2CHClCH_3$

$(2)①(CH_3)_2CH \underset{\overset{|}{Cl}}{CHCH}(CH_3)_2$ $②(CH_3)_2CH \underset{\overset{|}{Br}}{CHCH}(CH_3)_2$

$③(CH_3)_2CH \underset{\overset{|}{I}}{CHCH}(CH_3)_2$

$(3)①C_6H_5—CH_2CH_2Br$ $②C_6H_5—CH_2Br$ $③CH_3—C_6H_4—Br$

$(4)①H_2C=CHCHCH=CH_2 \underset{\overset{|}{Cl}}{}$ $②H_2C=CHCH \underset{\overset{|}{Cl}}{CH_2CH_3}$

$③H_2C=CCH_2CH(CH_3)_2 \underset{\overset{|}{Cl}}{}$

$(5)①C_6H_5 \underset{\overset{|}{Br}}{CHCH_3}$ $②CH_3CH_2 \underset{\overset{|}{Br}}{C(CH_3)_2}$

$③C_6H_5 \underset{\overset{|}{Br}}{C(CH_3)_2}$

$(6)①H_2C=CHCH_2Br$ $②CH_3CH_2CH_2Br$

$③CH_3CHBrCH_3$

10. 试比较下列卤烃进行 S_N2 反应时的反应速率：

(1)①$CH_3CH_2CH_2CH_2Cl$

②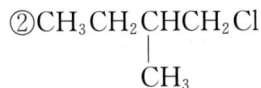$CH_3CH_2CHCH_2Cl$
$\qquad\qquad\qquad\;\;|$
$\qquad\qquad\qquad CH_3$

③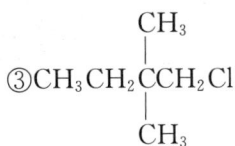
$\qquad\qquad CH_3$
$\qquad\qquad\;|$
$CH_3CH_2CCH_2Cl$
$\qquad\qquad\;|$
$\qquad\qquad CH_3$

(2)①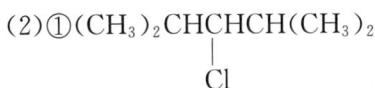$(CH_3)_2CHCHCH(CH_3)_2$
$\qquad\qquad\qquad\qquad\quad|$
$\qquad\qquad\qquad\qquad\; Cl$

②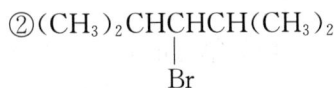$(CH_3)_2CHCHCH(CH_3)_2$
$\qquad\qquad\qquad\qquad\quad|$
$\qquad\qquad\qquad\qquad\; Br$

③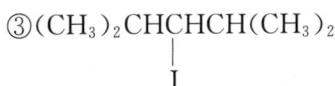$(CH_3)_2CHCHCH(CH_3)_2$
$\qquad\qquad\qquad\qquad\quad|$
$\qquad\qquad\qquad\qquad\; I$

(3)①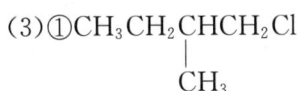$CH_3CH_2CHCH_2Cl$
$\qquad\qquad\qquad\;\;|$
$\qquad\qquad\qquad CH_3$

②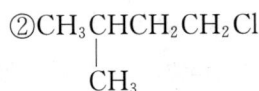$CH_3CHCH_2CH_2Cl$
$\qquad\qquad\;\;|$
$\qquad\qquad CH_3$

③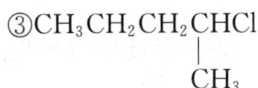$CH_3CH_2CH_2CHCl$
$\qquad\qquad\qquad\;\;|$
$\qquad\qquad\qquad CH_3$

(4)

① 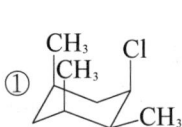 ② 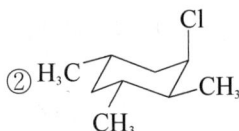 ③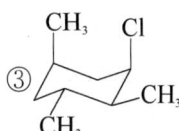

(5)

① 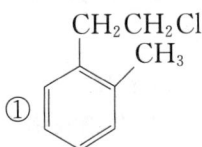 ② 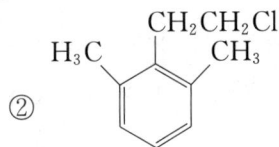 ③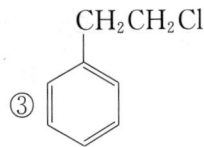

11. 预测下列各对反应哪个较快,并说明理由。

(1)$CH_3CH_2CH_2CH_2Br + HS^- \longrightarrow CH_3CH_2CH_2CH_2SH + Br^-$

$CH_3CH_2CHCH_2Br + HS^- \longrightarrow CH_3CH_2CHCH_2SH + Br^-$
$\qquad\quad\;\;|\qquad\qquad\qquad\qquad\qquad\qquad|$
$\qquad\quad CH_3\qquad\qquad\qquad\qquad\qquad CH_3$

(2)$CH_3CH_2CH_2I + CN^- \longrightarrow CH_3CH_2CH_2CN + I^-$

$CH_3CH_2CH_2Br + CN^- \longrightarrow CH_3CH_2CH_2CN + Br^-$

(3)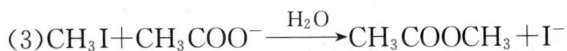$CH_3I + CH_3COO^- \xrightarrow{H_2O} CH_3COOCH_3 + I^-$

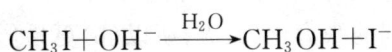$CH_3I + OH^- \xrightarrow{H_2O} CH_3OH + I^-$

(4)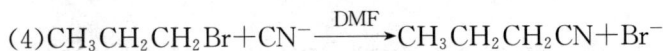$CH_3CH_2CH_2Br + CN^- \xrightarrow{DMF} CH_3CH_2CH_2CN + Br^-$

$CH_3CH_2CH_2Br + CN^- \xrightarrow{CH_3OH} CH_3CH_2CH_2CN + Br^-$

(5) $CH_3COO^- +$ $\longrightarrow$ $+ Cl^-$

$CH_3COO^- +$ $\longrightarrow$ $+ Cl^-$

(6) $(CH_3)_2CHBr + NH_3 \xrightarrow{CH_3OH} (CH_3)_2CH\overset{+}{N}H_3Br^-$

$CH_3CH_2CH_2Br + NH_3 \xrightarrow{CH_3OH} CH_3CH_2CH_2\overset{+}{N}H_3Br^-$

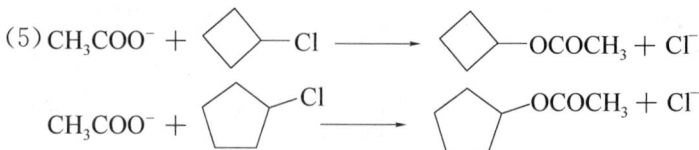

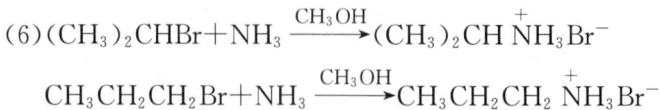

12. 用简单的化学方法区别下列各组化合物：

(1) 1-氯丙烷、1-氯丙烯、3-氯丙烯

(2) 4-氯甲苯、氯苄、β-氯乙苯

(3) 一氯甲烷、一溴甲烷、氯仿

(4) 苯乙烯、氯苄、烯丙基氯

(5) 4-溴戊-2-烯、3-溴戊-2-烯、5-溴戊-2-烯

(6) 氯乙烷、氯乙烯、氯代环丙烷、环己烷

13. 连二卤代物用 Mg 或 Zn 等活泼金属处理时所发生的脱卤反应也属反式消除。试预料：

(1) 由内消旋 2,3-二溴丁烷所得的产物。

(2) 由 2,3-二溴丁烷的任一对映体所得的产物。

14. 解释以下的立体化学结果：

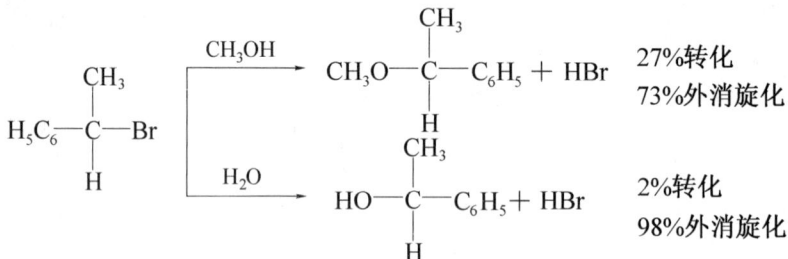

15. 如果以下两个卤代烷与水的作用是 S_N1 反应，那么下列哪种说法是合理的？

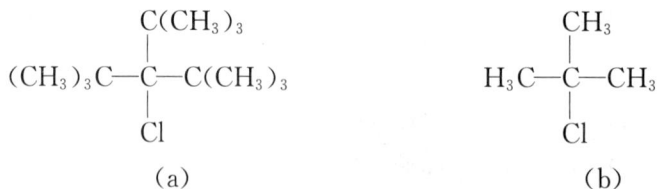

(1) (a) 比 (b) 反应得快，因为溶剂分子较易进攻 (a) 中的 Cl 并把它驱除。

(2) (b) 比 (a) 反应得快，因为 (b) 的空间排列的张力比 (a) 大，所以 (b) 更易形成碳正离子。

(3) (b) 比 (a) 反应得快，因为由 (b) 所形成的碳正离子不如由 (a) 所形成的碳正离子那样稳定。

(4)(a)比(b)反应得快,因为与(b)相比,(a)达到过渡态时,空间排列的张力可有较大的消除。

(5)(a)与(b)的反应速率几乎一样,因为空间效应在 S_N1 反应中不起任何作用。

16. 卤代烷与 NaOH 在水与乙醇混合物中进行反应,请指出哪些属于 S_N2 历程,哪些属于 S_N1 历程?

(1)有重排产物   (2)产物的绝对构型发生完全转化

(3)反应历程只有一步   (4)增加溶剂中水的比例,反应速度明显加快

(5)增加碱的浓度,反应速度加快   (6)三级卤代烷速度大于二级卤代烷

(7)试剂亲核性越强,反应速度越快 (8)溶剂的极性增加对反应有利

17. 由 1-溴丙烷制备下列化合物:

(1)3-溴丙烯   (2)丙炔

(3)丙醚   (4)1,3-二氯-丙-2-醇

(5)1,1,2,2-四溴丙烷   (6)2,3-二氯-丙-1-醇

(7)丙基异丙基醚   (8)异丁腈

(9)异丙醇   (10)丙基烯丙基醚

18. 解释以下反应结果:

(1)

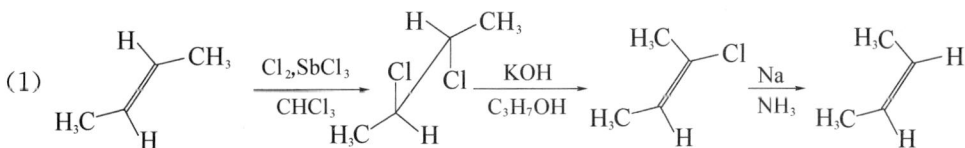

(2)化合物 A 在 S_N2 反应中的反应速率比化合物 B 慢。

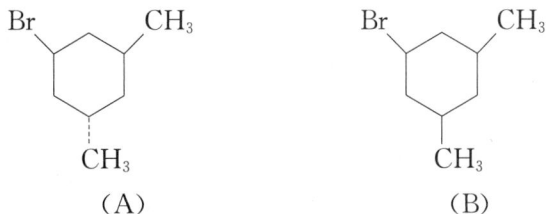

(3)25℃时,第三丁基氯化物在甲醇中进行 S_N1 反应的速率为在乙醇中的 8 倍。

(4)2-苯基溴乙烷的 E2 消除反应速率约为 1-苯基溴乙烷的 10 倍,但都产生同样的烯烃。

19. 在 $AlCl_3$ 的催化下,苯与 1-氯丙烷作用的主要产物是什么?说明原因。

20. 选用五个碳以下的醇或氯苯合成下列化合物:

(1)
$$H_3C \quad\quad CH_2CH_2CH_3$$
$$C=C$$
$$H \quad\quad H$$

(2)
$$H_5C_6—CHCH=CH_2$$
$$\quad\quad\quad CH_3$$

(3) $H_2C=CH(CH_2)_2CH(CH_3)_2$

(4) 一个环戊烯基 $C=CH—CH_3$，CH_3

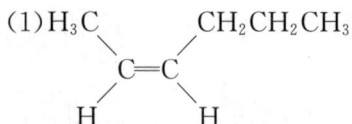

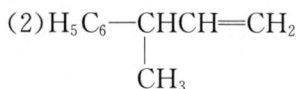

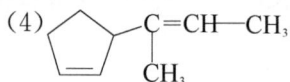

21. 某卤代烃 A 的分子式为 $C_6H_{13}Cl$。A 与 KOH 的醇溶液作用得产物 B，B 经氧化得两分子丙酮（$H_3C\overset{O}{\overset{\|}{C}}CH_3$），写出 A、B 的结构式。

22. 某氯代烃 A，含有氯 39.7%，能使 Br_2 和 $KMnO_4$ 溶液褪色，将 1g A 与过量的 CH_3MgI 作用，有 253.0mLCH_4 放出，请推测 A 的结构式。

23. 某化合物 A 的分子式为 C_4H_8，加溴后的产物经用 KOH 的醇溶液加热后生成分子式为 C_4H_6 的化合物 B，B 能和硝酸银含氨溶液发生沉淀反应，试推测 A 和 B 的结构式，并说明理由。

24. 某烃化合物 A，分子式为 C_5H_{10}，它和溴无作用，在紫外光照射下与溴作用只得一产物 B(C_5H_9Br)。B 与 KOH 的醇溶液作用得 C(C_5H_8)，C 经臭氧化并在 Zn 粉存在下水解得到戊二醛，试写出化合物 A、B 和 C 的结构式及各步反应方程式。

参考答案

1.

(1)A　(2)A　(3)A　(4)D　(5)B　(6)C　(7)C　(8)A　(9)B　(10)A

2.

(1)2-溴-3-氯-5-氟-2-甲基己烷

(2)5-氯-2-甲基己-3-烯

(3)1,1,1-三氯-4,7,7-三甲基辛-2,5-二烯

(4)2-溴-7,7-二甲基辛-3-炔

(5)(1S,3R)-1-溴-3-甲基环己烷

(6)(E)-1-溴-4-氯-2-甲基丁-2-烯

(7)4-溴环己烯

(8)1-乙基-3-碘苯

(9)1-溴甲基-7-乙基萘

(10)(R)-1,2-二氯丁烷

(11)(2R,3R)-2-溴-3-氯戊烷

(12)(S,2Z,5E)-4-氯庚-2,5-二烯

(13)1-氯甲基二环[2.2.2]辛-2-烯

(14)2-氯-7,7-二甲基二环[2.2.1]庚烷

(15)(2S,3R)-2,3-二溴戊烷

(16)6-碘螺[2.4]庚-4-烯

(17)5-溴-2-乙基菲

(18)10-溴二螺[5.1.5.1]十四碳-1-烯

3.

(1)$CH_3C{\equiv}CCH(CH_3)CH_2Br$

(2)$(CH_3)_2CHCH(C_2H_5)CHClCH_2CH_3$

(3)$H_2C{=}CHCH_2Cl$

(4)$CH_3CH{=}CHCl$

(5)$(CH_3)_2CHCH_2Br$

(6)$CH_3CH_2CHClCH_3$

(7)$PhCH_2Cl$

(8)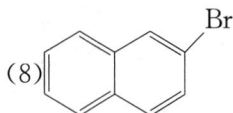

4.

(1)$CHCl_2CH_2CH_2CH_3$

　1,1-二氯丁烷

(2) $CH_2ClCHClCH_2CH_3$
1,2-二氯丁烷

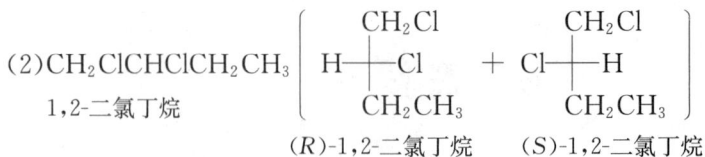

(R)-1,2-二氯丁烷　　　(S)-1,2-二氯丁烷

(3) $CH_2ClCH_2CHClCH_3$
1,3-二氯丁烷

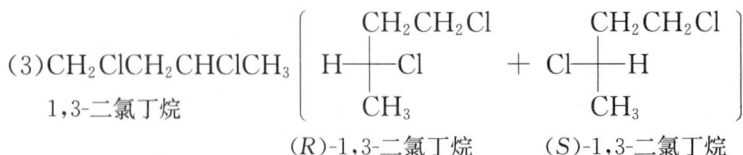

(R)-1,3-二氯丁烷　　　(S)-1,3-二氯丁烷

(4) $CH_2ClCH_2CH_2CH_2Cl$
1,4-二氯丁烷

(5) $CH_3CCl_2CH_2CH_3$
2,2-二氯丁烷

(6) $CH_3CHClCHClCH_3$
2,3-二氯丁烷

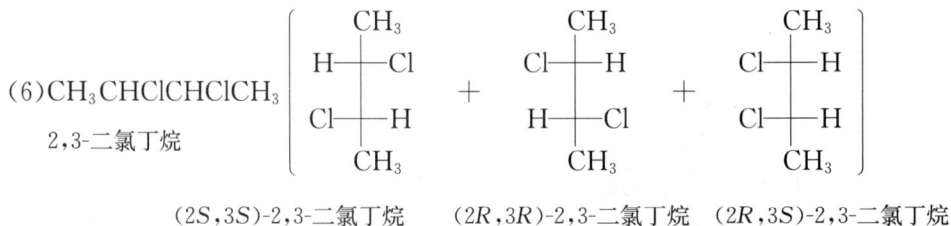

(2S,3S)-2,3-二氯丁烷　　(2R,3R)-2,3-二氯丁烷　　(2R,3S)-2,3-二氯丁烷

5.
(1) NH_2Ph　　　　　(2) CH_3OH　　　　　(3) $NaCN$　　　　　(4) $NaOH$

6.
(1) $CH_3OCH_2CH_2Cl(S_N2)$

(2) p-Cl—C_6H_4—CH_2OCOCH_3 （S_N1）

(3) $CH_2=CHCH_2OCH_2CH_3(S_N1)$

(4) $CH_3CHOHCH=CHCH=CH_2$ 和 $CH_3CH=CHCH=CHCH_2OH(S_N1)$

(5) $CH_3CH=CHCH_3$（主）+ $CH_3CH_2CHOHCH_3$（少）（E2、S_N2）

(6) $CH_3CH_2CHOHCH_3$（主）+ $CH_3CH=CHCH_3$（少）（S_N2、E2）

(7) $CH_3CH_2CH_2CHBrCH_3(S_N2、S_N1)$

(8) $CH_3CH=CHCH_2CH_3$（选择性还原）

(9) ①Mg　　②无水 Et_2O（形成格氏试剂）

(10) $CH_3CH_2CH_2CH_2CH_2CH_3$（武兹反应）

(11) （形成乙烯型格氏试剂）

(12) 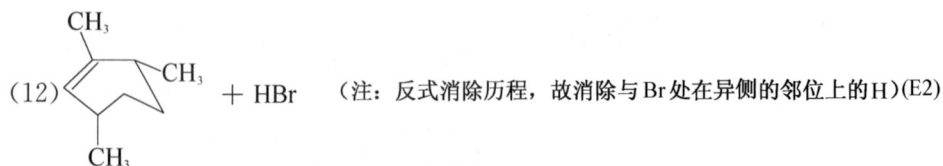 + HBr　　（注：反式消除历程，故消除与Br处在异侧的邻位上的H）(E2)

(13)$CH_3C\equiv CH$（E2）

(14)$CH_3CH_2I[S_N2（置换反应）]$

(15) 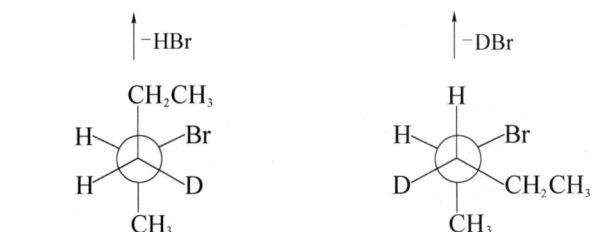 （注：D代表氘。反式消除历程,故有两种消除方式,得到两种消除产物)(E2)

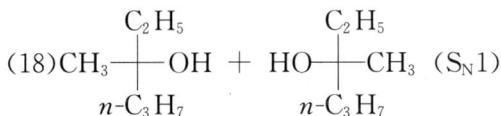

(16)$CH_3CH_2C(CH_3)_2$ + $CH_3CH_2\underset{CH_3}{CH}CH_2OH$ [S_N1（有重排产物）]
　　　　$\underset{OH}{}$

(17)$CH_3COOCH_2CH_3$ + $AgI\downarrow$（S_N2）

(18)$CH_3\underset{n\text{-}C_3H_7}{\overset{C_2H_5}{\underset{|}{\overset{|}{C}}}}OH$ + $HO\underset{n\text{-}C_3H_7}{\overset{C_2H_5}{\underset{|}{\overset{|}{C}}}}CH_3$ （S_N1）

(19)CH_3CH_3（催化氢化）

7.

(1)$CH_4+C_6H_5OMgBr$　　　　　　(2)$CH_4+C_6H_5C\equiv CMgBr$

(3)$CH_4+CH_3COOMgBr$　　　　　(4)$CH_4+MgBrOH$

(5)$CH_4+EtOMgBr$　　　　　　　(6)$CH_3CH_2CH_3+MgClBr$

8.

(1)$(CH_3)_2C=CHCH_2CH_2CH_3$　　　(2)$CH_3CH_2CH=CH-CH=CHCH_3$

(3)$(CH_3)_2CH-CH=CH-CH=CH_2$　　(4)$(CH_3)_2CHCH_2CH=CH_2$

(5)$C_6H_5-CH=CH-CH(CH_3)_2$　　　(6)$(CH_3)_2C=C-CH_2CH_3$
　　　　　　　　　　　　　　　　　　　　$\underset{CH_3}{|}$

9.

(1)②>③>①　　　　　(2)③>②>①　　　　　(3)②>①>③

(4)①>②>③　　　　　(5)③>①>②　　　　　(6)①>③>②

10.

(1)①>②>③　　　　　(2)③>②>①　　　　　(3)②>①>③

(4)①>③>②　　　　　(5)③>①>②

11.

(1)前者快。因为对 S_N2 反应而言,β-C 上的侧链愈多,反应愈难进行。

(2)前者快。因为 C—I 键更易断裂。

(3)后者快。因为 OH⁻ 的亲核性比 CH_3COO^- 强。

(4)前者快。因为中等极性的非质子性溶剂对 S_N2 反应有利,可加速反应。

(5)后者快。因为过渡态时,四元环的角张力增加大,五元环则变化不大。

(6)后者快。因为对 S_N2 反应而言,1°RX 的活性大于 2°RX。

12.

(1)

1-氯丙烷		无现象			有沉淀
1-氯丙烯	$\xrightarrow[\text{室温}]{\text{AgNO}_3/\text{EtOH}}$	无现象	$\xrightarrow{\text{加热}}$		无沉淀
3-氯丙烯		立即产生沉淀			

(2)

4-氯甲苯		无现象	4-氯甲苯		无沉淀
氯苄	$\xrightarrow[\text{室温}]{\text{AgNO}_3/\text{EtOH}}$	立即产生沉淀	β-氯乙苯	$\xrightarrow{\text{加热}}$	有沉淀
β-氯乙苯		无现象			

(3)

一氯甲烷		白色沉淀
一溴甲烷	$\xrightarrow[\text{加热}]{\text{AgNO}_3/\text{EtOH}}$	黄色沉淀
氯仿		无现象

(4)

苯乙烯		无现象			不褪色
氯苄	$\xrightarrow[\text{室温}]{\text{AgNO}_3/\text{EtOH}}$	立即产生沉淀	氯苄	$\xrightarrow{\text{Br}_2/\text{H}_2\text{O}}$	
烯丙基氯		立即产生沉淀	烯丙基氯		褪色

(5)

4-溴戊-2-烯		立即产生沉淀			无沉淀
3-溴戊-2-烯	$\xrightarrow[\text{室温}]{\text{AgNO}_3/\text{EtOH}}$	无现象	3-溴戊-2-烯	$\xrightarrow{\text{加热}}$	
5-溴戊-2-烯		无现象	5-溴戊-2-烯		有沉淀

(6)

氯乙烷		产生沉淀	氯乙烯		褪 色
氯乙烯	$\xrightarrow[\text{加热}]{\text{AgNO}_3/\text{EtOH}}$	无现象	环己烷	$\xrightarrow{\text{KMnO}_4}$	不褪色
氯代环丙烷		产生沉淀	氯乙烷		不褪色
环己烷		无现象	氯代环丙烷	$\xrightarrow{\text{Br}_2/\text{CCl}_4}$	褪 色

13.

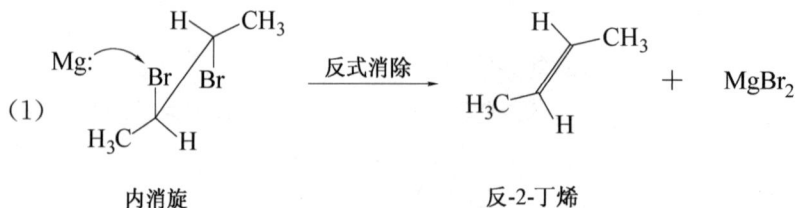

(1) 内消旋 $\xrightarrow{\text{反式消除}}$ 反-2-丁烯 $+$ $MgBr_2$

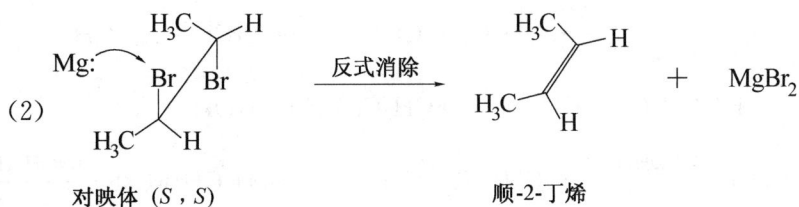

$$(2)$$

对映体 (S, S)　　　　　　　順-2-丁烯

14.

该反应物为 2°RX,属于烯丙基型卤烃,所以,主要按 S_N1 历程发生反应,中间体为平面构型。反应过程经历了紧密离子对→松散离子对→自由离子对 3 种状态,在前 2 种状态下,由于离去基团的阻碍作用,试剂更容易从离去基团的背面进攻活性中心 $\alpha\text{-}C^+$,得到转化产物。试剂的体积愈大,受阻程度就愈显著。因此,甲醇与水分别与该反应物作用时,前者的体积大,构型转化产物多于后者。换句话说,由于水分子的体积较小,从离去基团这面进攻 $\alpha\text{-}C^+$ 的几率相对前者有所增加,故产物的外消旋化程度高于前者。

15.

是(4)。这一说法与近代关于空间张力、碳正离子学说相符。分子(a)在其键角由 $109°(sp^3)$ 扩大为 $120°(sp^2)$ 时张力显著降低。

16.

属于 S_N1 历程的有:(1)(4)(6)(8);属于 S_N2 历程的有:(2)(3)(5)(7)。

17.

$$(1)CH_3CH_2CH_2Br \xrightarrow[\triangle]{NaOH/EtOH} CH_3CH=CH_2 \xrightarrow{NBS} BrCH_2CH=CH_2$$

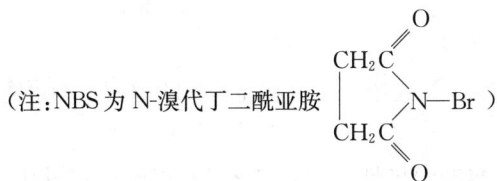
(注:NBS 为 N-溴代丁二酰亚胺)

$$(2)CH_3CH_2CH_2Br \xrightarrow[\triangle]{NaOH/EtOH} CH_3CH=CH_2 \xrightarrow{Br_2} CH_3CHBr-CH_2Br$$

$$\xrightarrow{NaNH_2} CH_3C\equiv CH$$

$$(3)CH_3CH_2CH_2Br \xrightarrow[\triangle]{NaOH/H_2O} CH_3CH_2CH_2OH \xrightarrow[\triangle]{H_2SO_4} (CH_3CH_2CH_2)_2O$$

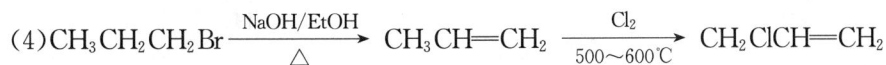
$$(4)CH_3CH_2CH_2Br \xrightarrow[\triangle]{NaOH/EtOH} CH_3CH=CH_2 \xrightarrow[500\sim600℃]{Cl_2} CH_2ClCH=CH_2$$

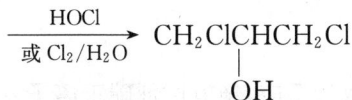
$$\xrightarrow[\text{或}Cl_2/H_2O]{HOCl} \underset{OH}{CH_2ClCHCH_2Cl}$$

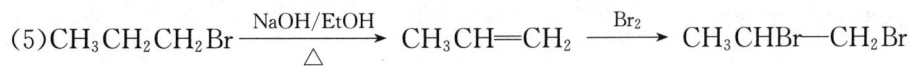
$$(5)CH_3CH_2CH_2Br \xrightarrow[\triangle]{NaOH/EtOH} CH_3CH=CH_2 \xrightarrow{Br_2} CH_3CHBr-CH_2Br$$

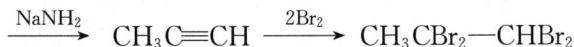
$$\xrightarrow{NaNH_2} CH_3C\equiv CH \xrightarrow{2Br_2} CH_3CBr_2-CHBr_2$$

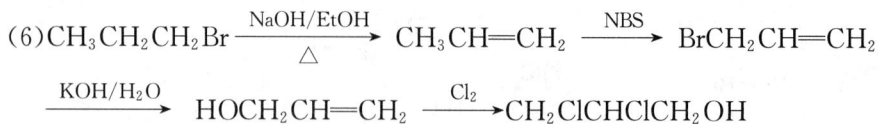

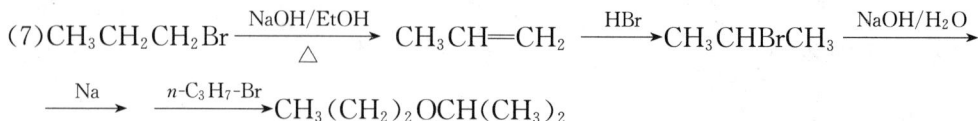

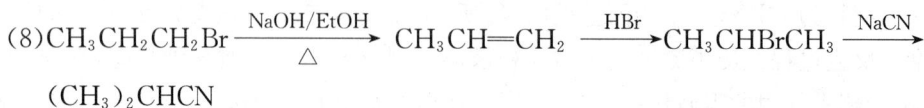

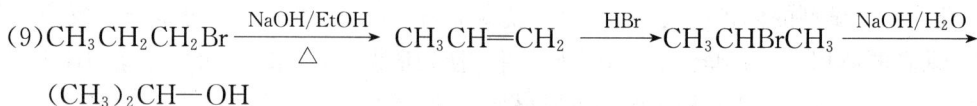

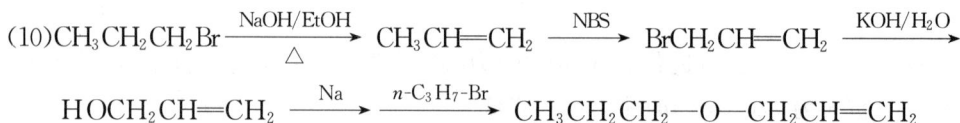

(6) $CH_3CH_2CH_2Br \xrightarrow[\triangle]{NaOH/EtOH} CH_3CH=CH_2 \xrightarrow{NBS} BrCH_2CH=CH_2$

$\xrightarrow{KOH/H_2O} HOCH_2CH=CH_2 \xrightarrow{Cl_2} CH_2ClCHClCH_2OH$

(7) $CH_3CH_2CH_2Br \xrightarrow[\triangle]{NaOH/EtOH} CH_3CH=CH_2 \xrightarrow{HBr} CH_3CHBrCH_3 \xrightarrow{NaOH/H_2O}$

$\xrightarrow{Na} \xrightarrow{n\text{-}C_3H_7\text{-}Br} CH_3(CH_2)_2OCH(CH_3)_2$

(8) $CH_3CH_2CH_2Br \xrightarrow[\triangle]{NaOH/EtOH} CH_3CH=CH_2 \xrightarrow{HBr} CH_3CHBrCH_3 \xrightarrow{NaCN}$

$(CH_3)_2CHCN$

(9) $CH_3CH_2CH_2Br \xrightarrow[\triangle]{NaOH/EtOH} CH_3CH=CH_2 \xrightarrow{HBr} CH_3CHBrCH_3 \xrightarrow{NaOH/H_2O}$

$(CH_3)_2CH-OH$

(10) $CH_3CH_2CH_2Br \xrightarrow[\triangle]{NaOH/EtOH} CH_3CH=CH_2 \xrightarrow{NBS} BrCH_2CH=CH_2 \xrightarrow{KOH/H_2O}$

$HOCH_2CH=CH_2 \xrightarrow{Na} \xrightarrow{n\text{-}C_3H_7\text{-}Br} CH_3CH_2CH_2-O-CH_2CH=CH_2$

18.

(1) 反式加成 ⟶ C_2—C_3 的 σ 键旋转后反式消除 ⟶ 还原

(2)

　(A)　　　　　　　　(B)

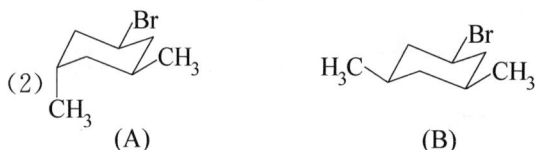

　　影响 S_N2 反应的主要因素是空间位阻，A 式中反式 a 键上—CH_3 对 Br 的屏蔽作用使反应速度变慢。

　　(3) S_N1 反应的中间体是碳正离子，溶剂的极性强对反应有利，甲醇的极性大于乙醇，所以在甲醇中进行 S_N1 反应比在乙醇中快。

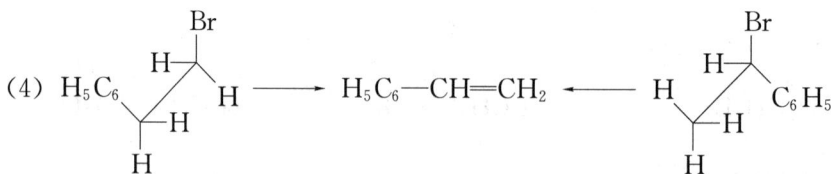

(4)

　　前者 β-C 上的 H 受苯环影响变得活泼，使反应易发生。

19.

　　主要产物是异丙苯，因为苯环上发生的是亲电取代反应，亲电试剂碳正离子发生重排后与苯环作用，如下式所示：

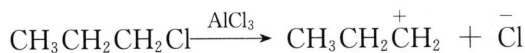

$$CH_3CH_2CH_2Cl \xrightarrow{AlCl_3} CH_3CH_2\overset{+}{C}H_2 + \overset{-}{C}l$$

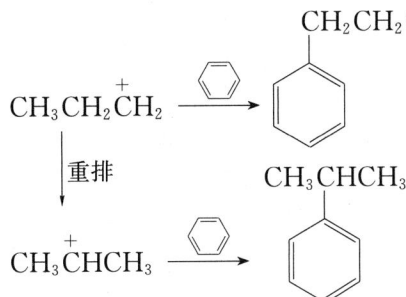

20.

(1)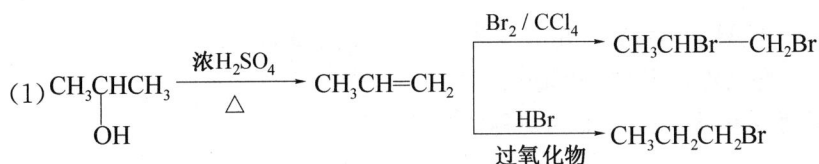

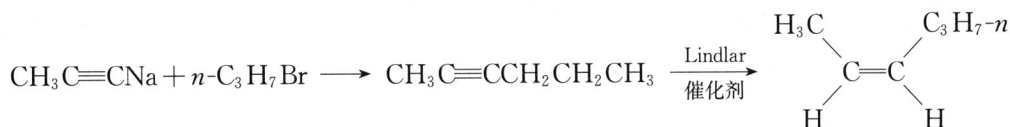

(2)

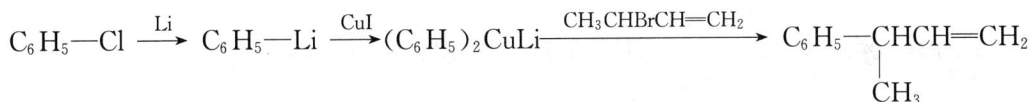

(3)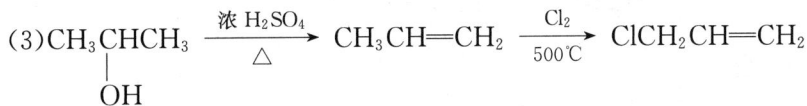

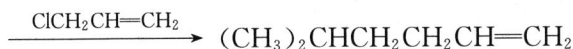

(4)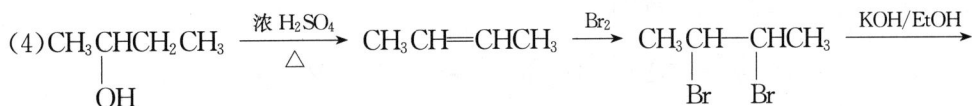

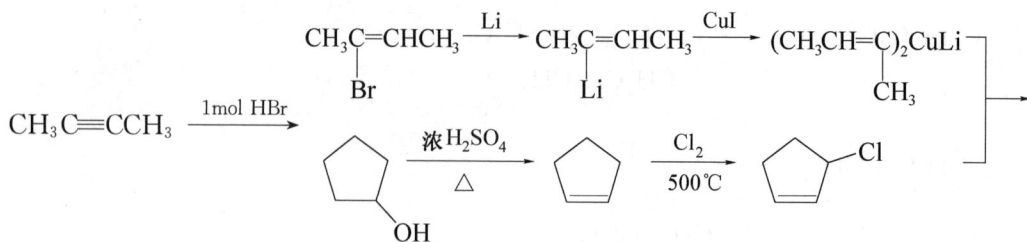

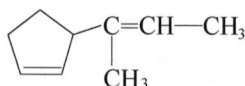

21.

A 的分子式为 $C_6H_{13}Cl$,计算不饱和度为 0。

A 与 KOH 的醇溶液作用,脱 HCl 得烯烃。

B 经氧化得两分子丙酮,说明 B 为对称的烯烃 $(CH_3)_2C{=}C(CH_3)_2$。

所以推测(A) $(CH_3)_2CH{-}\underset{\underset{Cl}{|}}{C}(CH_3)_2$ (B) $(CH_3)_2C{=}C(CH_3)_2$

有关化学反应如下所示:

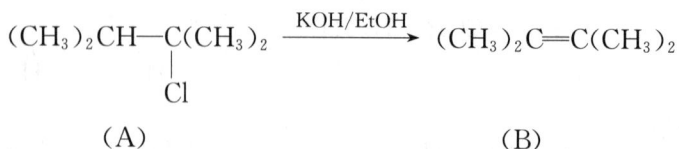

      (A)   (B)

22.

经计算,不饱和度等于零,从 CH_4 的体积推算出化合物 A 的分子量:

$$M_{R-Cl}=\frac{1\times 22.4\times 1000}{253}=88.5$$

由此计算出氯的摩尔数:

$$n_{Cl}=\frac{39.7\%\times 88.5}{35.5}=1$$

能使 Br_2 和 $KMnO_4$ 溶液褪色说明是烯或炔或小环化合物,但能与 CH_3MgI 作用放出 CH_4,说明是末端炔,$RC{\equiv}CH$。

$$RC{\equiv}CH + CH_3MgI \longrightarrow CH_4\uparrow + RC{\equiv}CMgI$$

设其 A 分子中碳原子数为 X,分子式为 $C_xH_{2x-3}Cl$,则:

$$12X+2X-3+35.5=88.5$$

$$X=4$$

（A）的分子式为 C_4H_5Cl，是末端炔，可能结构有：

$$CH\equiv CCHClCH_3 \text{ 或 } CH\equiv CCH_2CH_2Cl$$

23.

A 的分子式为 C_4H_8，先计算不饱和度，等于 1。

加溴，得邻位二元溴代烃。

产物加 KOH/醇，加热，得 $B(C_4H_6)$，说明 B 为炔烃。

B 能和硝酸银含氨溶液发生沉淀反应，说明为 B 末端炔烃 $CH_3CH_2C\equiv CH$。

由此推测 A 分子中的 $C=C$ 在链端；否则 B 分子中的 $C\equiv C$ 在链的中间。

有关化学反应如下所示：

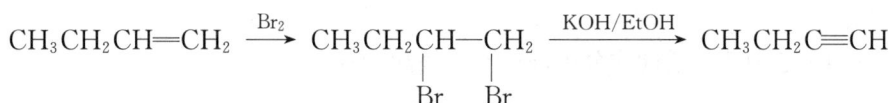

$$CH_3CH_2C\equiv CH \xrightarrow{Ag(NH_3)_2NO_3} CH_3CH_2C\equiv CAg\downarrow \text{ 白色}$$

24.

A 的分子式为 C_5H_{10}，计算不饱和度，等于 1。

与溴不作用，说明分子中无不饱和键，可能为环状化合物。

紫外光照射下与溴作用只得一产物 $B(C_5H_9Br)$，说明分子中 10 个 H 原子的化学环境相同，A 应为环戊烷，取代分子中任何一个 H 原子，产物均相同，所以 B 为溴代环戊烷。

B 与 KOH 的醇溶液作用得 $C(C_5H_8)$，C 为环戊烯。

C 经臭氧氧化并在 Zn 粉存在下水解得到戊二醛，因环戊烯经 $O_3/Zn/H_2O$ 反应可得到戊二醛，所以推测成立。

有关化学反应如下所示：

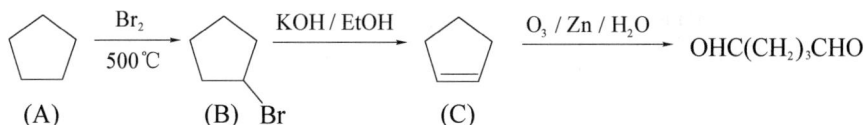

第十章 醇、酚、醚 ▷▷▷▷

习 题

1. 单选题：

(1)下列源于中药的活性成分中,属于一元醇的是：

A. 20(R)-原人参二醇

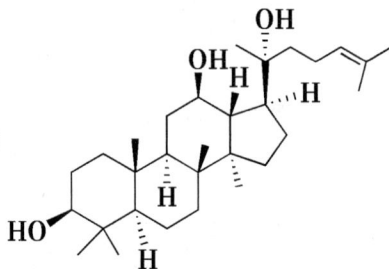

B. 白皮杉醇

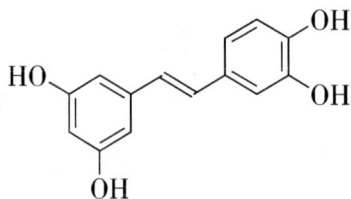

C. 白藜芦醇

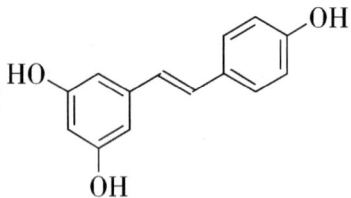

D. 莪术醇

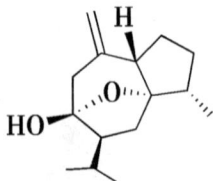

(2)下列醇钠的碱性最强的是：

A. 异丙醇钠   B. 叔丁醇钠

C. 乙醇钠   D. 甲醇钠

(3)下列中药活性成分,同时含有酚羟基和甲基醚结构的是:

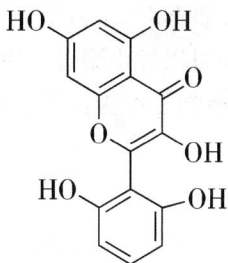

A. 黏毛黄芩素 I

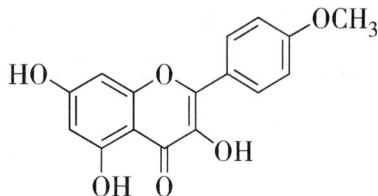

B. 山柰素

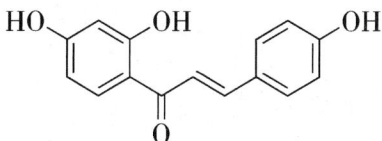

C. 异甘草素

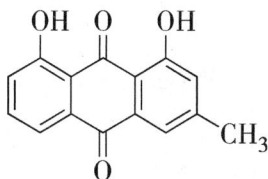

D. 大黄酚

(4)可与 $FeCl_3$ 溶液显色的化合物是:

    A. 环己醇   B. 4-羟基环己烯

    C. 水杨酸   D. 苄醇

(5)除去甲苯中少量的苯甲醚,可以采用的试剂是:

    A. NaCl 溶液   B. $FeCl_3$溶液

    C. 浓盐酸   D. 水

(6)下列化合物中酸性最强的是:

A.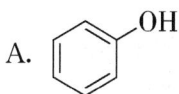

B.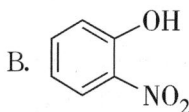

C.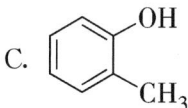

D.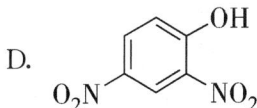

(7)下列化合物中,能与 $Cu(OH)_2$ 反应生成深蓝色溶液的是:

    A. $CH_3CH_2CH_2OH$ B. C_6H_5OH

    C. $\underset{\underset{OH}{|}}{CH_3CH}-\underset{\underset{OH}{|}}{CH_2}$ D. $\underset{\underset{OH}{|}}{CH_2}-CH_2-\underset{\underset{OH}{|}}{CH_2}$

(8)白藜芦醇广泛存在于虎杖、买麻藤等中药中,结构式如下:

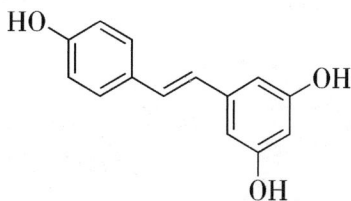

有关白藜芦醇的说法不正确的是:

A. 白藜芦醇属于醇类化合物　　　　B. 白藜芦醇遇 FeCl₃ 溶液显色

C. 白藜芦醇易被氧化　　　　　　　D. 白藜芦醇可以发生聚合反应

(9)胆固醇,也称为胆甾醇,主要来自人体自身的合成,具有如下结构:

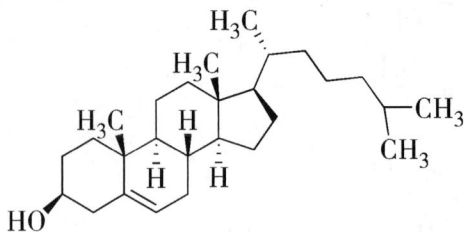

有关胆固醇的说法正确的是:

A. 分子中的—OH 与 C═C 存在 p-π 共轭关系

B. 胆固醇不能被氧化

C. 环上的羟基可发生消除反应

D. 分子中共有 9 个手性碳原子

(10)己烯雌酚是人工合成的非甾体类雌激素,其构型如下:

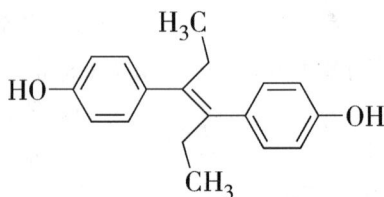

有关说法不正确的是:

A. 己烯雌酚是一种弱酸性物质　　　B. 己烯雌酚遇 FeCl₃ 溶液显色

C. 性质稳定,不能发生氧化反应　　D. 其构型为 E-式

2. 命名下列化合物:

(1)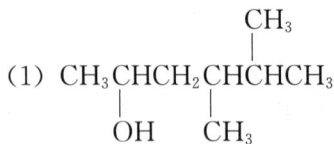

(2)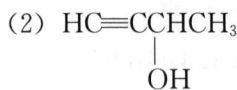

(3)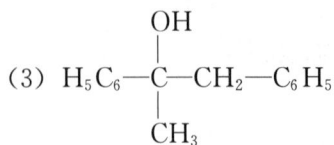

(4)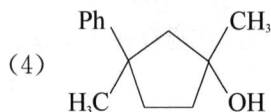

(5) HOH$_2$C—C—CH$_2$OH
　　　　　CH$_2$OH （上）
　　　　　CH$_2$OH （下）

(6)
OH
OCH$_3$
CH$_2$CH=CH$_2$

(7)
OH
HO　　CH$_2$OH

(8) CH$_3$CH$_2$O—〇—OCH$_3$

(9) CH$_3$CHCHOCH$_3$
　　　　CH$_3$（上）
　　　　C$_6$H$_5$（下）

(10) H$_2$C=CHCH$_2$CHCH$_3$
　　　　　　　　SH

(11) HSCH$_2$CH$_2$OH

(12) H$_2$C=CH—S—C≡CH

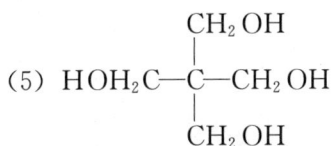

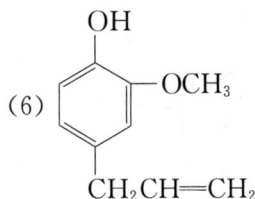

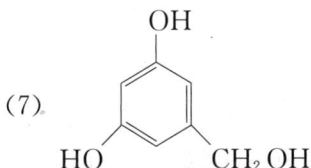

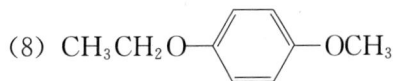

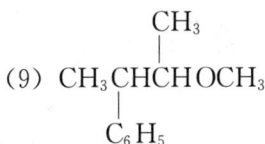

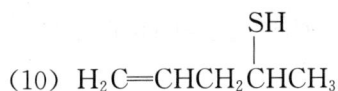

3. 写出下列化合物的结构式(或构型式)：

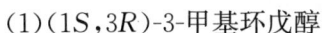

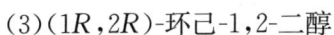

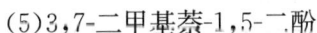

(1)(1S,3R)-3-甲基环戊醇

(2)(S)-环己-2-烯-1-醇

(3)(1R,2R)-环己-1,2-二醇

(4)儿茶酚

(5)3,7-二甲基萘-1,5-二酚

(6)二对甲氧苯基醚

(7)苄基对甲苯基硫醚

(8)12-冠-4

(9)异丁硫醇

(10)DMSO

4. 完成下列反应式：

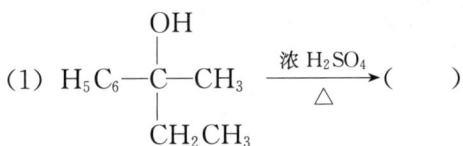

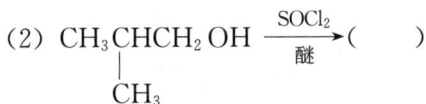

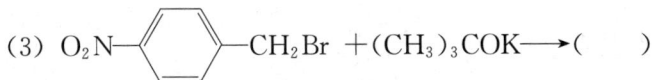

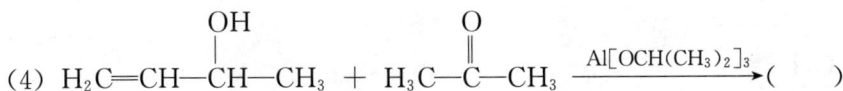

(1) H$_5$C$_6$—C—CH$_3$
　　　　　OH（上）
　　　　　CH$_2$CH$_3$（下）
$\xrightarrow[\triangle]{浓\ H_2SO_4}$ (　　)

(2) CH$_3$CHCH$_2$OH
　　　　CH$_3$
$\xrightarrow[醚]{SOCl_2}$ (　　)

(3) O$_2$N—〇—CH$_2$Br ＋(CH$_3$)$_3$COK $\longrightarrow$ (　　)

(4) H$_2$C=CH—CH—CH$_3$
　　　　　　　OH
＋ H$_3$C—C—CH$_3$
　　　　　O
$\xrightarrow{Al[OCH(CH_3)_2]_3}$ (　　)

(5) 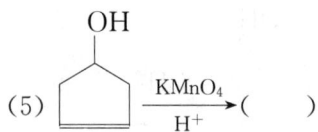 $\xrightarrow[\text{H}^+]{\text{KMnO}_4}$ (   )

(6) 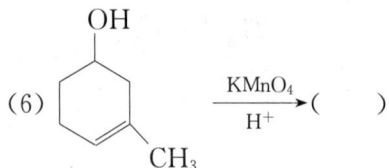 $\xrightarrow[\text{H}^+]{\text{KMnO}_4}$ (   )

(7) 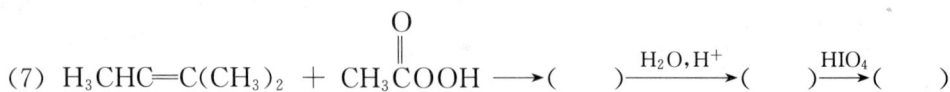 $H_3CHC\!=\!C(CH_3)_2 + CH_3\overset{\text{O}}{\overset{\|}{C}}OOH \longrightarrow$ (   ) $\xrightarrow{H_2O, H^+}$ (   ) $\xrightarrow{HIO_4}$ (   )

(8)  $C_6H_5CH\!=\!CHCH_2OH \xrightarrow{CrO_3 \cdot (C_5H_5N)_2}$ (   )

(9) 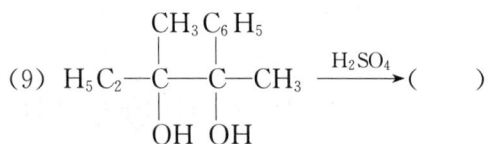 $H_5C_2\!-\!\overset{CH_3}{\underset{OH}{\overset{|}{\underset{|}{C}}}}\!-\!\overset{C_6H_5}{\underset{OH}{\overset{|}{\underset{|}{C}}}}\!-\!CH_3 \xrightarrow{H_2SO_4}$ (   )

(10) 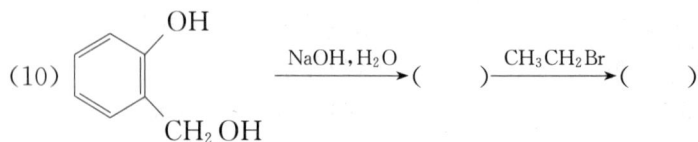 $\xrightarrow{NaOH, H_2O}$ (   ) $\xrightarrow{CH_3CH_2Br}$ (   )

(11) 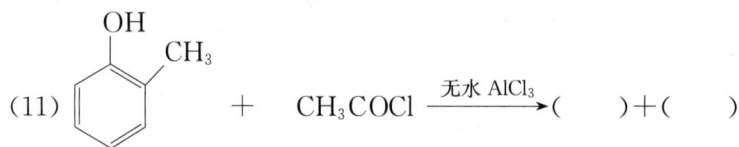 $+$ $CH_3COCl \xrightarrow{\text{无水 AlCl}_3}$ (   ) $+$ (   )

(12) 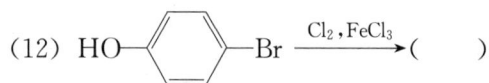 $HO\!-\!\!\bigcirc\!\!-\!Br \xrightarrow{Cl_2, FeCl_3}$ (   )

(13) 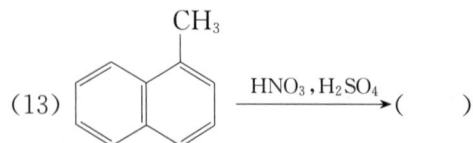 $\xrightarrow{HNO_3, H_2SO_4}$ (   )

(14) 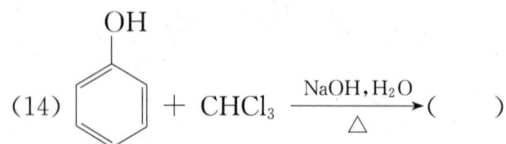 $+$ $CHCl_3 \xrightarrow[\triangle]{NaOH, H_2O}$ (   )

(15) 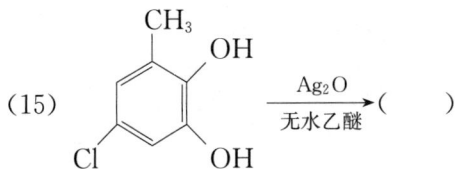 $\xrightarrow[\text{无水乙醚}]{Ag_2O}$ (　　)

(16) $(CH_3)_2CH-O-CH_3 \xrightarrow[\triangle]{HBr}$ (　) $\xrightarrow[\triangle]{HBr}$ (　)

(17) 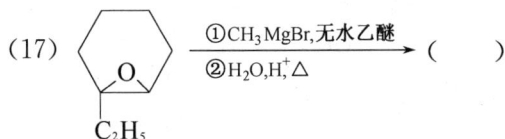 $\xrightarrow[\text{②H}_2O,H^+\triangle]{\text{①}CH_3MgBr,\text{无水乙醚}}$ (　　)

(18) 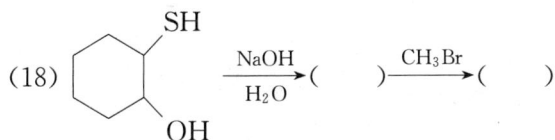 $\xrightarrow[H_2O]{NaOH}$ (　) $\xrightarrow{CH_3Br}$ (　)

(19) $HSCH_2CHCOOH \xrightarrow{H_2O_2}$ (　) $\xrightarrow{Zn+CH_3COOH}$ (　)
　　　　　|
　　　　NH_2

(20) $H_5C_2-S-C_2H_5 \xrightarrow{H_2O_2}$ (　) $\xrightarrow{HNO_3}$ (　)

5. 用简单的化学法鉴别下列各组化合物：

(1) 正丁醇、仲丁醇、叔丁醇

(2) 邻甲苯酚、2-甲基环己醇、苯甲醚

(3) 丙-1,3-二醇、丙-1,2-二醇、BAL

(4) 正丁醇、乙醚、环丁烷

(5)

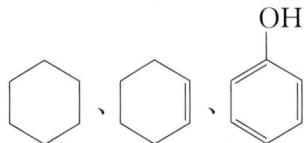

(6)

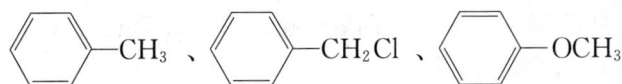

6. 试写出间甲苯酚与下列试剂的反应：

(1)稀硝酸

(2)Br_2/H_2O

(3)$(CH_3)_2SO_4/OH^-$

(4)$CHCl_3/NaOH,H_2O$

7. 下列醇中哪些能被 HIO_4 氧化？试写出氧化产物。

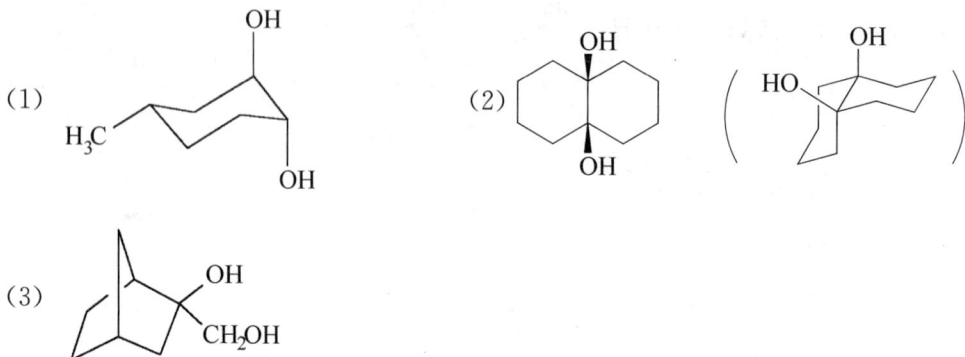

(1)

(2)

(3)

8. 写出下列化合物进行频哪醇重排的产物。

(1)

(2)

9. 试解释为什么苦味酸有较强的酸性($K_a=0.42$)。

10. 试解释为什么从戊-2-醇制得的 2-溴戊烷中总含有 3-溴戊烷。

11. 试解释为什么用 HBr 处理新戊醇时只得到 2-溴-2-甲基丁烷。

12. 由 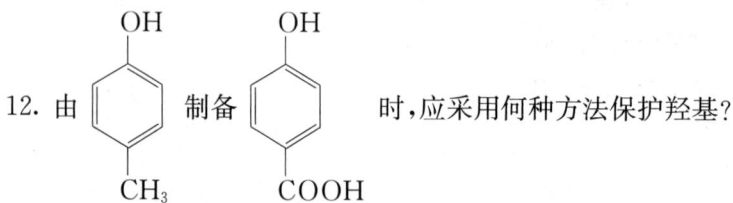 制备 时,应采用何种方法保护羟基？

13. 为什么蒸馏久置乙醚之前必须先做过氧化物检查？如何检查？如何除去其中的过氧化物？

14. 性质比较题:

(1)将下列化合物按沸点由高到低的顺序排列。

　　A. 环己烷　　　　B. 环己醇　　　　C. 四氢呋喃　　　　D. 环己-1,4-二醇

(2)按酸性由强到弱的顺序排列下列化合物。

　　A. 水　　　　　　B. 乙醇　　　　　C. 苯酚　　　　　　D. 邻甲苯酚

　　E. 对硝基苯酚

(3)将下列醇按其 S_N1 反应速度由快到慢排列成序。

A. CH_3OH　　　　　　　　　　B. $CH_3CH_2CH_2OH$

C. $(CH_3)_2CHOH$　　　　　　　　D. $PhCH_2OH$

(4)将下列化合物按在水中的溶解度由大到小排序。

A. 戊-1-醇　　　　　B. 戊烷　　　　　　C. 乙丙醚

D. 戊-1,2-二醇　　　E. 甘油

(5)将下列负离子按碱性由强到弱排序。

A. $PhCH_2O^-$　　　　B. $(CH_3)_3CO^-$　　　　C. $CH_3CH_2O^-$

D. $(CH_3)_2CHO^-$　　　E. PhO^-

(6)下列化合物与氢氧化钠反应转变为相应的酚,反应活性由强到弱排序。

A. 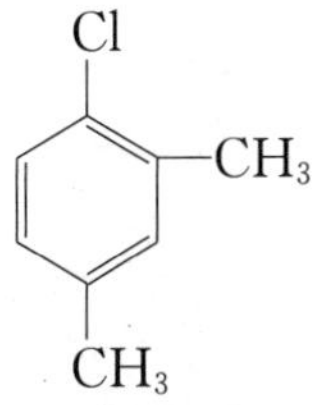
B. 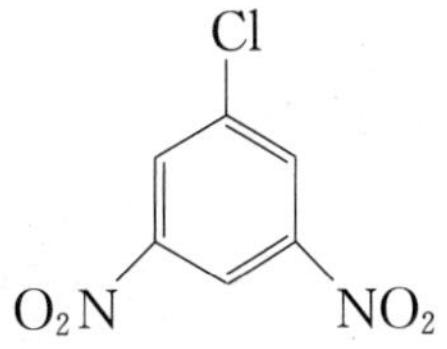
C. 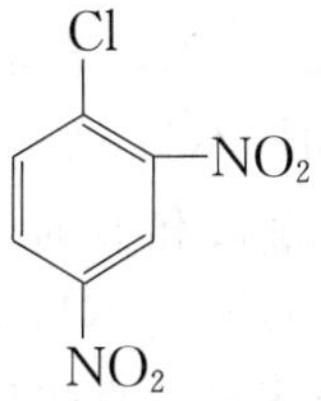
D.

15. 用化学方法提纯下列化合物:

(1)苯甲醚中含少量苯酚

(2)正庚烷中含有少量乙醚

16. 由指定原料及其他必要试剂合成下列化合物:

(1)由 $CH_3CH_2CH_2OH$ 合成 $CH_3CH(OH)CH_3$

(2)由 —Br 合成 —CH_2CH_2OH

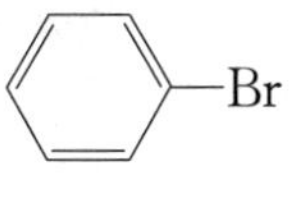

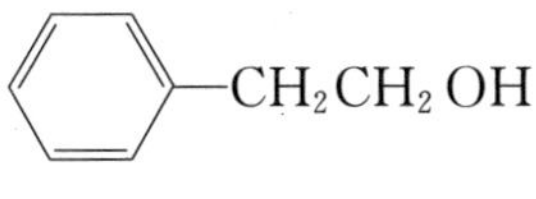

(3)由 1,3,5-三甲苯合成 2,4,6-三甲基苯酚

(4)由苯酚合成 2-乙酰基-4-硝基苯酚

(5)由 2,4-二氯苯酚及氯苯合成除草醚(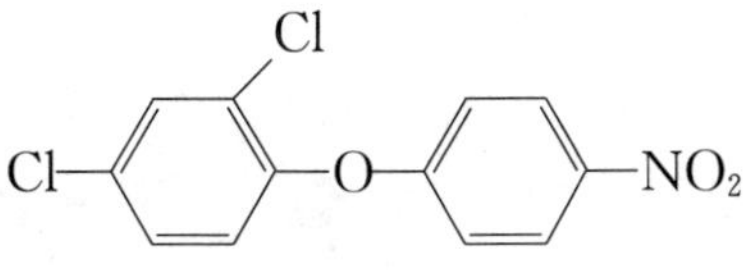)

(6)由间甲苯酚合成 4-叔丁基-3-甲基-2,6-二硝基苯甲醚

17. 写出下列反应的机理：

(1)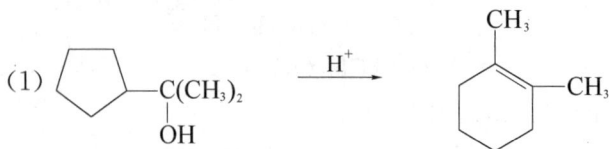

(2)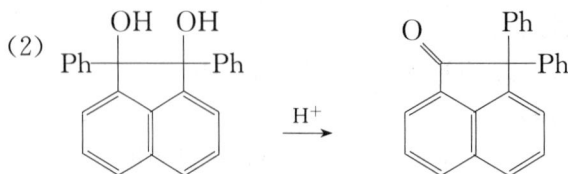

(3)

18. 化合物 A($C_5H_{12}O$)，在酸催化下易失水成 B，B 用冷、稀 $KMnO_4$ 处理得 C($C_5H_{12}O_2$)。C 与高碘酸作用得 CH_3CHO 和 CH_3COCH_3，试推测 A、B、C 结构。

19. 有两种液态有机物(A、B)分子式均为 $C_4H_{10}O$，A 在 100℃时，不与 PCl_3 反应，但能与浓 HI 反应生成碘代乙烷，B 与 PCl_3 共热生成 2-氯丁烷。试推测 A 和 B 的结构。

20. 化合物 A($C_5H_{10}O$)，不溶于 H_2O，不与溴的四氯化碳溶液反应，也不与金属钠反应，在稀盐酸或稀氢氧化钠作用下得到化合物 B($C_5H_{12}O_2$)，B 与等当量的高碘酸反应得到甲醛和化合物 C(C_4H_8O)，C 能发生碘仿反应。试推测 A、B、C 的结构式。

参考答案

1.

(1)D (2)B (3)B (4)C (5)C (6)D (7)C (8)A (9)C (10)C

2.

(1)4,5-二甲基己-2-醇 （2)丁-3-炔-2-醇

(3)1,2-二苯基丙-2-醇 （4)1,3-二甲基-3-苯基环戊醇

(5)2,2-二羟甲基丙-1,3-二醇(季戊四醇) (6)4-烯丙基-2-甲氧基苯酚

(7)3,5-二羟基苯甲醇 （8)对乙氧基苯甲醚

(9)2-甲氧基-3-苯基丁烷 （10)戊-4-烯-2-硫醇

(11)β-巯基乙醇 （12)乙烯基乙炔基硫醚

3.

(1)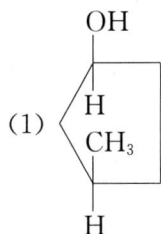

(2)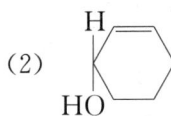

(3)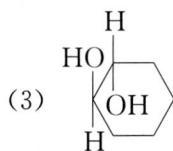

(4)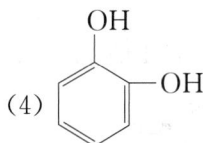

(5)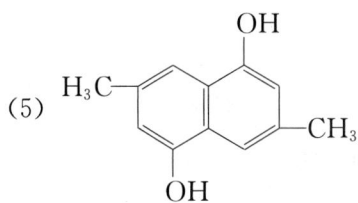

(6)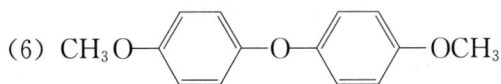

(7)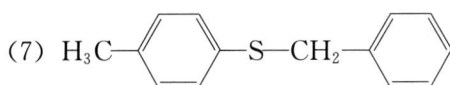

(8)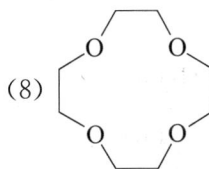

(9)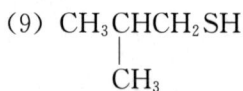

(10)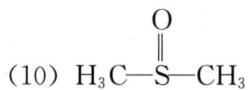

4.

(1)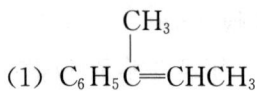

(2)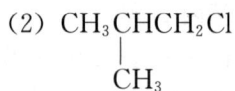

(3)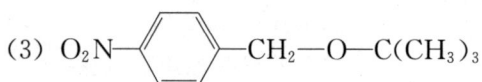

(4)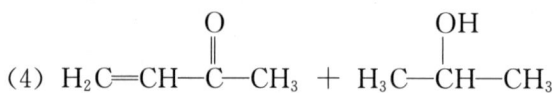

(5)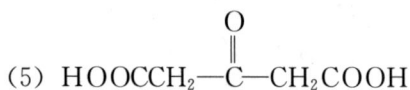

(6)

(7)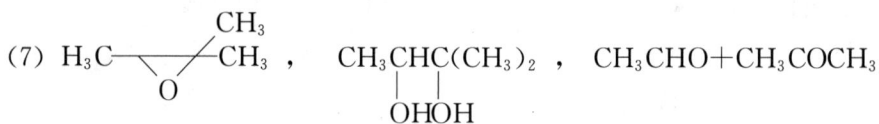

(8) $C_6H_5CH{=}CHCHO$

(9)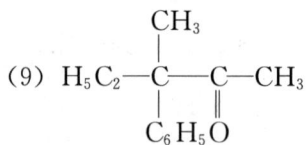

(10)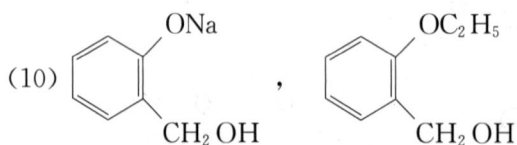

(11)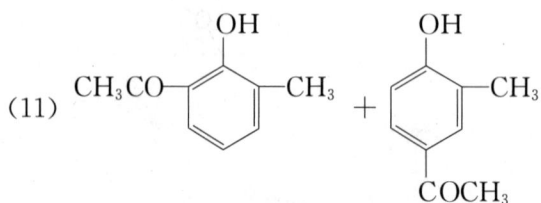

(12)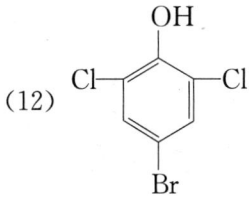

(13)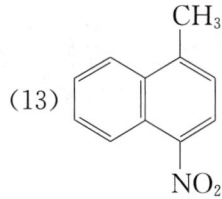

(14)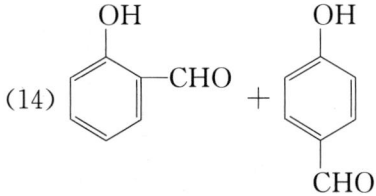

(15)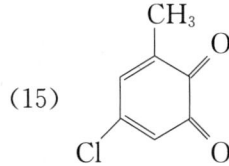

(16) $CH_3Br + (CH_3)_2CHOH$，　$(CH_3)_2CHBr$

(17)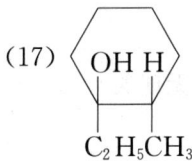

(18)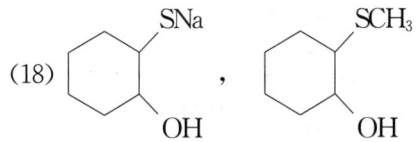

(19)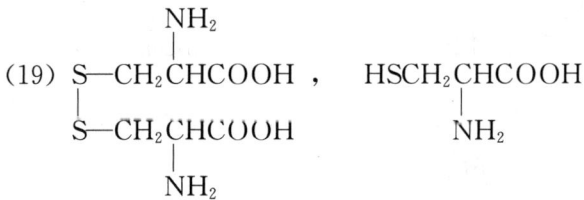

(20)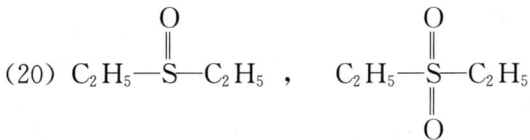

5.

(1) 正丁醇　　　　　　　　　加热后混浊或数小时后混浊
　　仲丁醇 ⎬ ——Lucas 试剂→ 3～5 分钟混浊
　　叔丁醇　　　　　　　　　立即混浊

(2) 邻甲苯酚　　　　　　　蓝紫色
　　2-甲基环己醇 ⎬ ——FeCl₃→ 无现象 ——KMnO₄→ 褪色
　　苯甲醚　　　　　　　　无现象　　　　　　无现象

(3) 丙-1,3-二醇　　　　　　　无现象 ——HIO₄/AgNO₃→ 无现象
　　丙-1,2-二醇 ⎬ ——Pb(OOCCH₃)₂→ 无现象　　　　　白色沉淀
　　BAL　　　　　　　　　　白色沉淀

（4）

正丁醇
乙醚   ——Na→   放出气体
环丁烷   无现象 ┐ ——冷的浓盐酸→ 溶解
                   无现象 ┘   不溶

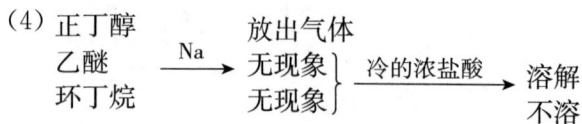   无现象

（5）

  ——溴水→ 褪色

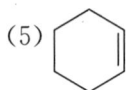   沉淀

（6）

  不溶 ┐
                     │ ——AgNO₃/醇→ 无现象
 ——冷的浓盐酸→ 不溶 ┘   沉淀

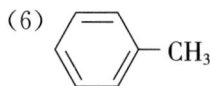   溶解

6.

（1） 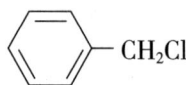 +HNO₃ → + 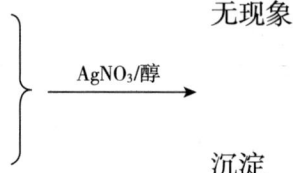 + 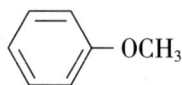 （少）

（2） 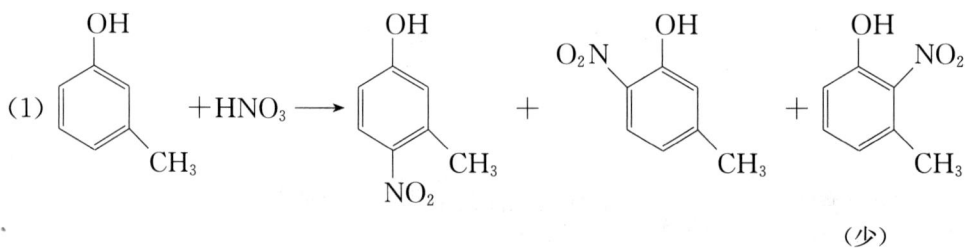 +Br₂ ——H₂O→ 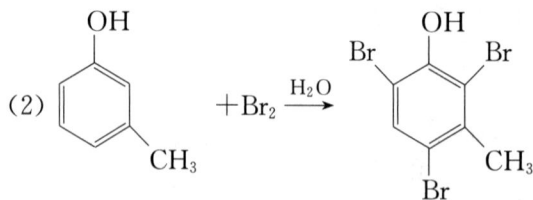 ↓

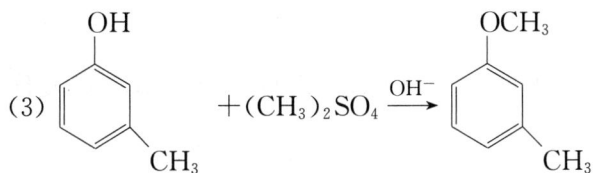

(3)

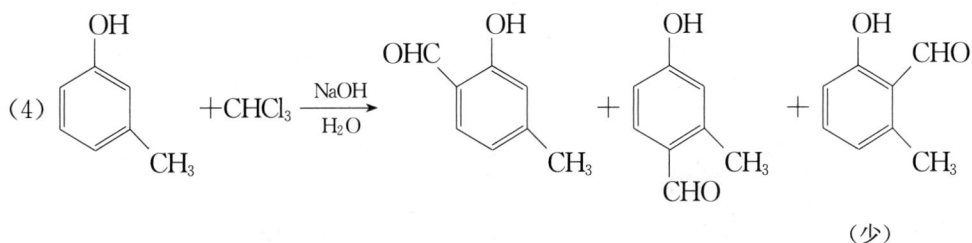

(4)

(少)

7.

(2)和(3)

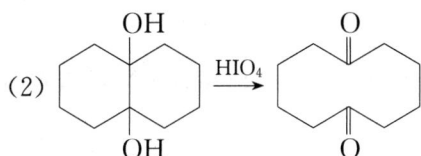

(2)

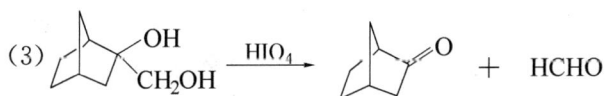

(3)

8.

(1)

(2)

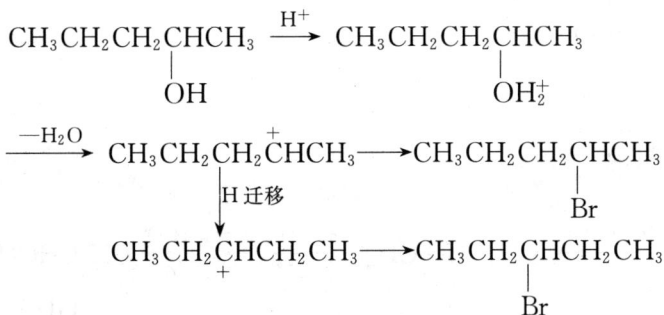

9.

因为—NO₂ 的—C 效应与—I 效应使苯酚酸性增强。

10.

$$CH_3CH_2CH_2CHCH_3 \xrightarrow{H^+} CH_3CH_2CH_2CHCH_3$$

$$\xrightarrow{-H_2O} CH_3CH_2CH_2\overset{+}{C}HCH_3 \longrightarrow CH_3CH_2CH_2CHCH_3$$

$$\downarrow H迁移$$

$$CH_3CH_2\overset{+}{C}HCH_2CH_3 \longrightarrow CH_3CH_2CHCH_2CH_3$$

11.

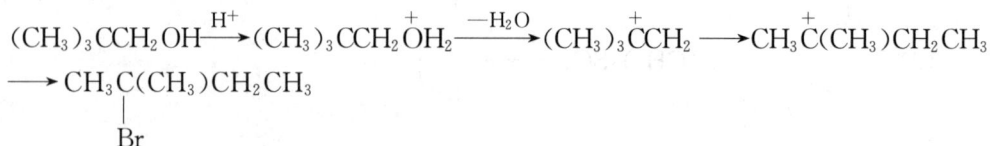

$$(CH_3)_3CCH_2OH \xrightarrow{H^+} (CH_3)_3CCH_2\overset{+}{O}H_2 \xrightarrow{-H_2O} (CH_3)_3C\overset{+}{C}H_2 \longrightarrow CH_3\overset{+}{C}(CH_3)CH_2CH_3$$

$$\longrightarrow \underset{\underset{Br}{|}}{CH_3C(CH_3)CH_2CH_3}$$

12.

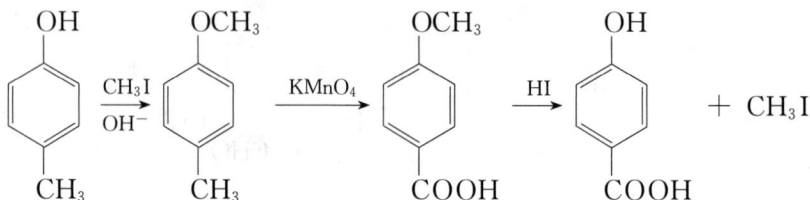

13.

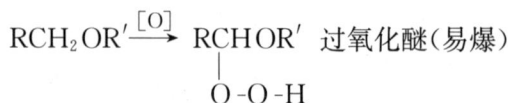

$$RCH_2OR' \xrightarrow{[O]} \underset{\underset{O\text{-}O\text{-}H}{|}}{RCHOR'} 过氧化醚(易爆)$$

可用 KI-淀粉试纸检验,原理:$I^- \xrightarrow{[O]} I_2 \xrightarrow{淀粉} 蓝色$;或用 $FeSO_4$-KSCN 试液检验,原理:$Fe^{2+} \xrightarrow{[O]} Fe^{3+} \xrightarrow{SCN^-} Fe(SCN)_6^{3-}$(红色)。

可用过量的 $FeSO_4$ 等还原剂除去过氧化物。

14.

(1)D>B>C>A(提示:形成分子间氢键,可使沸点升高;极性增强,沸点也升高。)

(2)E>C>D>A>B(提示:O—H 键间的电子云密度低,键易断裂,酸性强。)

(3)D>C>B>A(提示:碳负离子稳定性越大,C—O 键越易断裂,S_N1 反应速度也越快。)

(4)E>D>A>C>B(提示:与水形成氢键,可使水溶性增强;极性增大,水溶性也增大。)

(5)B>D>C>A>E

(6)C>B>D>A

15.

(1)NaOH/H_2O { 上层　苯甲醚 / 下层　苯酚钠

(2)冷浓 H_2SO_4 { 上层　正庚烷 / 下层　锌盐

16.

(1)

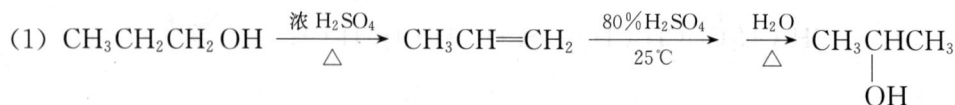

$$CH_3CH_2CH_2OH \xrightarrow[\triangle]{浓\,H_2SO_4} CH_3CH=CH_2 \xrightarrow[25℃]{80\%H_2SO_4} \xrightarrow[\triangle]{H_2O} \underset{\underset{OH}{|}}{CH_3CHCH_3}$$

(2) 反应式

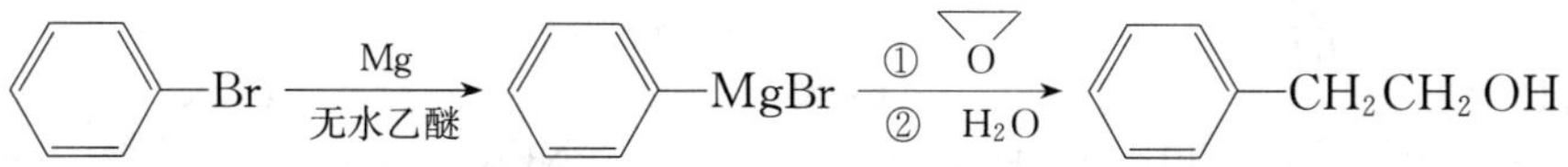

(3) 反应式

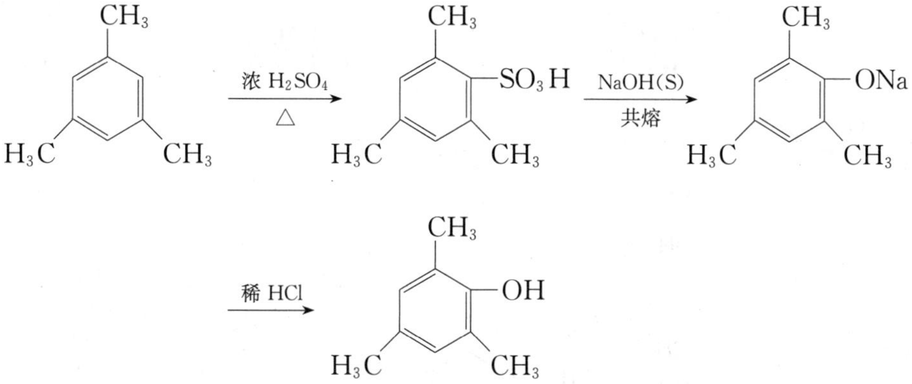

(4) 反应式

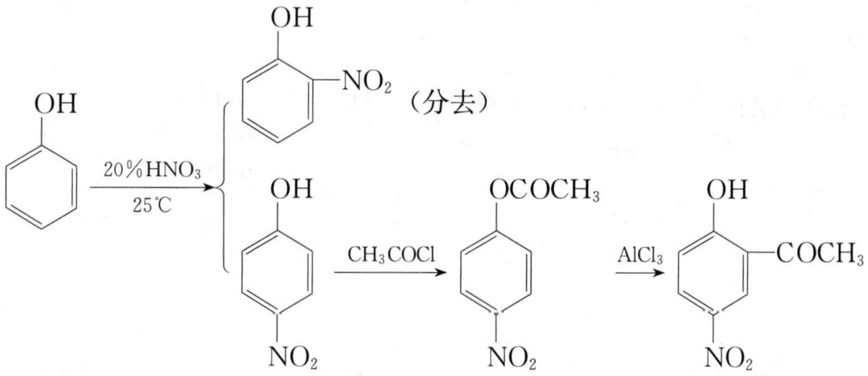

(5) 反应式

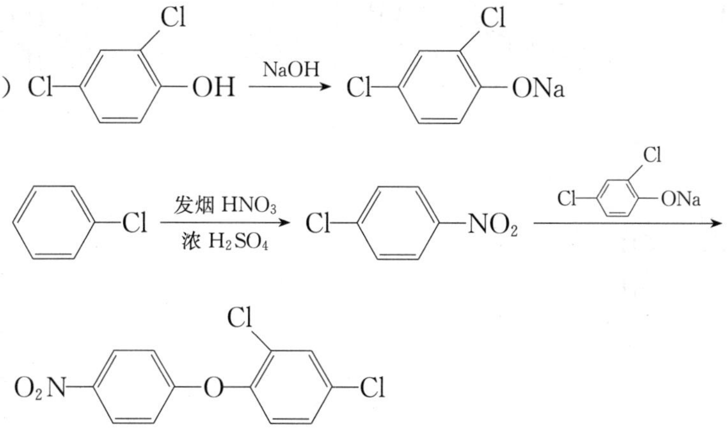

(6) 反应式

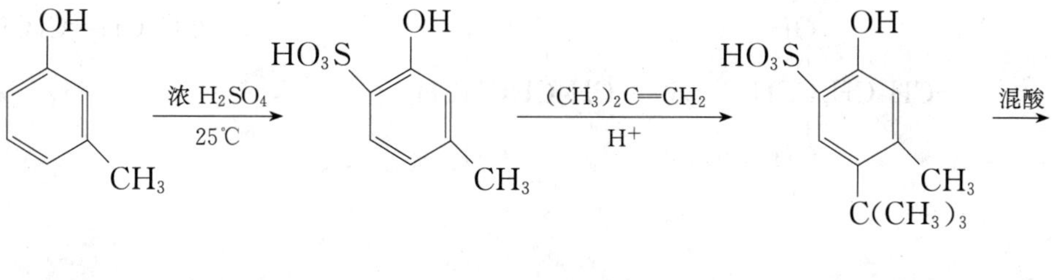

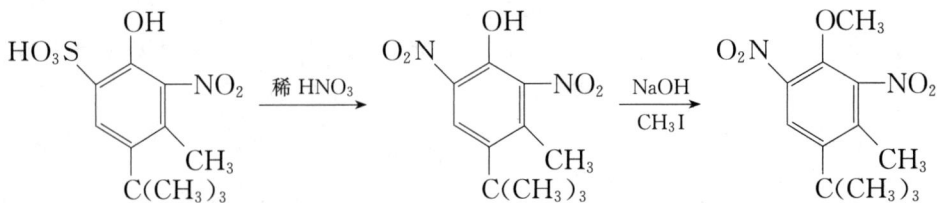

17.

(1)

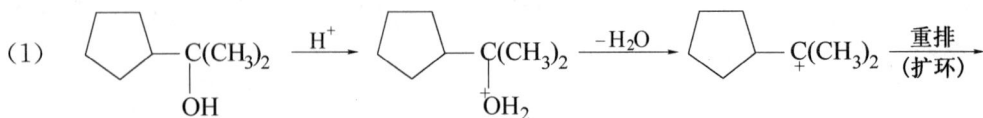

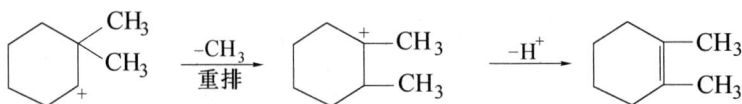

(2)

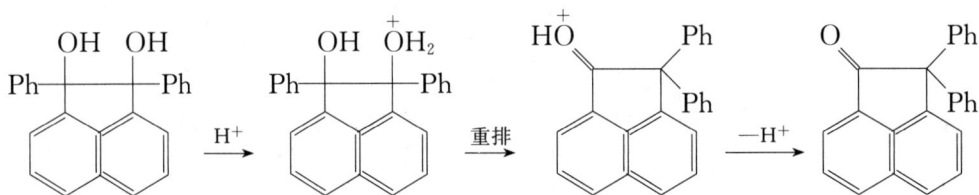

(3)

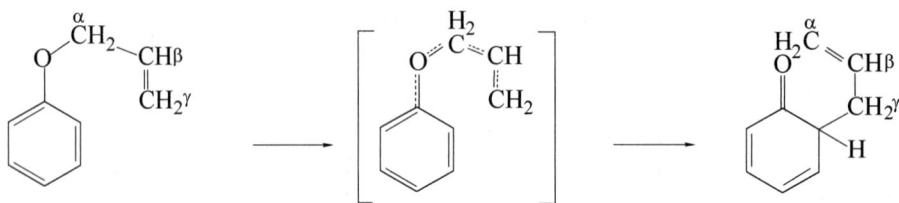

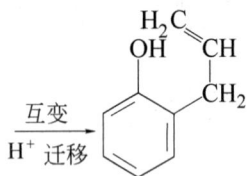

18.

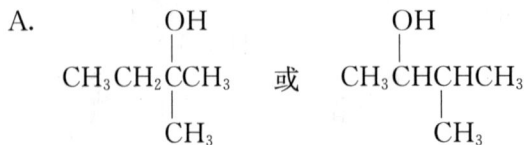

A.

$CH_3CH_2\overset{OH}{C}CH_3$ 或 $CH_3\overset{OH}{C}HCHCH_3$
          | |
         CH_3 CH_3

B. $CH_3CH\!=\!C(CH_3)_2$

C.

19.

A. $C_2H_5OC_2H_5$

B.

20.

A.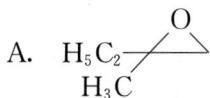

B.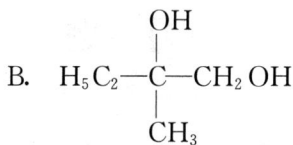

C.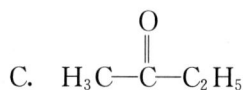

第十一章　醛、酮、醌 ▷▷▷▷

习　题

1. 单选题：

(1)下列分子量相近的化合物中,沸点最高的是：

　　A. 乙甲醚　　　　　B. 正丁烷　　　　　C. 丙醛　　　　　D. 丙醇

(2)以下是麝香酮的结构式及分子模型图,有关麝香酮的说法正确的是：

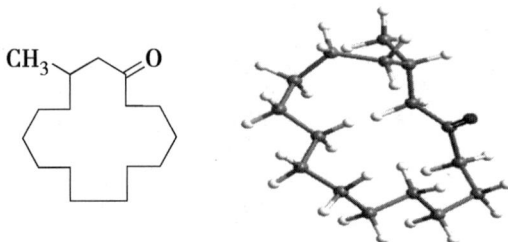

　　A. 麝香酮分子中的官能团是羰基,羰基为平面构型

　　B. 麝香酮是一种 α,β 不饱和酮

　　C. 麝香酮易溶于水

　　D. 麝香酮可以发生银镜反应

(3)下列化合物中与 HCN 加成反应活性最强的是：

　　A. 苯乙酮　　　　　B. 苯甲醛　　　　　C. 乙醛　　　　　D. 丙酮

(4)下列化合物中能发生自身羟醛缩合反应的是：

　　A. 甲醛　　　　　　　　　　　B. 苯甲醛

　　C. 乙醛　　　　　　　　　　　D. 2,2-二甲基丁醛

(5)下列化合物中能与 $I_2/NaOH$ 发生反应,生成沉淀的是：

　　A. 戊-3-醇　　　　B. 戊醛　　　　C. 戊-2-酮　　　D. 戊-3-酮

(6)下列化合物中,能发生银镜反应但不能与斐林试剂反应的是：

　　A. 苯甲醛　　　　　B. 丙醛　　　　　C. 乙醛　　　　　D. 丙酮

(7)下列化合物烯醇式含量最高的是：

　　A. CH_3COCH_3　　　　　　　　B. $C_6H_5COCH_2COCH_3$

　　C. $CH_3COCH_2COCH_3$　　　　　D. $C_6H_5COCH_3$

(8)将 2-戊酮和 3-戊酮分离,可选用的试剂是：

A. 托伦试剂   B. 斐林试剂   C. 饱和 $NaHSO_3$ D. $I_2/NaOH$

(9)醛酮发生下列哪些反应能够增长碳链：

    A. 生成缩醛反应   B. 羟醛缩合反应

    C. 碘仿反应   D. 克莱门森反应

(10)下列醛酮中不能与亚硫酸氢钠作用的是：

    A. 苯甲醛   B. 苯乙酮   C. 环己酮   D. 丁酮

(11)醛和醇反应生成缩醛的条件是：

    A. 浓 NaOH 溶液   B. 稀 NaOH 溶液   C. 干燥 HCl   D. HCl 水溶液

(12)鉴别乙醇和乙醛能采用的方法是：

    A. $KMnO_4$ 氧化   B. 碘仿反应   C. 银镜反应   D. $K_2Cr_2O_7$ 氧化

(13)鉴别脂肪醛和芳香醛的试剂是：

    A. 托伦试剂   B. 斐林试剂   C. 溴水   D. $I_2/NaOH$ 试剂

(14)下列化合物中能发生碘仿反应,同时又能和三氯化铁显色的是：

    A. 丁-2-酮   B. 苄醇   C. 丁-2-醇   D. 戊-2,4-二酮

(15)下列化合物亲核加成反应活性最高的是：

(16)下列化合物不能被稀酸水解的是：

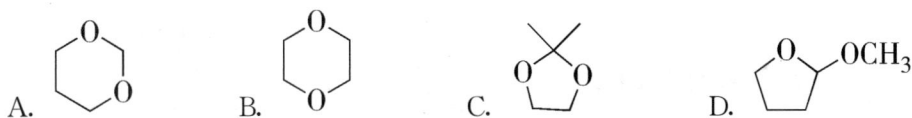

(17)下列化合物不能发生康尼查罗反应的是：

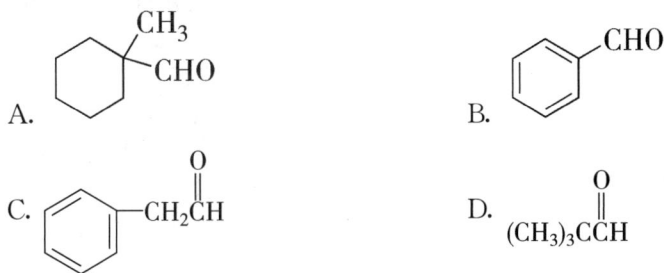

(18)下列化合物标有下划线的 α—H 最活泼的是：

    A. $CH_3COC\underline{H_2}CH_3$ B. $CH_3CO\underline{CH_3}$

    C. $CH_3C\underline{H_2}CHO$ D. $CH_3COC\underline{H_2}COCH_3$

(19)胡椒醛(piperonal)存在于中药细辛中。人体服用细辛后,胡椒醛在体内代谢时,可能被还原为胡椒醇(piperonol)。

胡椒醛 → 胡椒醇

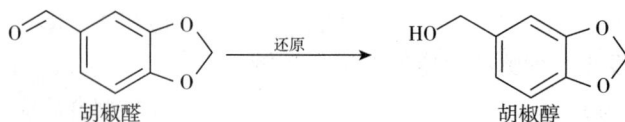

以下说法不正确的是：

A. 胡椒醛容易被氧化为羧酸

B. 采用黄鸣龙还原可以将胡椒醛还原为胡椒醇

C. 胡椒醛可以发生银镜反应

D. 胡椒醛可以在浓碱液中发生歧化反应，产物之一就是胡椒醇

(20)中药荆芥含有薄荷酮(piperitone)，薄荷酮在体内可以转化为 Z-薄荷烯醇：

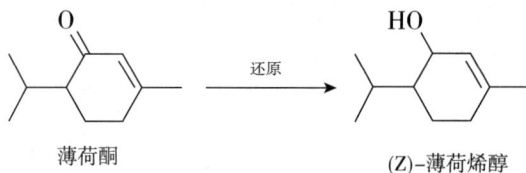

薄荷酮 → (Z)-薄荷烯醇

以下说法不正确的是：

A. 麦尔外因-彭道夫(Meerwein-Ponndorf)还原法也可以实现这种转变

B. 薄荷酮可以发生 1，4-亲核加成

C. 薄荷酮催化加氢也能转化为(Z)-薄荷烯醇

D. 采用 Oppenauer 氧化法，(Z)-薄荷烯醇可以转化为薄荷酮

2. 命名下列化合物：

(1) CH$_3$C=CHCOCH$_3$
         |
        CH$_3$

(2)

(3) CH$_3$CHCOCH$_2$CH$_2$CHCH$_3$
        | |
       CH$_2$CH$_2$CH$_3$ CH$_3$

(4) CH$_3$CHCOCH$_2$CH$_2$CHO
        |
       Br

(5)

(6)

(7)

(8)

(9)

(10)

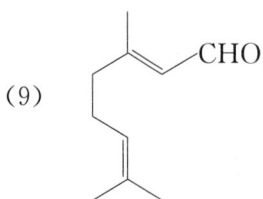

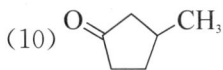

3. 写出下列化合物的结构式：

(1)反-丁-2-烯醛 　　　　　　　　　(2)3,7-二甲基辛-6-烯醛

(3)4-羟基-3-甲氧基苯甲醛 　　　　　(4)3-甲基邻苯醌

(5)2,2-二甲基环戊酮 　　　　　　　 (6)1,7,7-三甲基二环[2.2.1]庚-2-酮

(7)戊-2,4-二烯醛 　　　　　　　　　(8)(Z)-苯甲醛肟

(9)丁酮缩氨脲

(10)(R)-3-甲基戊-4-烯-2-酮(Fischer 投影式)

4. 写出丙醛与下列试剂反应的主要产物：

(1)OH^-, H_2O 　　　　　　　　　 (2)C_6H_5CHO, OH^-

(3)HCN 　　　　　　　　　　　　　 (4)$HOCH_2CH_2OH$, 干 HCl

(5)$NaBH_4$ 　　　　　　　　　　　　 (6)①Ag_2O/OH^-, ②H^+

(7)饱和 $NaHSO_3$ 溶液 　　　　　　 (8)①CH_3CH_2MgBr/Et_2O, ②H_2O

(9)NH_2OH 　　　　　　　　　　　 (10)Zn-Hg, 浓 HCl

5. 写出下列反应的主要产物：

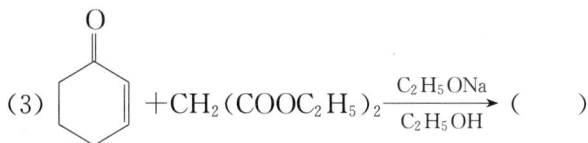

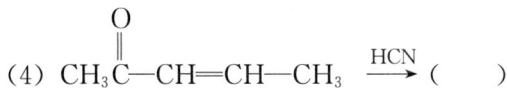

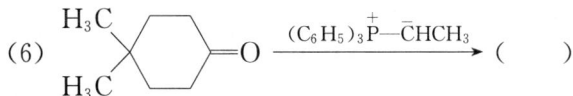

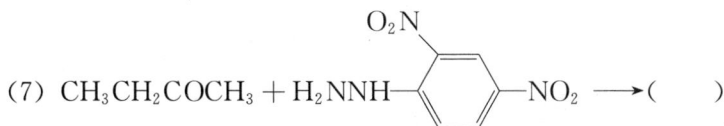

(1) $CH_3CH=CHCH_2CHO$ $\xrightarrow{NaBH_4}$ (　　　)

(2) $CH_3CH=CHCH_2CHO$ $\xrightarrow[②H^+]{①Ag(NH_3)_2OH}$ (　　　)

(3) $+CH_2(COOC_2H_5)_2$ $\xrightarrow[C_2H_5OH]{C_2H_5ONa}$ (　　　)

(4) $CH_3\overset{O}{\overset{\|}{C}}-CH=CH-CH_3$ $\xrightarrow{HCN}$ (　　　)

(5) $C_6H_5CHO+NH_2NHCONH_2$ $\xrightarrow{pH4\sim5}$ (　　　)

(6) $\xrightarrow{(C_6H_5)_3\overset{+}{P}-\overset{-}{C}HCH_3}$ (　　　)

(7) $CH_3CH_2COCH_3 + H_2NNH$— $\longrightarrow$ (　　　)

(8) $\underset{\underset{CH_2OH}{|}}{\overset{\overset{CH_2OH}{|}}{HOH_2C-C-CHO}}+HCHO\xrightarrow{\text{浓 NaOH}}(\quad)+(\quad)$

(9) $\xrightarrow[\text{干 HCl}]{2C_2H_5OH}(\quad)\xrightarrow[\text{②}H_3O^+]{\text{①}C_2H_5MgBr/Et_2O}(\quad)\xrightarrow{HCN}(\quad)$

(10) $\underset{\underset{CH_3}{|}}{\overset{\overset{CHO}{|}}{H-\!\!-Ph}}\xrightarrow{HCN}(\quad)$（写出 Fischer 投影式）

(11) $+CH_3COCH_3\xrightarrow{OH^-/H_2O}(\quad)\xrightarrow[NaOH]{I_2}(\quad)$

(12) $CH_3COCH_2CH_2CH_2CHO\xrightarrow[\triangle]{OH^-/H_2O}(\quad)\xrightarrow[\text{②}H_3O^+]{\text{①}LiAlH_4/Et_2O}(\quad)$

(13) $\xrightarrow[\text{浓 HCl}]{Zn\text{-}Hg}(\quad)$

(14) $\xrightarrow[(HOCH_2CH_2)_2O/\triangle]{H_2NNH_2/KOH}(\quad)$

(15) $\xrightarrow{CH_3COONa}(\quad)$

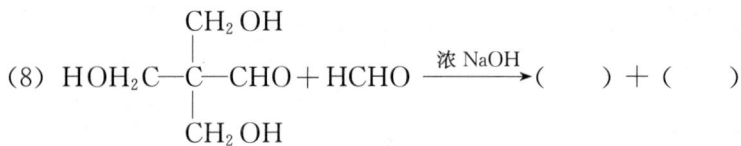

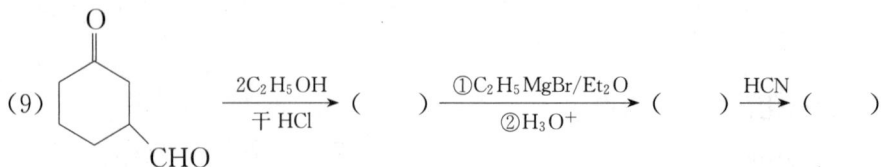

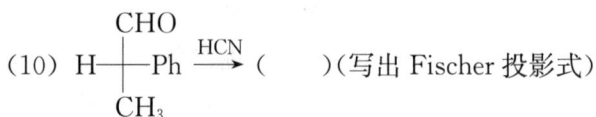

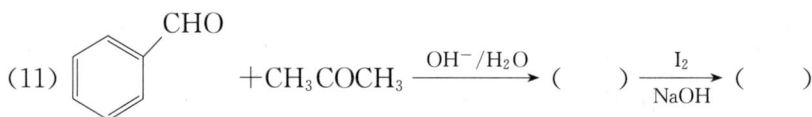

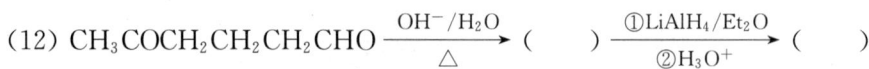

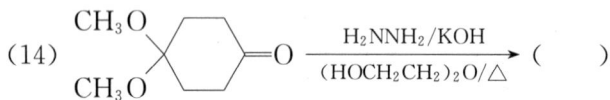

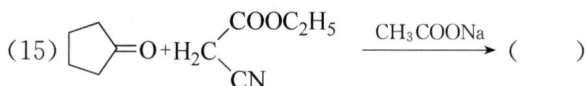

6. 用简便化学方法鉴别下列各组化合物：

(1) 丙醛、丙酮、正丙醇、异丙醇

(2) 乙醛、丙醛、苯甲醛

(3) 苯乙醛、苯乙酮、1-苯基丙-1-酮

(4) 戊-3-酮、戊-2-酮、环己酮

7. 下列化合物哪些能发生碘仿反应？哪些能与饱和 $NaHSO_3$ 溶液反应？哪些能被 Fehling 试剂氧化？哪些能与羟胺反应生成肟？

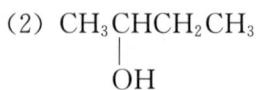

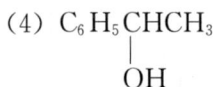

(1) CH_3CH_2CHO

(2) $\underset{\underset{OH}{|}}{CH_3CHCH_2CH_3}$

(3) $CH_3CH_2CH_2OH$

(4) $\underset{\underset{OH}{|}}{C_6H_5CHCH_3}$

(5) $C_6H_5COCH_3$

(6) C_6H_5CHO

(7) $CH_3COCH(CH_3)_2$

(8) CH_3CHO

(9) H₃C—⬡—CHO   (10) 2-甲基环己酮结构

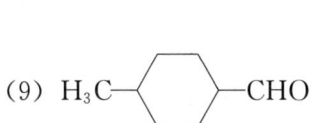

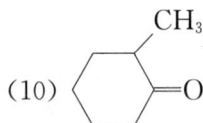

8. 将下列各组化合物与氢氰酸加成的反应活性按照由高到低次序排列:

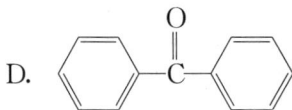

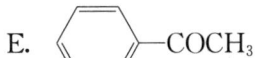

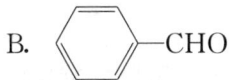

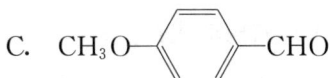

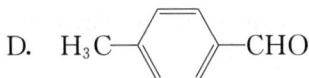

(1) A. CH_3CHO 　　　　B. $ClCH_2CHO$ 　　　　C. $CH_3COCH(CH_3)_2$

D. 二苯甲酮结构 　　　　E. 苯乙酮结构（⬡—COCH₃）

(2) A. O_2N—⬡—CHO 　　　　B. ⬡—CHO

C. CH_3O—⬡—CHO 　　　　D. H_3C—⬡—CHO

9. 由指定的原料及其他必要试剂合成下列化合物:

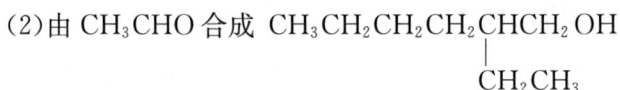

(1) 由 $CH_2{=}CH_2$ 合成 $CH_3CH_2\underset{\underset{Br}{|}}{CH}CH_3$

(2) 由 CH_3CHO 合成 $CH_3CH_2CH_2CH_2\underset{\underset{CH_2CH_3}{|}}{CH}CH_2OH$

(3) 由乙醛合成正丁醇

(4) 由丙醛合成 2-甲基戊-2-烯-1-醇

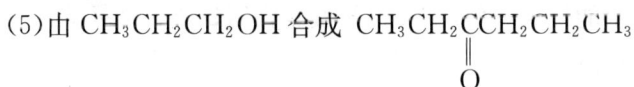

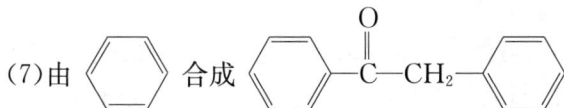

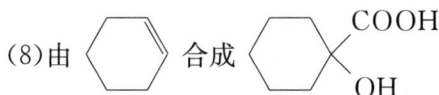

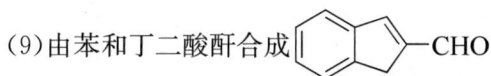

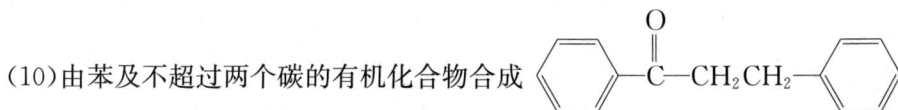

(5) 由 $CH_3CH_2CH_2OH$ 合成 $CH_3CH_2\underset{\underset{O}{||}}{C}CH_2CH_2CH_3$

(6) 由 CH_3CHO 合成 （2,4-二甲基-1,3-二氧六环结构）

(7) 由 ⬡ 合成 ⬡—C(=O)—CH₂—⬡

(8) 由 环己烯 合成 1-羟基环己基甲酸结构（COOH, OH）

(9) 由苯和丁二酸酐合成 茚-2-甲醛结构（—CHO）

(10) 由苯及不超过两个碳的有机化合物合成 ⬡—C(=O)—CH₂CH₂—⬡

10. 写出下列反应的历程：

(1)

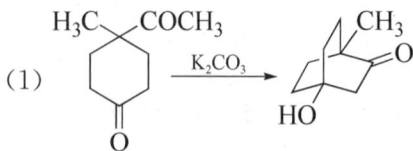

$$H_3C \quad COCH_3 \xrightarrow{K_2CO_3}$$

(2) $CH_3COCHCH_2CH_2CHO \xrightarrow[C_2H_5OH,H_2O]{KOH}$
      $\quad\quad\quad |$
      $\quad\quad CH_3$

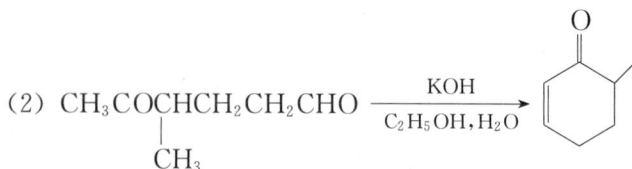

11. 环己醇和环己酮的沸点分别为 161℃和 156℃,试分离二者的混合物。

12. 根据下列化学反应式推导出化合物 A、B、C、D、E 的构造式：

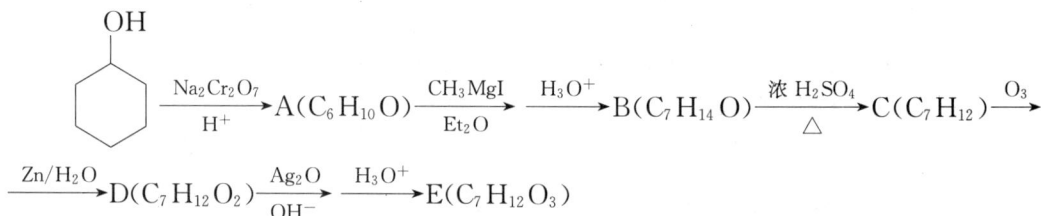

$$\xrightarrow[H^+]{Na_2Cr_2O_7} A(C_6H_{10}O) \xrightarrow[Et_2O]{CH_3MgI} \xrightarrow{H_3O^+} B(C_7H_{14}O) \xrightarrow[\triangle]{浓\ H_2SO_4} C(C_7H_{12}) \xrightarrow{O_3}$$

$$\xrightarrow{Zn/H_2O} D(C_7H_{12}O_2) \xrightarrow[OH^-]{Ag_2O} \xrightarrow{H_3O^+} E(C_7H_{12}O_3)$$

13. 分子式为 $C_6H_{12}O$ 的化合物 A,可与羟胺反应,但不与 Tollens 试剂、饱和亚硫酸氢钠溶液反应。A 催化加氢得到分子式为 $C_6H_{14}O$ 的化合物 B;B 和浓硫酸共热脱水生成分子式为 C_6H_{12} 的化合物 C;C 经臭氧氧化后还原水解得到化合物 D 和 E;D 能发生碘仿反应,但不能发生银镜反应;E 不能发生碘仿反应,但能发生银镜反应。试推测 A、B、C、D、E 的构造式,并写出各步化学反应式。

14. 某化合物 A 的分子式为 $C_4H_8O_2$,A 对碱稳定,但在酸性条件下可水解生成化合物 B(C_2H_4O)和 C($C_2H_6O_2$);B 可与苯肼反应,也可发生碘仿反应,并能还原 Fehling 试剂;C 被酸性高锰酸钾氧化时产生气体,该气体通入澄清石灰水溶液中产生白色沉淀。试推测 A、B、C 的构造式,并写出各步化学反应式。

15. 某化合物 A 分子式为 $C_8H_{14}O$,可使溴水很快褪色,也可与苯肼反应。A 氧化后得一分子丙酮和化合物 B,B 具有酸性,与碘的碱溶液作用生成碘仿和一分子丁二酸。试推测 A 和 B 的构造式,并写出各步化学反应式。

参考答案

1.

(1)D (2)A (3)C (4)C (5)C (6)A (7)B (8)C (9)B (10)B (11)C
(12)C (13)B (14)D (15)A (16)B (17)C (18)D (19)B (20)C

2.

(1)4-甲基戊-3-烯-2-酮　　(2)6-甲基环己-1-烯基甲醛

(3)2,6-二甲基壬-5-酮　　(4)5-溴己-4-酮醛

(5)4-异丙基-2-甲基苯甲醛　　(6)2-乙基萘-1,4-醌

(7)4-苯基丁-2-烯醛　　(8)2-甲氧基苯乙酮

(9)(E)-3,7-二甲基辛-2,6-二烯醛　　(10)3-甲基环戊酮

3.

(1) 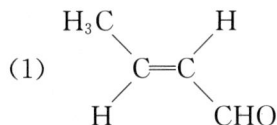　　(2) $(CH_3)_2C=CHCH_2CH_2CHCH_2CHO$

(3) 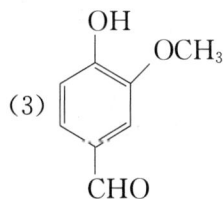　　(4)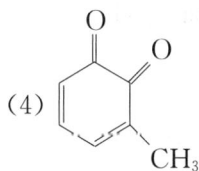

(5) 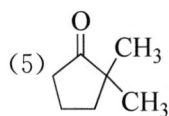　　(6)

(7) $H_2C=CHCH=CHCHO$ 　　(8)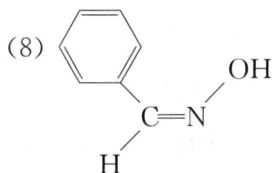

(9) $CH_3CH_2C=NNHCONH_2$ 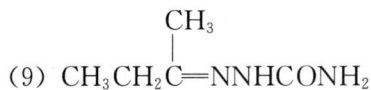　　(10)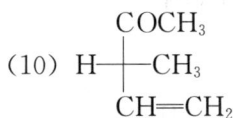

4.

(1) $CH_3CH_2CHCHCHO$ 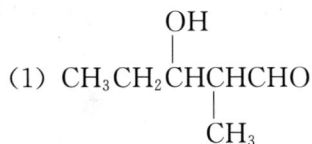　　(2) $\cdot C_6H_5CH=CCHO$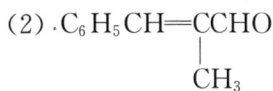

(3)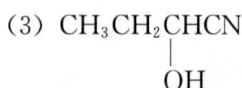

(4)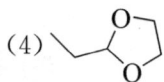

(5) $CH_3CH_2CH_2OH$

(6) CH_3CH_2COOH

(7)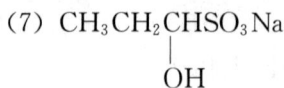

(8)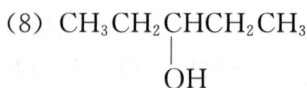

(9) $CH_3CH_2CH=NOH$

(10) $CH_3CH_2CH_3$

5.

(1) $CH_3CH=CHCH_2CHO \xrightarrow{NaBH_4} CH_3CH=CHCH_2CH_2OH$

(2) $CH_3CH=CHCH_2CHO \xrightarrow[\text{②}H^+]{\text{①}Ag(NH_3)_2OH} CH_3CH=CHCH_2COOH$

(3)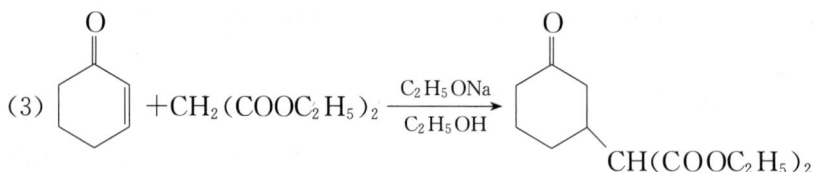

(4)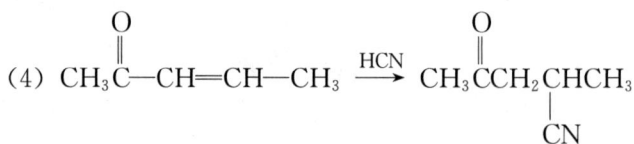

(5) $C_6H_5CHO + NH_2NHCONH_2 \xrightarrow{pH值 4\sim5} C_6H_5CH=NNHCONH_2$

(6)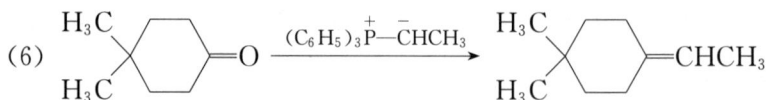

(7)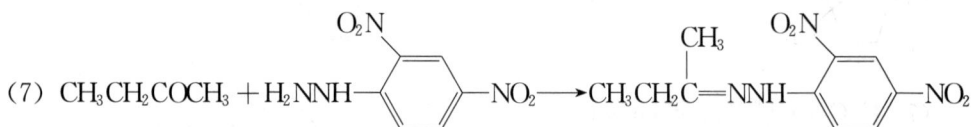

(8)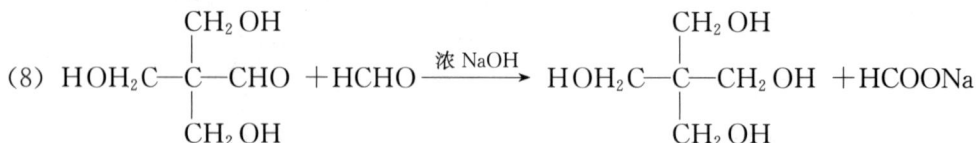

(9)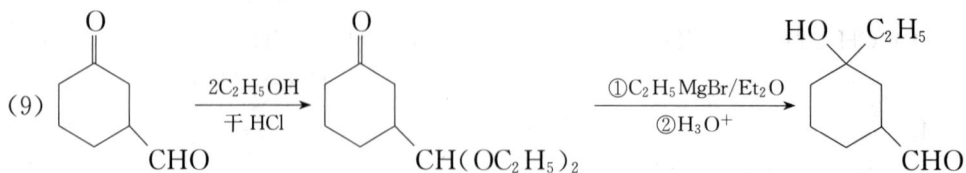

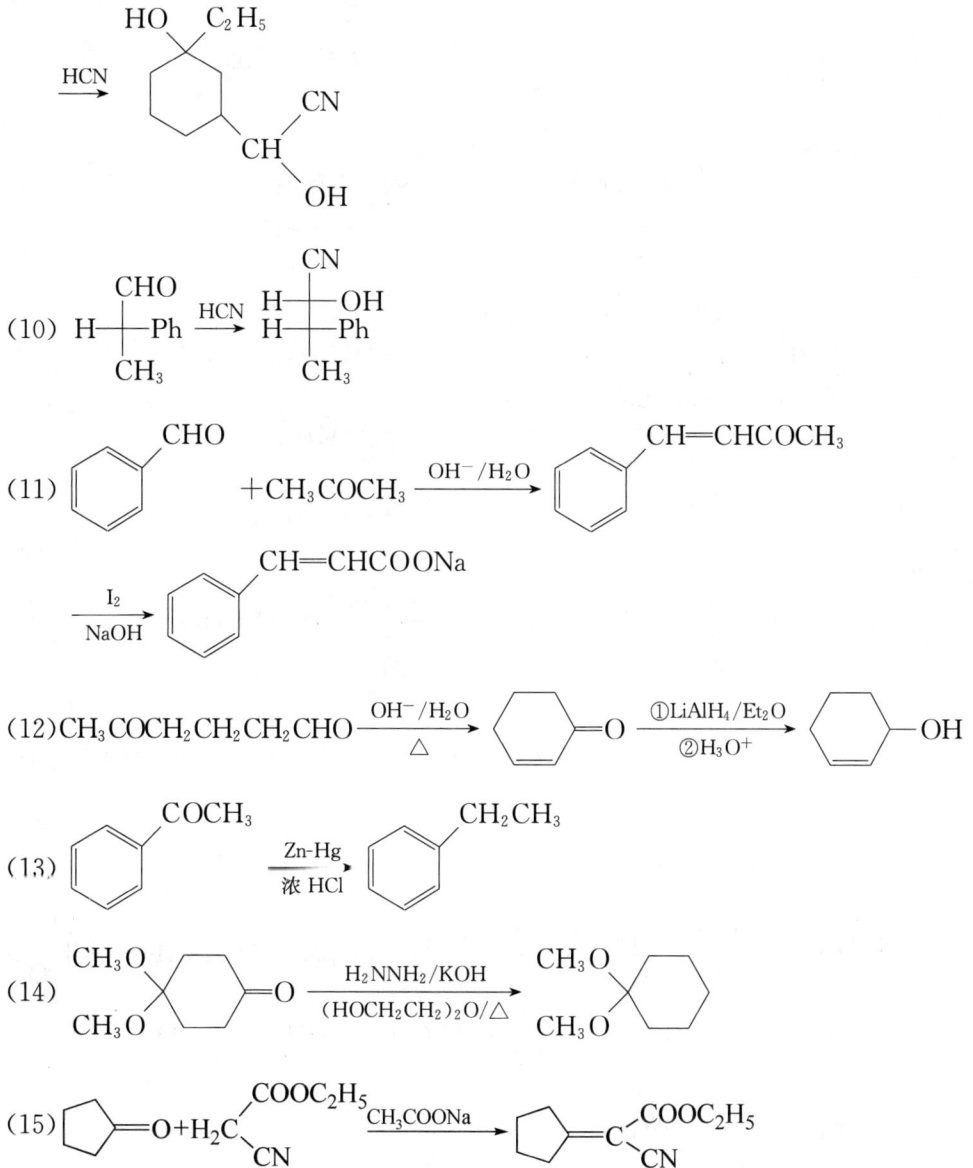

6.

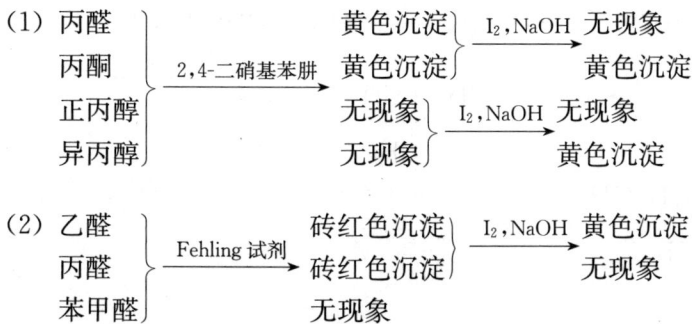

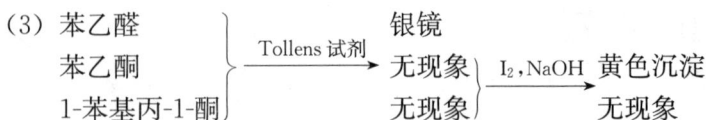

（3）苯乙醛 苯乙酮 1-苯基丙-1-酮 ⎬ Tollens 试剂 → 银镜 / 无现象 ⎬ I₂, NaOH → 黄色沉淀 / 无现象

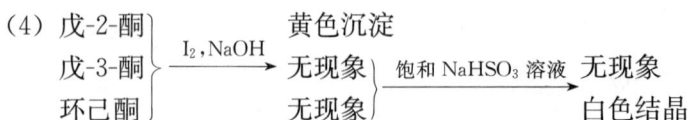

（4）戊-2-酮 戊-3-酮 环己酮 ⎬ I₂, NaOH → 黄色沉淀 / 无现象 ⎬ 饱和 NaHSO₃ 溶液 → 无现象 / 白色结晶

7.

能发生碘仿反应的有：(2),(4),(5),(7),(8)。

能与饱和 $NaHSO_3$ 溶液反应的有：(1),(6),(7),(8),(9),(10)。

能被 Fehling 试剂氧化的是：(1),(8),(9)。

能与羟胺作用生成肟的是：(1),(5),(6),(7),(8),(9),(10)。

8.

(1) B＞A＞C＞E＞D   (2) A＞B＞D＞C

9.

(1) $H_2C=CH_2$ $\xrightarrow[\text{②}H_2O]{\text{①}H_2SO_4}$ CH_3CH_2OH $\xrightarrow{CrO_3 \cdot (C_5H_5N)_2}$ CH_3CHO

$\downarrow$ HBr

CH_3CH_2Br $\xrightarrow{Mg, Et_2O}$ CH_3CH_2MgBr $\xrightarrow[\text{②}H_3O^+]{\text{①}CH_3CHO}$ $CH_3CHCH_2CH_3$ (OH)

$\xrightarrow{PBr_3}$ $CH_3CHCH_2CH_3$ (Br)

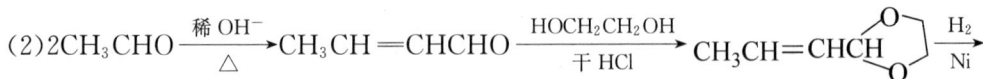

(2) $2CH_3CHO$ $\xrightarrow[\triangle]{\text{稀}OH^-}$ $CH_3CH=CHCHO$ $\xrightarrow[\text{干 HCl}]{HOCH_2CH_2OH}$ $CH_3CH=CHCH(OCH_2CH_2O)$ $\xrightarrow{H_2, Ni}$

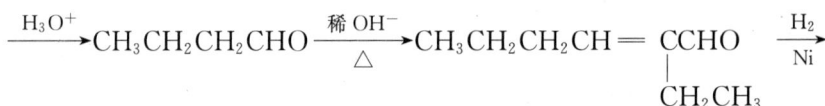

$\xrightarrow{H_3O^+}$ $CH_3CH_2CH_2CHO$ $\xrightarrow[\triangle]{\text{稀}OH^-}$ $CH_3CH_2CH_2CH=CCHO$ (CH₂CH₃) $\xrightarrow{H_2, Ni}$

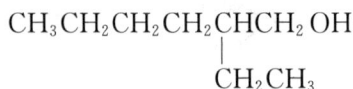

$CH_3CH_2CH_2CH_2CHCH_2OH$ (CH₂CH₃)

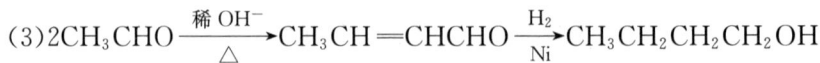

(3) $2CH_3CHO$ $\xrightarrow[\triangle]{\text{稀}OH^-}$ $CH_3CH=CHCHO$ $\xrightarrow{H_2, Ni}$ $CH_3CH_2CH_2CH_2OH$

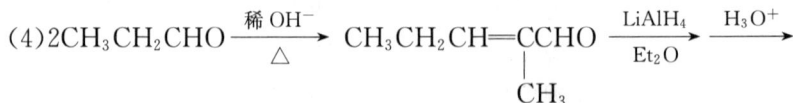

(4) $2CH_3CH_2CHO$ $\xrightarrow[\triangle]{\text{稀}OH^-}$ $CH_3CH_2CH=CCHO$ (CH₃) $\xrightarrow[Et_2O]{LiAlH_4}$ $\xrightarrow{H_3O^+}$

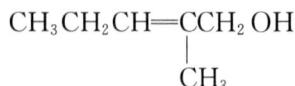

$CH_3CH_2CH=CCH_2OH$ (CH₃)

(5)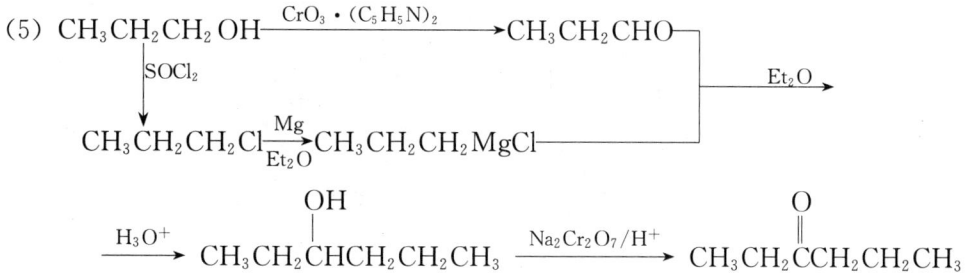

(6)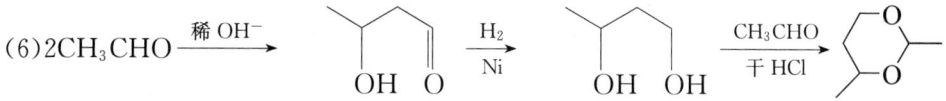

(7)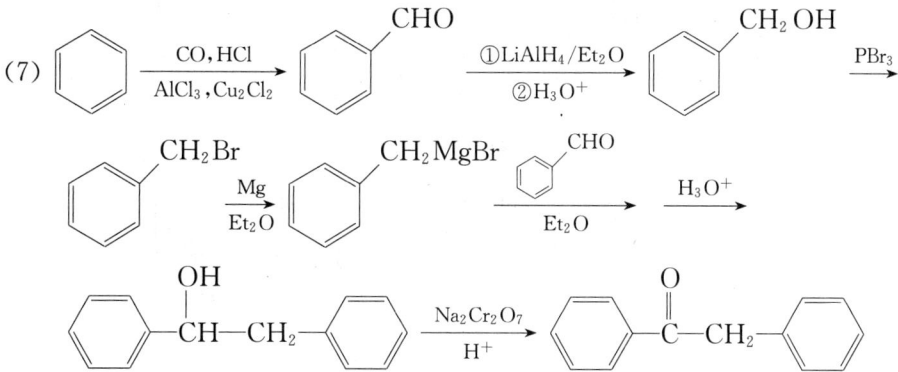

(8)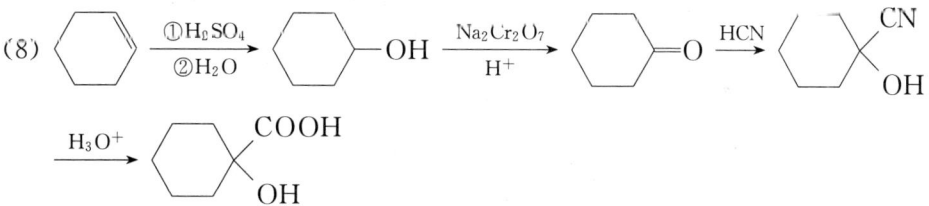

(9)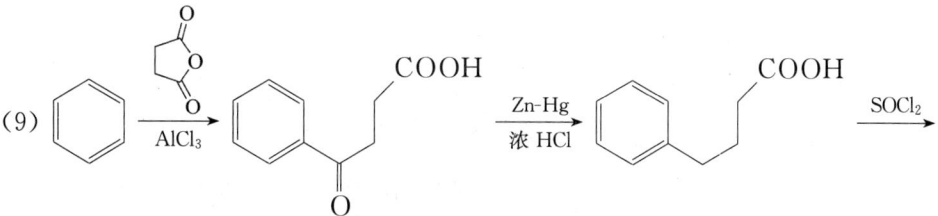

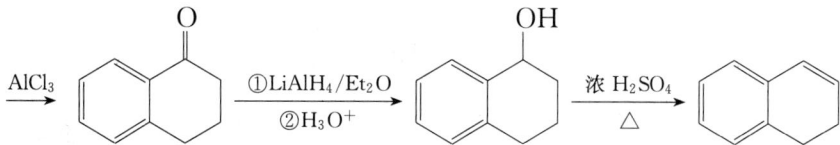

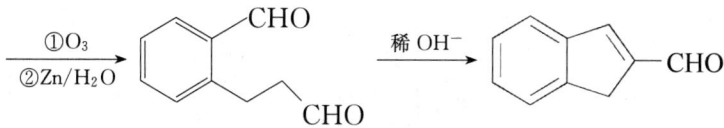

（10）

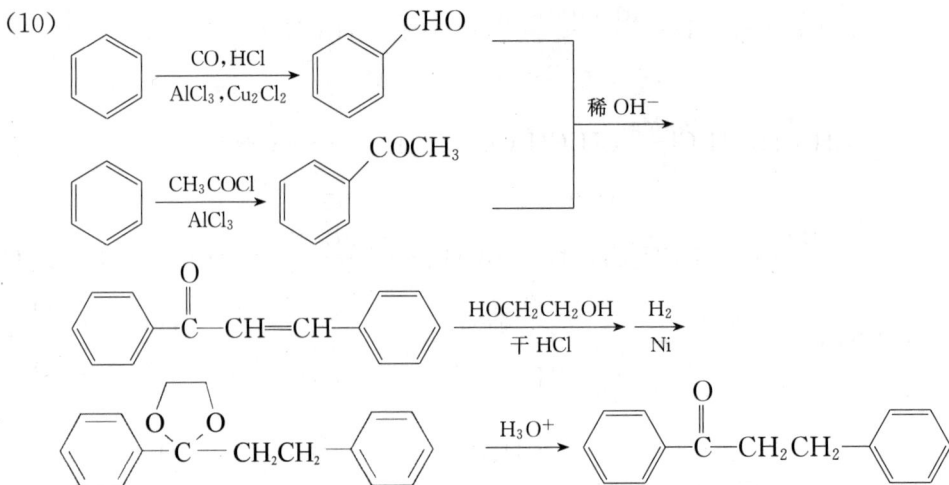

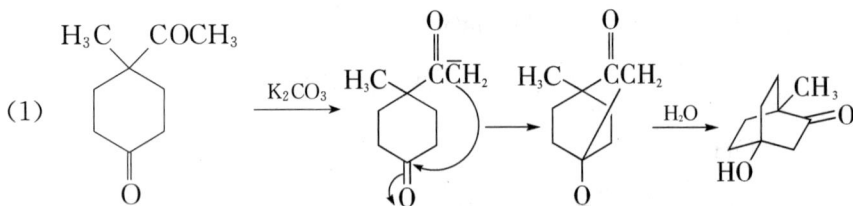

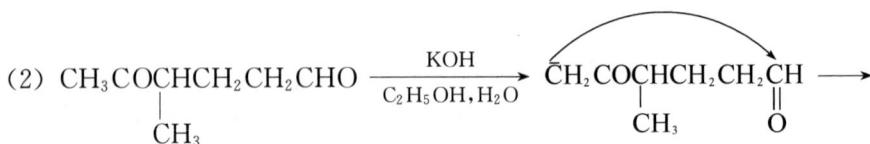

10.

（1）

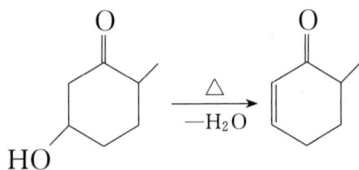

（2）

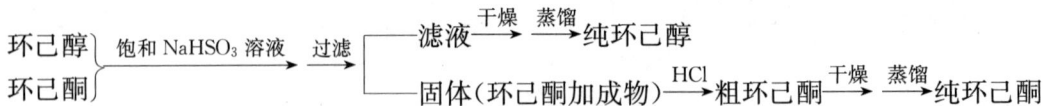

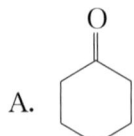

11.

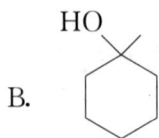

12.

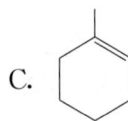

A.

B.

C.

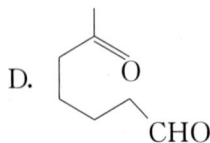

D.

E.

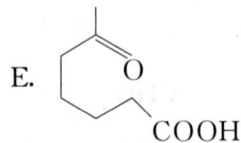

13.

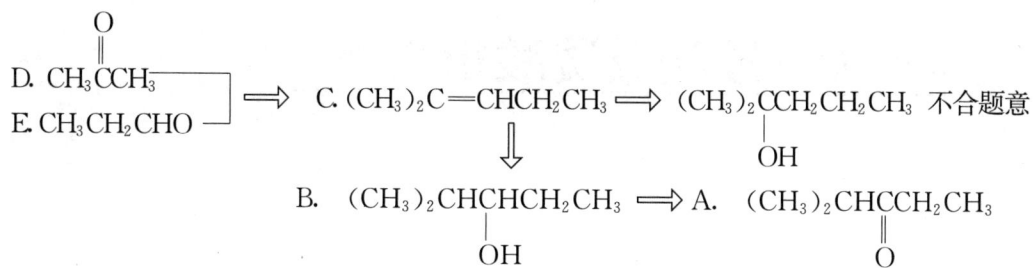

$$\text{D. } CH_3\overset{O}{\overset{\|}{C}}CH_3$$
$$\text{E. } CH_3CH_2CHO$$
$$\Longrightarrow \text{C. } (CH_3)_2C\!=\!CHCH_2CH_3 \Longrightarrow (CH_3)_2CCH_2CH_2CH_3 \quad 不合题意$$
$$\overset{|}{OH}$$

$$\Downarrow$$

$$\text{B. } (CH_3)_2CHCHCH_2CH_3 \Longrightarrow \text{A. } (CH_3)_2CHCCH_2CH_3$$
$$\overset{|}{OH} \qquad\qquad\qquad \overset{\|}{O}$$

14.

A. 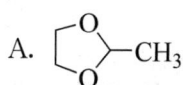—CH_3 B. CH_3CHO C. $HOCH_2CH_2OH$

15.

A.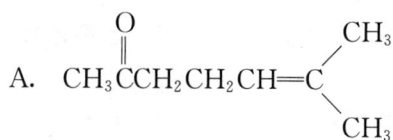

B.

第十二章　羧酸及羧酸衍生物 ▷▷▷▷

习　题

1. 单选题：

(1)下列物质中沸点最高的是：

  A. 乙醇　　　　　B. 乙酸　　　　　C. 乙醛　　　　　D. 甲酸

(2)在羧酸衍生物中，最容易水解的化合物是：

  A. 乙酸酐　　　　B. 乙酰氯　　　　C. 乙酰胺　　　　D. 乙酸乙酯

(3)己二酸加热分解所得到的产物是：

  A. 一元羧酸　　　B. 酸酐　　　　　C. 环酮　　　　　D. 内酯

(4)藜芦酸是存在于中药藜芦中的活性成分,结构式及分子模型图如下：

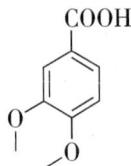

  则有关藜芦酸的说法正确的是：

  A. 藜芦酸是一种芳香酸

  B. 藜芦酸与藜芦酸分子之间不可以形成氢键

  C. 藜芦酸分子中所有的碳原子都采取四面体构型

  D. 藜芦酸分子中有两个手性碳原子

(5)下列化合物既有羧基又有醛基的是：

  A. 甲酸　　　　　B. 乙酸　　　　　C. 丙酸　　　　　D. 苯甲酸

(6)下列化合物不能作为酰化试剂的是：

  A. 乙酸　　　　　B. 乙酰氯　　　　C. 乙酸酐　　　　D. 乙酰胺

(7)与丙酸互为同分异构体,且能发生银镜反应的化合物是：

  A. 甲酰乙酸　　　B. 甲酸乙酯　　　C. 丙酮酸　　　　D. 乙酸甲酯

(8)下列化合物按酸性由强到弱排列的顺序是：

  ① $\underset{\underset{O}{\|}}{CH_3CCOOH}$ ② $\underset{\underset{OH}{|}}{CH_3CHCOOH}$ ③ $\underset{\underset{OH}{|}}{CH_2CH_2COOH}$

A. ①>②>③   B. ②>③>①   C. ①>③>②   D. ③>②>①

(9)下列芳香酸按酸性由强到弱排列的顺序是：

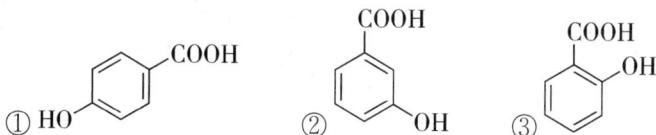

A. ①>②>③   B. ②>③>①   C. ①>③>②   D. ③>②>①

(10)β-丁酮酸受热分解生成丙酮,此反应属于：

     A. 酯化反应   B. 脱羧反应   C. 氧化反应   D. 还原反应

(11)甘油醛与 HCN 加成后再水解成羧酸,可能产生的立体异构体有：

     A. 2 个   B. 3 个   C. 4 个   D. 5 个

(12)乙酰乙酸乙酯能与羟胺生成沉淀,也能与 $FeCl_3$ 显色,其结构存在着：

     A. 构象异构体   B. 顺反异构体   C. 对映异构体   D. 互变异构体

(13)下列化合物不能使高锰酸钾褪色的是：

     A. 草酸   B. 蚁酸   C. 丙酮   D. 丙烯

(14)关于甲酸的性质表述错误的是：

     A. 甲酸具有还原性,能发生银镜反应

     B. 甲酸具有醛的结构,也有羧基的结构

     C. 甲酸也称为醋酸,是食用醋的主要成分

     D. 甲酸腐蚀性极强,也能使高锰酸钾褪色

(15)草酸在猪苓中含量很高,以下关于草酸的说法不正确的是：

     A. 草酸的酸性比甲酸弱   B. 草酸的酸性比苯酚强

     C. 草酸的酸性比水强   D. 草酸的酸性比醋酸强

(16)蛇床子素是存在于中药蛇床子的活性成分,结构式如下：

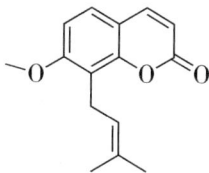

则关于蛇床子素的说法不正确的是：

A. 蛇床子素的结构很稳定

B. 蛇床子素在碱性条件下易发生水解开环

C. 蛇床子素可以看成是一种香豆素

D. 蛇床子素没有对映异构体

(17)下列化合物中属于不饱和脂肪酸的是：

     A. 油酸   B. 软脂酸   C. 硬脂酸   D. 花生酸

(18)油脂的碘值是一个重要参数,可以表示油脂哪方面的性质：

     A. 酸败程度   B. 平均相对分子量

     C. 不饱和程度   D. 水解活泼性

(19)油脂长期储存会产生异味而发生酸败,通过测定酸值可衡量:

     A. 不饱和程度   B. 平均分子量

     C. 游离脂肪酸含量   D. 低级醛或酮的含量

(20)对于日常所用的肥皂表述错误的是:

     A. 肥皂是高级脂肪酸的钠盐或钾盐

     B. 结构上一端是亲水基,一端是亲油基

     C. 能把油污分解成二氧化碳和水除去

     D. 肥皂在酸水中的去污能力会下降

2. 命名下列化合物:

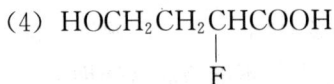

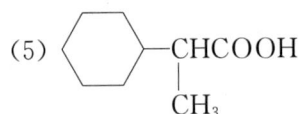

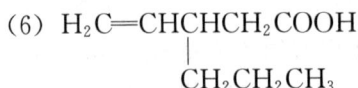

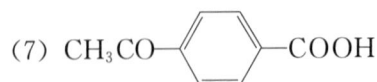

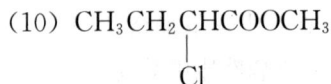

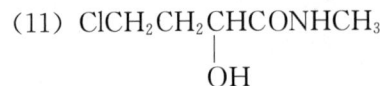

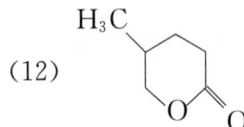

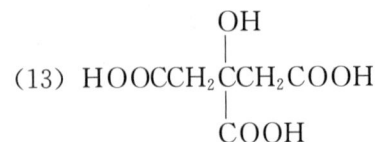

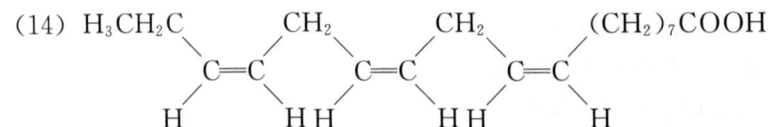

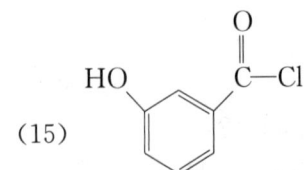

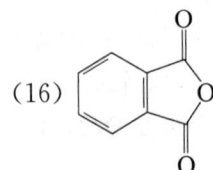

(1) $CH_3C(CH_3)_2COOH$

(2) $CH_3CH{=}CHCOOH$

(3) $BrCH_2CH_2CH_2COOH$

(4) $HOCH_2CH_2\underset{\underset{\displaystyle F}{|}}{CH}COOH$

(5) 环己基-$\underset{\underset{\displaystyle CH_3}{|}}{CH}COOH$

(6) $H_2C{=}CHCH\underset{\underset{\displaystyle CH_2CH_2CH_3}{|}}{}CH_2COOH$

(7) CH_3CO—⟨苯环⟩—$COOH$

(8) $CH_3CH_2COCH_2COOH$

(9) $(CH_3)_3CCH_2COCl$

(10) $CH_3CH_2\underset{\underset{\displaystyle Cl}{|}}{CH}COOCH_3$

(11) $ClCH_2CH_2\underset{\underset{\displaystyle OH}{|}}{CH}CONHCH_3$

(12) 含 H_3C 的六元内酯环（δ-内酯）

(13) $HOOCCH_2\underset{\overset{\displaystyle OH}{|}\underset{\displaystyle COOH}{|}}{C}CH_2COOH$

(14) $H_3CH_2C\overset{\displaystyle CH_2}{\underset{\displaystyle \quad}{}}\ \overset{\displaystyle CH_2}{\underset{\displaystyle \quad}{}}\ (CH_2)_7COOH$ （三个顺式双键的多烯酸结构）

(15) 间羟基苯甲酰氯 (结构: HO—⟨苯环⟩—$\overset{\overset{\displaystyle O}{\|}}{C}{-}Cl$)

(16) 邻苯二甲酸酐结构 (苯并呋喃二酮)

(17) $(CH_2)_4$ 带有 $CONH_2$（上）和 $CONH_2$（下）

(18) CH_3CHCOO—环己基, 带有 OH

(19) 苯环上连 O_2N 和 $C(=O)N(CH_3)_2$

(20) 萘环上连 CH_2COOH（上）和 CH_2COOH（下）

(21) 苯基—$CON(CH_3)_2$

(22) 六元环内酰胺，N 上连 CH_3

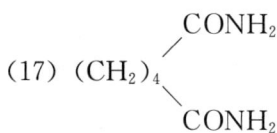

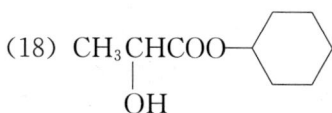

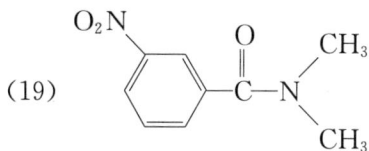

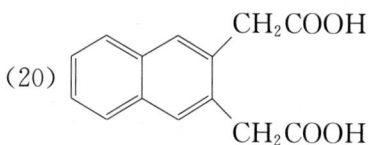

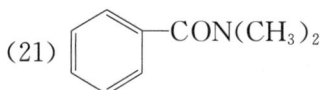

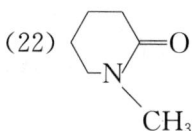

3. 写出苯甲酸与下列试剂反应的主要产物：

(1) NaOH (2) Na_2CO_3 (3) CaO

(4) NH_3, H_2O (5) $LiAlH_4$ (6) H_2, Ni, ~1MPa

(7) PCl_5 (8) $SOCl_2$ (9) Br_2, Fe

(10) HNO_3-H_2SO_4 (11) $H_2SO_4 \cdot SO_3$

4. 完成下列反应式：

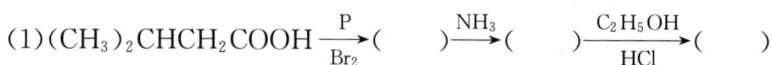

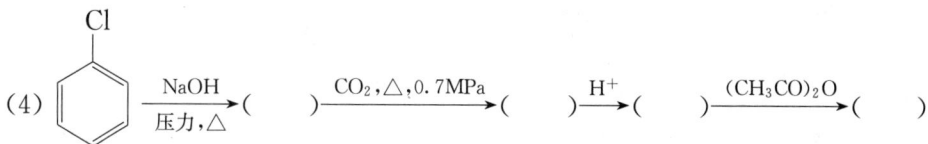

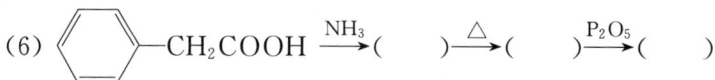

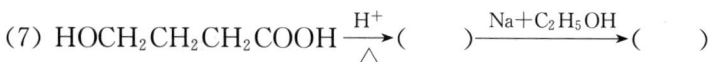

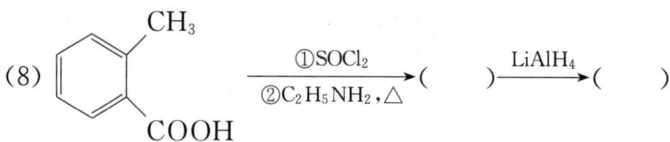

(1) $(CH_3)_2CHCH_2COOH \xrightarrow[Br_2]{P} ($ $) \xrightarrow{NH_3} ($ $) \xrightarrow[HCl]{C_2H_5OH} ($ $)$

(2) $H_2C{=}CH_2 \xrightarrow[②NaCN]{①Br_2} ($ $) \xrightarrow{H_2O, H^+} ($ $) \xrightarrow{300℃} ($ $)$

(3) $CH_3CH_2CH_2COOH \xrightarrow[Cl_2]{P} ($ $) \xrightarrow{H_2O, OH^-} ($ $) \xrightarrow{\triangle} ($ $)$

(4) 氯苯 $\xrightarrow[压力, \triangle]{NaOH} ($ $) \xrightarrow{CO_2, \triangle, 0.7MPa} ($ $) \xrightarrow{H^+} ($ $) \xrightarrow{(CH_3CO)_2O} ($ $)$

(5) O_2N—苯基—$COOH \xrightarrow[②NH_3, \triangle]{①SOCl_2} ($ $) \xrightarrow{Br_2, NaOH} ($ $)$

(6) 苯基—$CH_2COOH \xrightarrow{NH_3} ($ $) \xrightarrow{\triangle} ($ $) \xrightarrow{P_2O_5} ($ $)$

(7) $HOCH_2CH_2CH_2COOH \xrightarrow[\triangle]{H^+} ($ $) \xrightarrow{Na+C_2H_5OH} ($ $)$

(8) 邻甲基苯甲酸（苯环上连 CH_3 和 $COOH$） $\xrightarrow[②C_2H_5NH_2, \triangle]{①SOCl_2} ($ $) \xrightarrow{LiAlH_4} ($ $)$

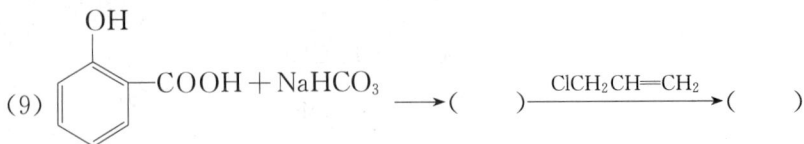

(9)

(10) $Cl_3C—COOH \xrightarrow{\triangle} ($ $)$

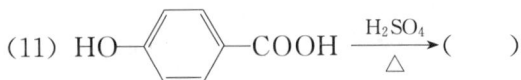

(11)

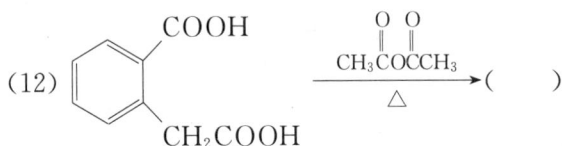

(12)

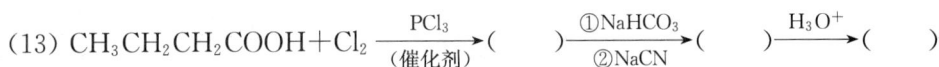

(13) $CH_3CH_2CH_2COOH + Cl_2 \xrightarrow[\text{(催化剂)}]{PCl_3} ($ $) \xrightarrow[\text{②NaCN}]{\text{①NaHCO}_3} ($ $) \xrightarrow{H_3O^+} ($ $)$

5. 解释下列实验数据：

(1)

	FCH₂COOH	ClCH₂COOH	BrCH₂COOH	ICH₂COOH
pK_a	2.66	2.86	2.90	3.18

(2)

	HC≡C—CH₂COOH	H₂C=CH—CH₂COOH	CH₃CH₂CH₂COOH
pK_a	3.32	4.35	4.82

(3)

	HCOOH	CH₃COOH	CH₃CH₂COOH	(CH₃)₃CCOOH
pK_a	3.77	4.74	4.88	5.05

(4)

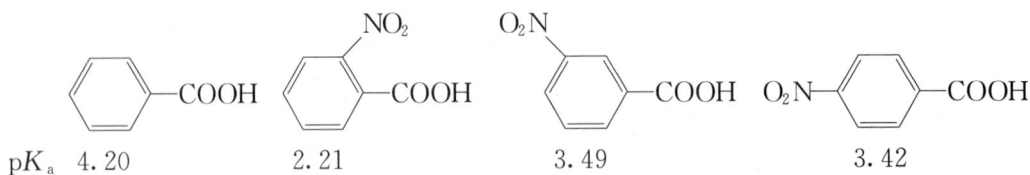

| pK_a | 4.20 | 2.21 | 3.49 | 3.42 |

(5)

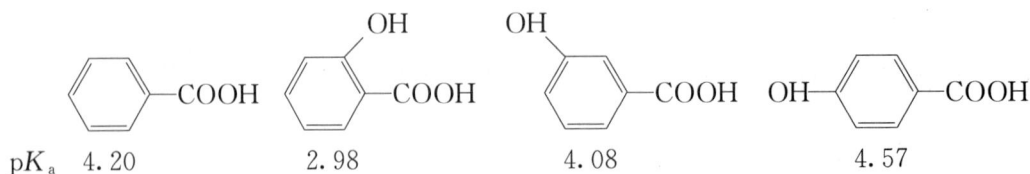

| pK_a | 4.20 | 2.98 | 4.08 | 4.57 |

(6)

pK_a　　　4.20　　　　　　2.92　　　　　　3.83　　　　　　3.97

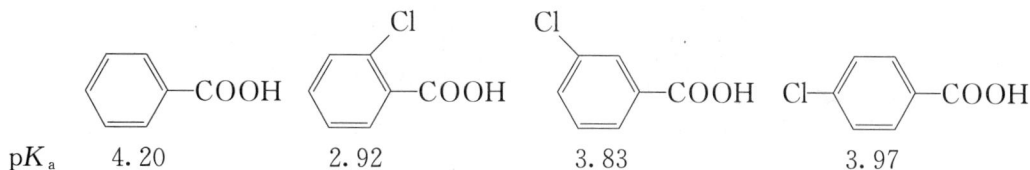

6. 用化学方法鉴别下列各组化合物：

(1)甲酸、乙酸、乙酸乙酯　　　　　　(2)甲酸、草酸、丙酸

7. 以苯、甲苯和三个碳以下的有机原料合成下列羧酸：

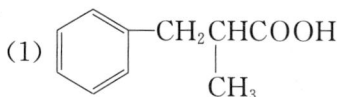

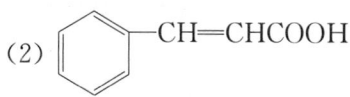

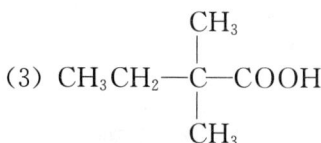

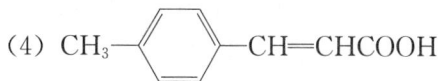

(1)

(2)

(3) $CH_3CH_2-\overset{\displaystyle CH_3}{\underset{\displaystyle CH_3}{C}}-COOH$

(4) CH_3-

$-CH=CHCOOH$

8. 由四个碳以下的有机原料合成下列化合物：

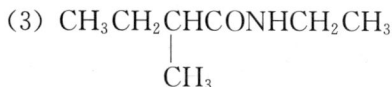

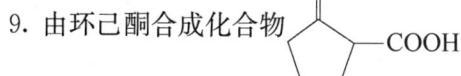

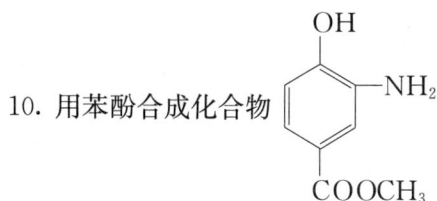

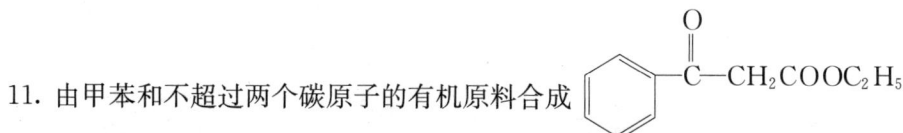

(1) $CH_3CH_2CH_2COOCH_2CH_2CH_3$

(2) $(CH_3)_2CHCH_2N(C_2H_5)_2$

(3) $CH_3CH_2\underset{\displaystyle CH_3}{CHCONHCH_2CH_3}$

(4) $(CH_3)_2\underset{\displaystyle CH_2CH_3}{CCOOCH_2CH_2CH_3}$

9. 由环己酮合成化合物

10. 用苯酚合成化合物

11. 由甲苯和不超过两个碳原子的有机原料合成

12. 聚乙烯醇是一个重要的工业原料，以乙酸为原料设计一条合成聚乙烯醇的路线。

13. 完成下列反应式，并为下述反应提出合理的反应机理。

(1)

$$\xrightarrow{\text{H}_2\text{SO}_4}$$

(2)

$$\xrightarrow{\text{浓 H}_2\text{SO}_4}$$

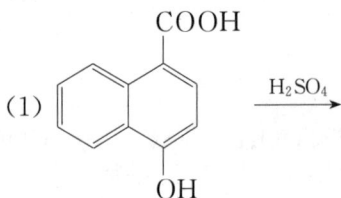

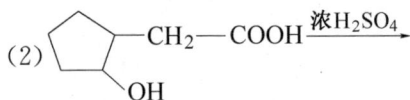

14. 请为下述反应提出合理的反应机理,简述实验操作顺序,并简单说明理由。

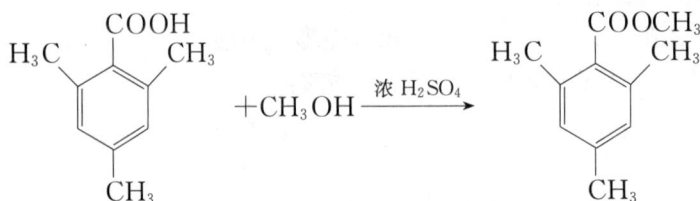

$$+\text{CH}_3\text{OH} \xrightarrow{\text{浓 H}_2\text{SO}_4}$$

15. 化合物 A($C_5H_6O_3$)与乙醇作用得到两个异构体 B、C,B 和 C 都溶于 $NaHCO_3$ 溶液,二者分别与 $SOCl_2$ 作用后再加入乙醇,得到同一化合物 D。试推测 A、B、C、D 的结构式。

16. 蜜蜂的蜂王浆可按如下方法合成:酮 A($C_7H_{12}O$)用甲基碘化镁处理后,水解生成醇 B($C_8H_{16}O$),B 经脱水成为烯烃 C(C_8H_{14}),C 经臭氧氧化然后还原水解得到化合物 D($C_8H_{14}O_2$)。D 与丙二酸二乙酯在碱中反应得到一个产物,此产物经热酸水解得到蜂王浆 E($C_{10}H_{16}O_3$)。E 经催化氢化得到酮酸 F($C_{10}H_{18}O_3$)。F 与碘在 NaOH 中反应后得到碘仿和壬二酸。试写出 A~F 的结构。

17. 化合物 A 分子式为 $C_4H_{11}NO_2$,溶于水,不溶于乙醚,加热后失水得 B,B 和氢氧化钠水溶液煮沸,放出具有刺激性气味的气体,残余物酸化后得到酸性物质 C,C 与氢化铝锂(AlLiH$_4$)作用后得到的物质再与浓硫酸反应,得到烯烃 D(相对分子质量 56),D 经臭氧氧化后还原水解,得到一个酮 E 和一个醛 F。试推测 A~F 的结构。

参考答案

1.

(1)B (2)B (3)C (4)A (5)A (6)D (7)B (8)A (9)D (10)B (11)C
(12)D (13)C (14)C (15)A (16)A (17)A (18)C (19)C (20)C

2.

(1)2,2-二甲基丙酸

(2)丁-2-烯酸

(3)γ-溴丁酸

(4)2-氟-4-羟基丁酸

(5)2-环己基丙酸

(6)3-乙烯基己酸

(7)4-乙酰基苯甲酸

(8)3-氧亚戊酸

(9)3,3-二甲基丁酰氯

(10)α-氯代丁酸甲酯

(11)4-氯-2-羟基-N-甲基丁酰胺

(12)4-甲基戊-5-内酯(或 γ-甲基-δ-戊内酯)

(13)2-羟基丙烷-1,2,3-三甲酸

(14)(9Z,12Z,15Z)十八碳-9,12,15-三烯酸

(15)间羟基苯甲酰氯

(16)邻苯二甲酸酐

(17)己二酰胺

(18)2-羟基丙酸环己酯

(19)N,N-二甲基-3-硝基苯甲酰胺

(20)萘-2,3-二乙酸

(21)N,N-二甲基苯甲酰胺

(22)N-甲基戊-δ-内酰胺

3.

(1)C_6H_5COONa

(2)C_6H_5COONa

(3)$(C_6H_5COO)_2Ca$

(4)$C_6H_5COONH_4$

(5)$C_6H_5CH_2OH$

(6)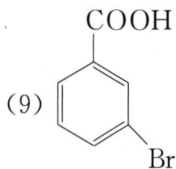

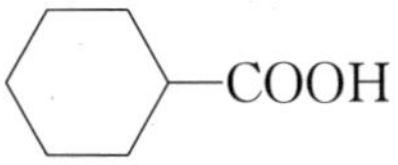

(7)C_6H_5COCl

(8)C_6H_5COCl

(9)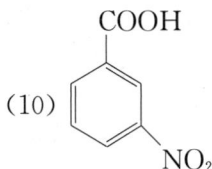

(10)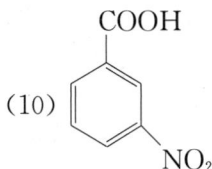

(11)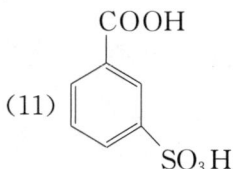

4.

(1) $(CH_3)_2CHCHCOOH$、 $(CH_3)_2CHCHCOOH$、 $(CH_3)_2CHCHCOOH$

          | | |
          Br NH_2 $NH_2 \cdot HCl$

(2) $NCCH_2CH_2CN$、
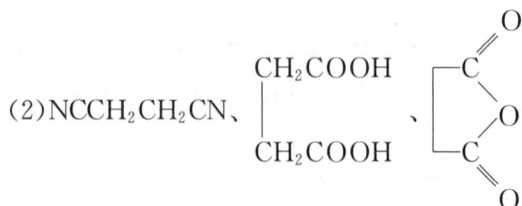

(3) $CH_3CH_2CHCOOH$、 $CH_3CH_2CHCOOH$、
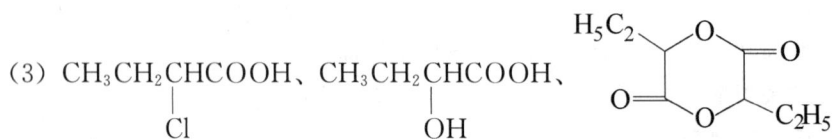

(4)
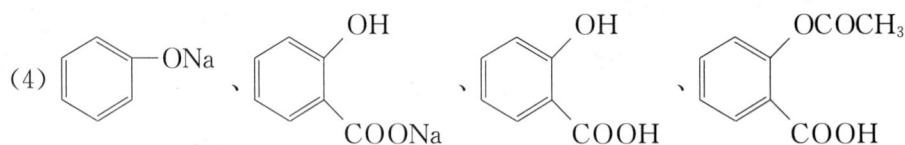

(5) O_2N—⟨⟩—$CONH_2$、 O_2N—⟨⟩—NH_2

(6)
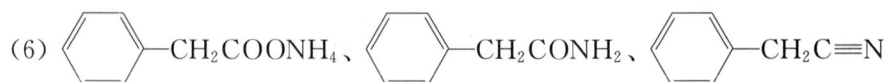

(7)
、 $HOCH_2CH_2CH_2CH_2OH$

(8)
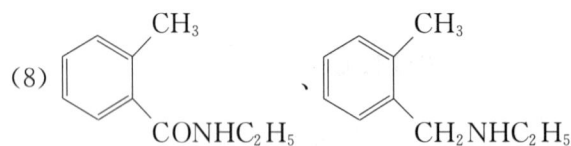

(9)
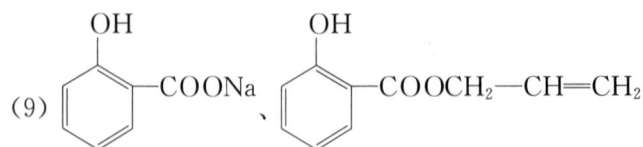

(10) $CHCl_3$

(11) HO—
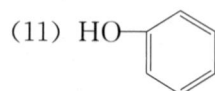

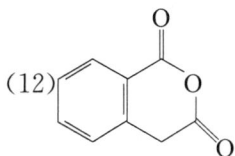

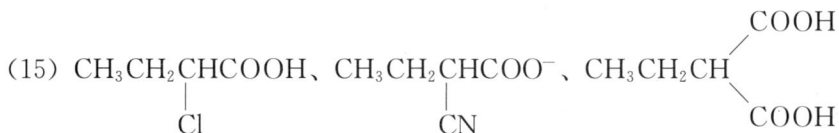

(12)

(15) $CH_3CH_2CHCOOH$、$CH_3CH_2CHCOO^-$、$CH_3CH_2CH\begin{smallmatrix}COOH\\COOH\end{smallmatrix}$
  $\quad\quad\quad\;\;Cl\quad\quad\quad\quad\quad\quad\quad\;\;CN$

5.

(1)同族元素的原子吸电子诱导效应随原子序数的增大而降低。吸电子诱导效应使羧酸的酸性增强,吸电子诱导效应越强,取代羧酸的酸性也越强。

(2)不同的杂化态,s 成分越多,吸电子能力越强。

(3)烷基具有供电子的诱导效应和供电子的超共轭效应,且反电子能力为:—CH_3＜CH_3CH_2—＜$(CH_3)_3C$—,故当甲酸中的 H 被烷基取代后,酸性逐渐减弱。

(4)硝基具有吸电子诱导效应和吸电子共轭效应,所以硝基苯甲酸的酸性均比苯甲酸强。硝基的吸电子诱导效应邻位＞间位＞对位,吸电子共轭效应邻、对位＞间位。另外,—NO_2 与—COOH 处于邻位时,需考虑邻位效应。综合以上因素,酸性顺序为邻位＞对位＞间位。

(5)羟基具有吸电子诱导效应和供电子共轭效应。对位,供电子共轭效应＞吸电子诱导效应,所以,对羟基苯甲酸的酸性比苯甲酸弱;间位,吸电子诱导效应＞供电子共轭效应,所以,间羟基苯甲酸的酸性比苯甲酸强;邻位的吸电子诱导效应最强,此外,还有氢键的吸电子作用,两种吸电子效应比供电子共轭效应大得多,所以,邻羟基苯甲酸酸性最强。

(6)氯原子具有吸电子诱导效应和供电子共轭效应。吸电子诱导效应＞供电子共轭效应,所以,氯代苯甲酸的酸性比苯甲酸强。邻位的吸电子诱导效应最强,此外,还有邻位效应,供电子共轭效应较弱,所以,邻氯苯甲酸酸性最强;间位,吸电子诱导效应居中,但供电子共轭效应最弱,所以,间氯苯甲酸的酸性居中;对位的吸电子诱导效应进一步降低,供电子共轭效应比间位大,因此酸性较弱。

6.

（1）

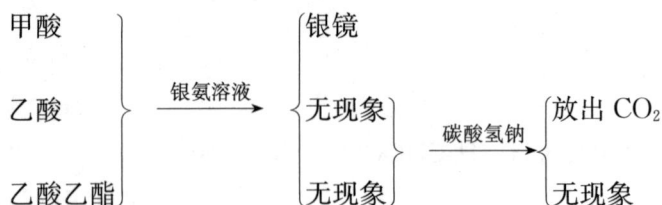

（2）

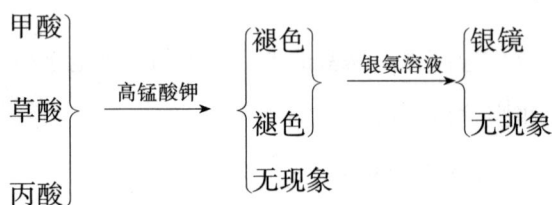

7.

（1）

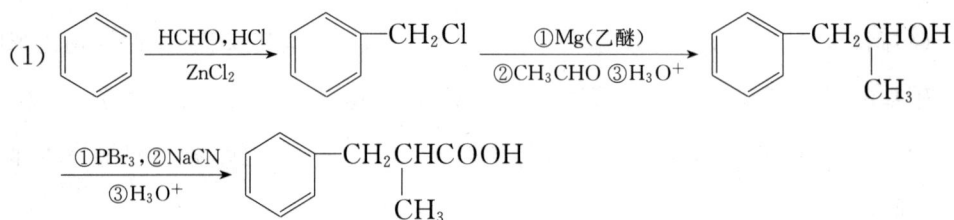

（2）

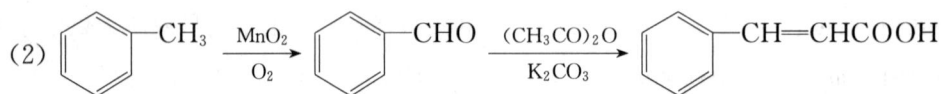

（3）CH₃CH₂Br

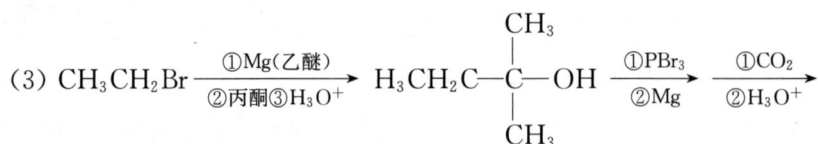

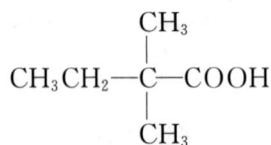

（4）

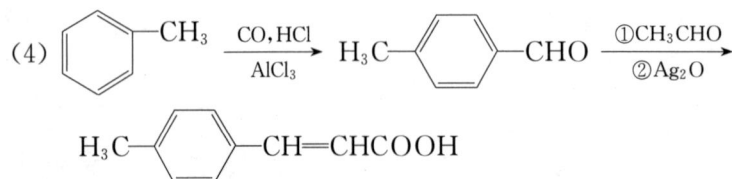

8. 由四个碳以下的有机原料合成下列化合物：

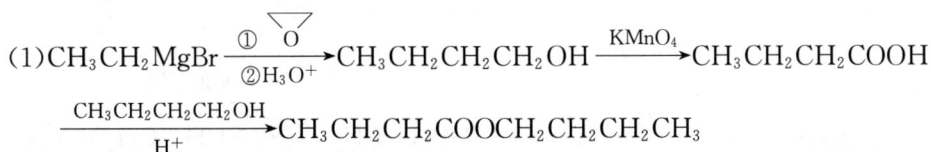

$$(1) CH_3CH_2MgBr \xrightarrow[\text{②}H_3O^+]{\text{①} \triangle O} CH_3CH_2CH_2CH_2OH \xrightarrow{KMnO_4} CH_3CH_2CH_2COOH$$

$$\xrightarrow[H^+]{CH_3CH_2CH_2CH_2OH} CH_3CH_2CH_2COOCH_2CH_2CH_2CH_3$$

$$(2) (CH_3)_2CHMgBr \xrightarrow[\text{②}H_3O^+]{\text{①}CO_2} (CH_3)_2CHCOOH \xrightarrow[\text{②}LiAlH_4]{\text{①}(C_2H_5)_2NH} (CH_3)_2CHCH_2N(C_2H_5)_2$$

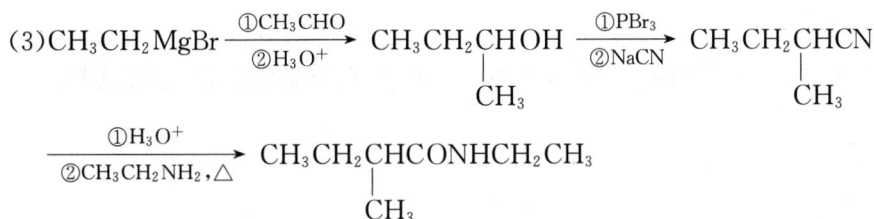

$$(3) CH_3CH_2MgBr \xrightarrow[\text{②}H_3O^+]{\text{①}CH_3CHO} \underset{\underset{CH_3}{|}}{CH_3CH_2CHOH} \xrightarrow[\text{②}NaCN]{\text{①}PBr_3} \underset{\underset{CH_3}{|}}{CH_3CH_2CHCN}$$

$$\xrightarrow[\text{②}CH_3CH_2NH_2, \triangle]{\text{①}H_3O^+} \underset{\underset{CH_3}{|}}{CH_3CH_2CHCONHCH_2CH_3}$$

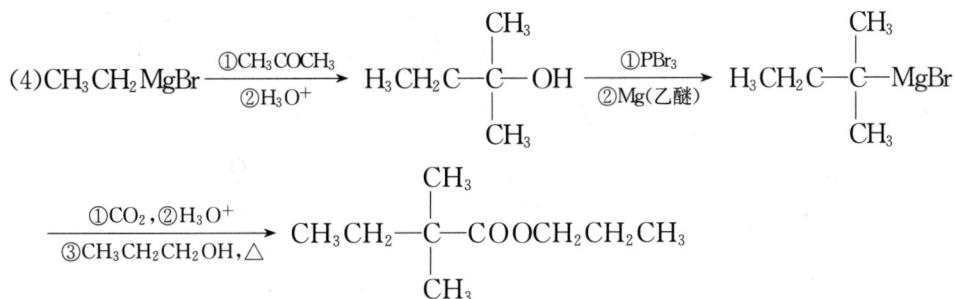

$$(4) CH_3CH_2MgBr \xrightarrow[\text{②}H_3O^+]{\text{①}CH_3COCH_3} \underset{\underset{CH_3}{|}}{\overset{\overset{CH_3}{|}}{H_3CH_2C-C-OH}} \xrightarrow[\text{②}Mg(\text{乙醚})]{\text{①}PBr_3} \underset{\underset{CH_3}{|}}{\overset{\overset{CH_3}{|}}{H_3CH_2C-C-MgBr}}$$

$$\xrightarrow[\text{③}CH_3CH_2CH_2OH, \triangle]{\text{①}CO_2, \text{②}H_3O^+} \underset{\underset{CH_3}{|}}{\overset{\overset{CH_3}{|}}{CH_3CH_2-C-COOCH_2CH_2CH_3}}$$

9.

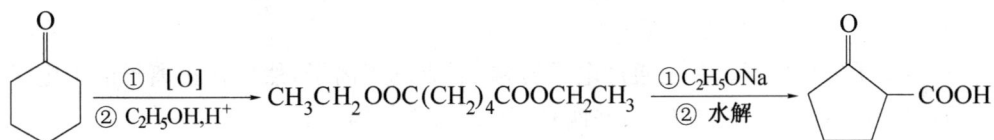

10.

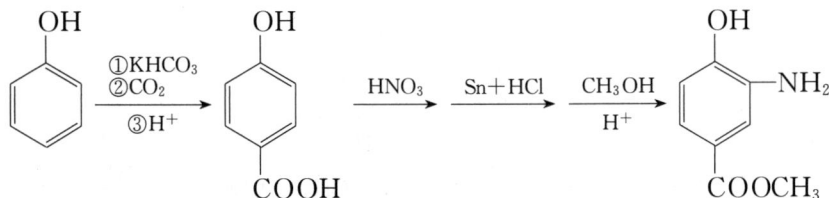

11.

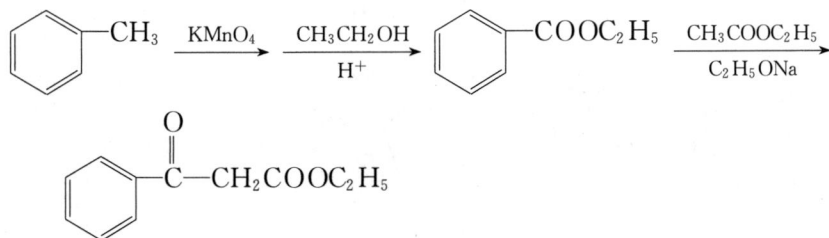

12.

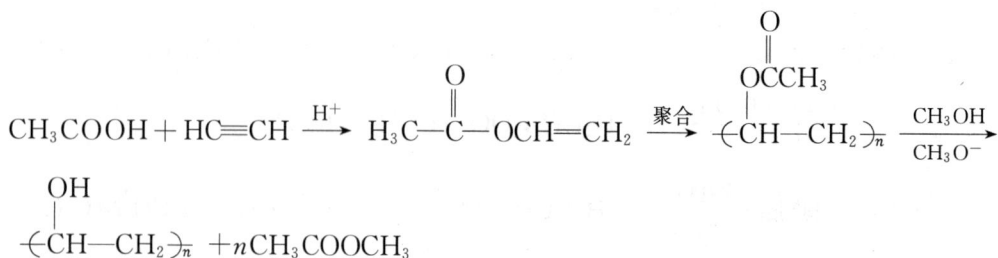

说明:乙烯醇是不稳定的,极易转变为它的互变异构体乙醛,所以制备聚乙烯醇不能以乙烯醇为单体,而是以乙酸乙烯酯为单体,聚合后再利用酯交换反应转变为聚乙烯醇。

13.

(1)产物:

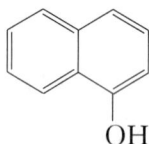

机理:

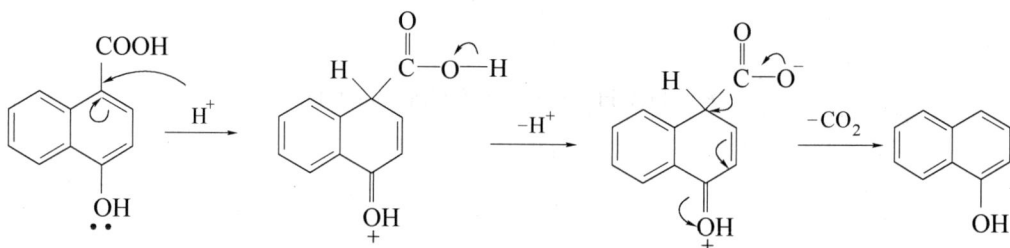

负离子失羧机理。首先通过电子转移,形成氧正离子,然后在正离子的吸电子作用下,羧酸电离,羧酸根离子失羧,并恢复萘环的芳香结构。

(2)产物:

机理:

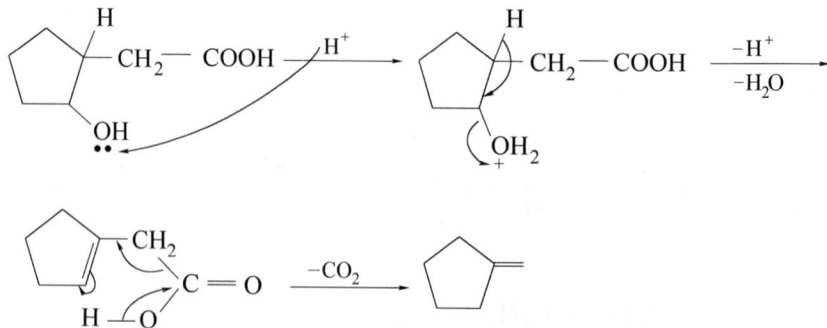

脱羧反应是通过六元环过渡态,首先是醇羟基形成镁盐,然后失水成烯,β,γ-不饱和烯酸经六元环过渡态失羧。

14.

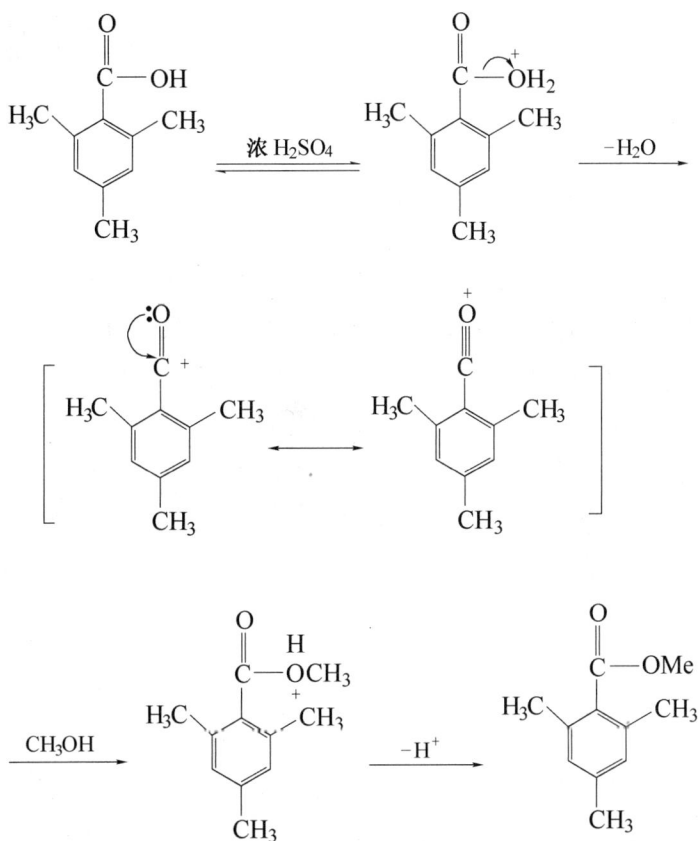

该成酯反应是按酰基正碳离子反应机理进行的。先将浓硫酸和羧酸混合,然后将混合液倒入相应的醇中。

15.

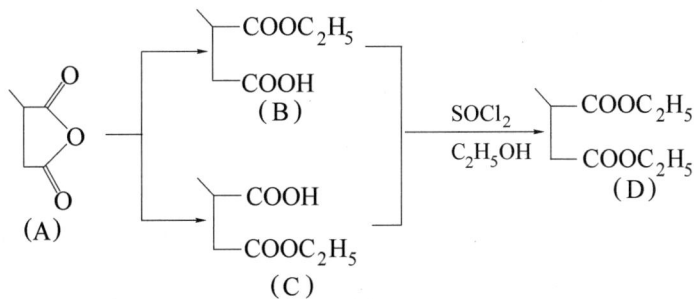

16.

F 的信息最明确,故首先确定 F 的结构。

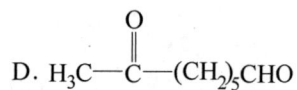

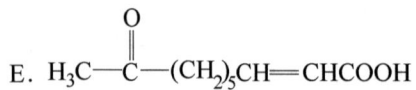

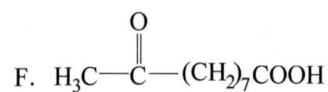

A.

B.

C.

D. $H_3C-\overset{\overset{\displaystyle O}{\|}}{C}-(CH_2)_5CHO$

E. $H_3C-\overset{\overset{\displaystyle O}{\|}}{C}-(CH_2)_5CH=CHCOOH$

F. $H_3C-\overset{\overset{\displaystyle O}{\|}}{C}-(CH_2)_7COOH$

17.

A. $(CH_3)_2CHCOONH_4$　　　　B. $(CH_3)_2CHCONH_2$

C. $(CH_3)_2CHCOOH$　　　　　D. $(CH_3)_2C=CH_2$

E. CH_3COCH_3　　　　　　　F. $HCHO$

第十三章　取代羧酸 ▷▷▷▷

习　题

1. 用系统命名法命名下列化合物：

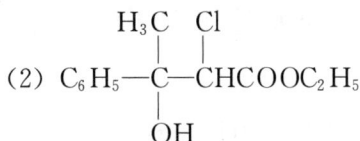

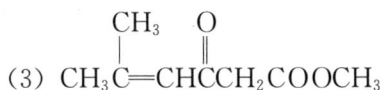

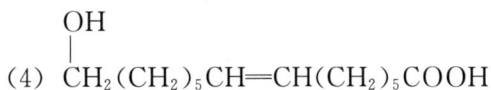

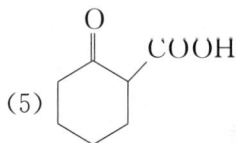

(1) $CH_3CHCH_2CHCOOH$ （上标 CH_3、Br）

(2) $C_6H_5-C-CHCOOC_2H_5$ （上 H_3C、Cl，下 OH）

(3) $CH_3C=CHCH_2COOCH_3$ （上 CH_3、O）

(4) $CH_2(CH_2)_5CH=CH(CH_2)_5COOH$ （上 OH）

(5)

(6) $CH_3COCH_2CH_2COOCH_3$

2. 写出乙酰乙酸乙酯与下列试剂反应的主要产物：

(1) Br_2/CCl_4

(2) 40%NaOH(浓碱)，△

(3) 5%NaOH，△

(4) 2,4-二硝基苯肼

(5) $FeCl_3$

(6) 饱和 $NaHSO_3/H_2O$

(7) $NaOC_2H_5/C_2H_5OH$，CH_3Cl

(8) $NaOC_2H_5/C_2H_5OH$，CH_3COCl

(9) $NaOH+I_2$

(10) $NaOC_2H_5$

(11) $NaOC_2H_5/C_2H_5OH$，$CH_3CHClCOOC_2H_5$

(12) $NaOC_2H_5/C_2H_5OH$，CH_3COCH_2Cl

3. 写出下列反应的主要产物：

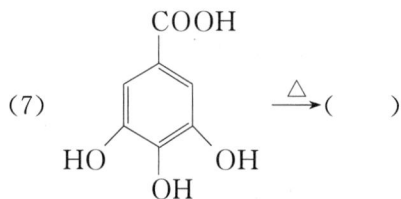

(1) $\underset{\overset{|}{Cl}}{CH_3CH_2CHCOOH} + H_2O \longrightarrow$ (　　)

(2) $\underset{\overset{|}{OH}}{CH_3CHCH_2}\underset{\overset{|}{CH_3}}{CHCH_2COOH} \xrightarrow{\triangle}$ (　　)

(3) $CH_3COCH_2COOH \xrightarrow{\triangle}$ (　　)

(4) $\underset{\overset{\|}{O}}{CH_3CCH_3} + \underset{\overset{|}{Br}}{CH_3CHCO_2C_2H_5} \xrightarrow{Zn} \xrightarrow{H_2O}$ (　　)

(5) $\underset{\overset{|}{Br}}{CH_3CHCH_2CH_2COOH} \xrightarrow[\triangle]{Na_2CO_3/H_2O}$ (　　)

(6) $\underset{\overset{|}{OH}}{CH_3CHCOOH} \xrightarrow{\triangle}$ (　　)

(7)

$\xrightarrow{\triangle}$ (　　)

4. 用化学方法鉴别下列各组化合物：

(1) 乙酰乙酸乙酯、丙二酸二乙酯、丙烯酸乙酯、3-氯丙酸乙酯

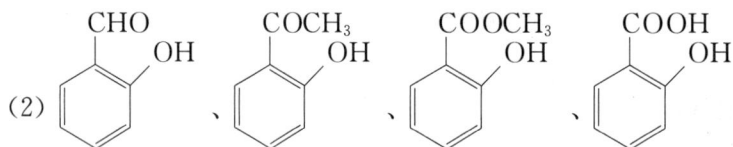

(2)

5. 化合物 $A(C_6H_{10}O_3)$能溶于冷而稀的氢氧化钠水溶液，能使溴水褪色，与三氯化铁显紫色，与稀氢氧化钠共热得到 $B(C_4H_6O_3)$ 和 $C(C_2H_6O)$，B 和 C 都能发生碘仿反应。试推测 A、B、C 的可能结构。

6. 化合物 $A(C_6H_{10}O_2)$ 与碘和氢氧化钾水溶液反应生成碘仿，反应后的溶液经酸化后得到 $B(C_5H_8O_3)$，B 很容易脱羧生成 $C(C_4H_8O)$，C 也能发生碘仿反应生成丙酸。试推测 A、B、C 结构。

7. 化合物 $A(C_{13}H_{16}O_3)$ 能使溴水褪色，与 $FeCl_3$ 水溶液反应生成紫色物质，在稀而冷的 NaOH 溶液中溶解。A 与 40% NaOH 水溶液共热后酸化并加以分离，得到三个化合物 $B(C_8H_8O_2)$、$C(C_2H_4O_2)$、$D(C_3H_8O)$。B 和 C 能溶于冷的 NaOH 水溶液和 $NaHCO_3$

水溶液，B经热的高锰酸钾氧化生成苯甲酸。D遇金属钠生成可燃气体，与卢卡斯试剂的混合物在室温下放置不浑浊分层，只有加热才浑浊分层。试推测 A～D 的结构式。

8. 利用乙酰乙酸乙酯或丙二酸二乙酯及必要的其他试剂合成下列化合物：

(1) $\underset{\substack{\| \\ O}}{CH_3C}-\underset{\substack{| \\ CH_2CH_2CH_3}}{CH}CH_2CH_2CH_3$

(2) $CH_3CH_2\underset{\substack{| \\ OH}}{CH}COOH$

(3) $CH_3\underset{\substack{\| \\ O}}{C}CH_2\underset{\substack{\| \\ O}}{C}Ph$

(4) $CH_3\underset{\substack{| \\ OH}}{CH}CH_2CH_2COOH$

(5)

9. 以乙酰乙酸乙酯为原料合成下列化合物：

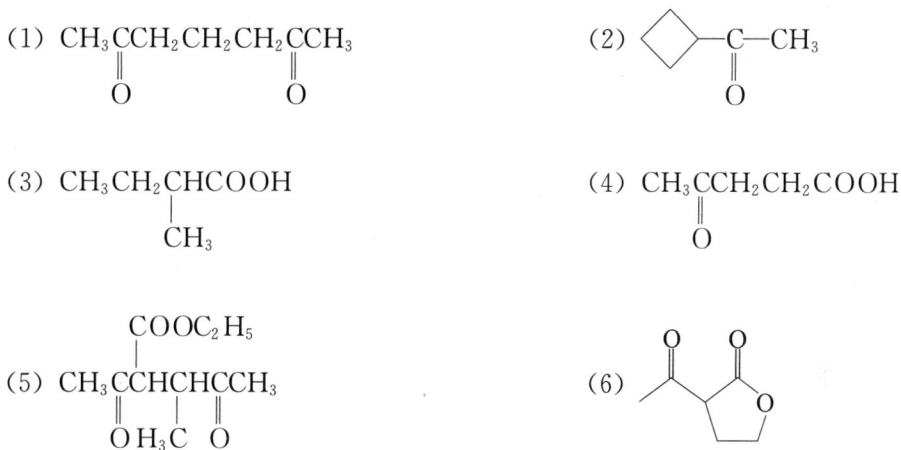

(1) $CH_3\underset{\substack{\| \\ O}}{C}CH_2CH_2CH_2\underset{\substack{\| \\ O}}{C}CH_3$

(2)

(3) $CH_3CH_2\underset{\substack{| \\ CH_3}}{CH}COOH$

(4) $CH_3\underset{\substack{\| \\ O}}{C}CH_2CH_2COOH$

(5) $CH_3\underset{\substack{| \\ OH}}{C}CH\underset{\substack{| \\ H_3C}}{CH}\underset{\substack{\| \\ O}}{C}CH_3$ 带 $COOC_2H_5$

(6)

10. 以丙二酸二乙酯为原料合成下列化合物：

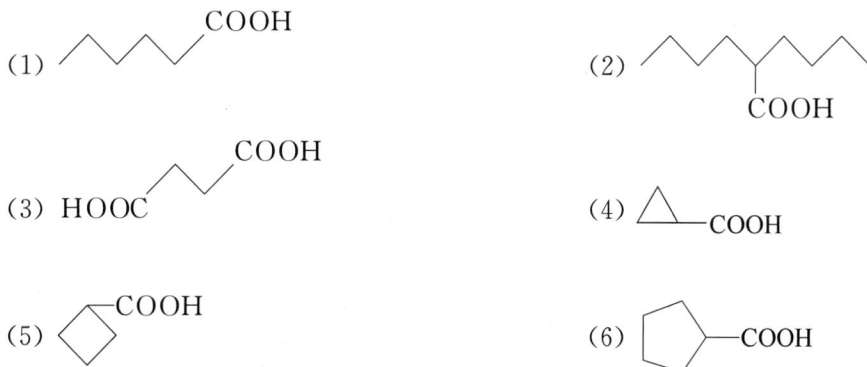

(1)

(2)

(3) HOOC—COOH

(4)

(5)

(6)

(7)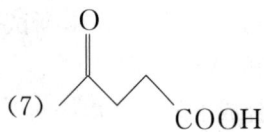

(8)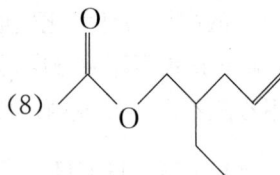

11. 丙二酸二乙酯的甲醇溶液，加入甲醇钠后再与环氧乙烷作用将得到什么产物？请写出反应的详细过程。

参考答案

1.

(1)2-溴-4-甲基戊酸

(2)2-氯-3-羟基-3-苯基丁酸乙酯

(3)5-甲基己-4-烯-3-酮酸甲酯

(4)ω-羟基十四碳-7-烯酸

(5)2-氧亚环己基甲酸

(6)4-氧亚戊酸甲酯

2.

(1)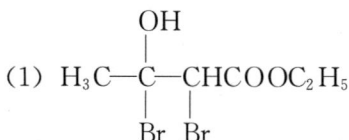

(2) $CH_3COONa + C_2H_5OH$

(3) CH_3COCH_2COONa

(4)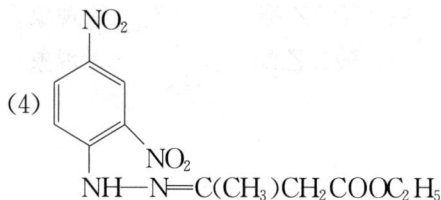

(5) $\left[\begin{array}{c} O^- \\ | \\ Fe(CH_3C{=}CHCOOC_2H_5)_6 \end{array}\right]^{3-}$

(6) $CH_3C(OH)CH_2COOC_2H_5$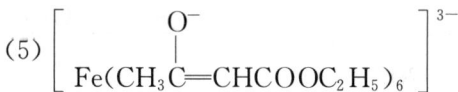
$\qquad\quad\ SO_3Na$

(7) $CH_3COCHCOOC_2H_5$
$\qquad\quad |$
$\qquad\quad CH_3$

(8) $CH_3COCHCOOC_2H_5$
$\qquad\quad |$
$\qquad\quad COCH_3$

(9) $NaOOCCH_2COOC_2H_5 + CHI_3$

(10) $\left[CH_3COCHCOOC_2H_5\right]^- Na^+$

(11) $CH_3COCHCOOC_2H_5$
$\qquad CH_3CHCOOC_2H_5$

(12) $CH_3COCHCOOC_2H_5$
$\qquad\qquad |$
$\qquad\qquad CH_2COCH_3$

3.

(1) $CH_3CH_2CHCOOH$
$\qquad\qquad\quad |$
$\qquad\qquad\quad OH$

(2)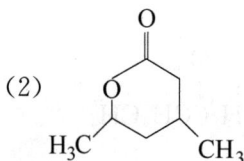

(3) $CH_3COCH_3 + CO_2$

(4) $(CH_3)_2C{=}C(CH_3)COOC_2H_5$

(5)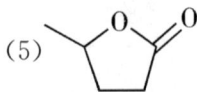

(6)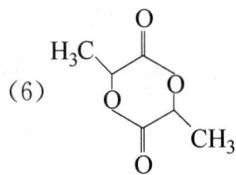

(7)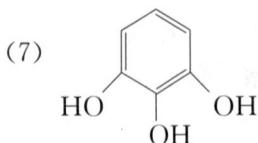

4.
(1)

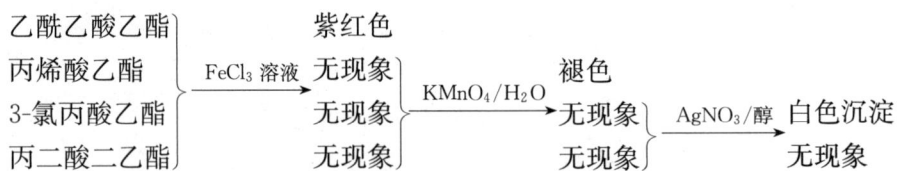

乙酰乙酸乙酯 ⎤　　　紫红色
丙烯酸乙酯 ⎟ FeCl₃溶液 无现象 ⎤ KMnO₄/H₂O 褪色
3-氯丙酸乙酯 ⎟　　　无现象 ⎟→　　　无现象 ⎤ AgNO₃/醇 白色沉淀
丙二酸二乙酯 ⎦　　　无现象 ⎦　　　无现象 ⎦→　　　无现象

(2)

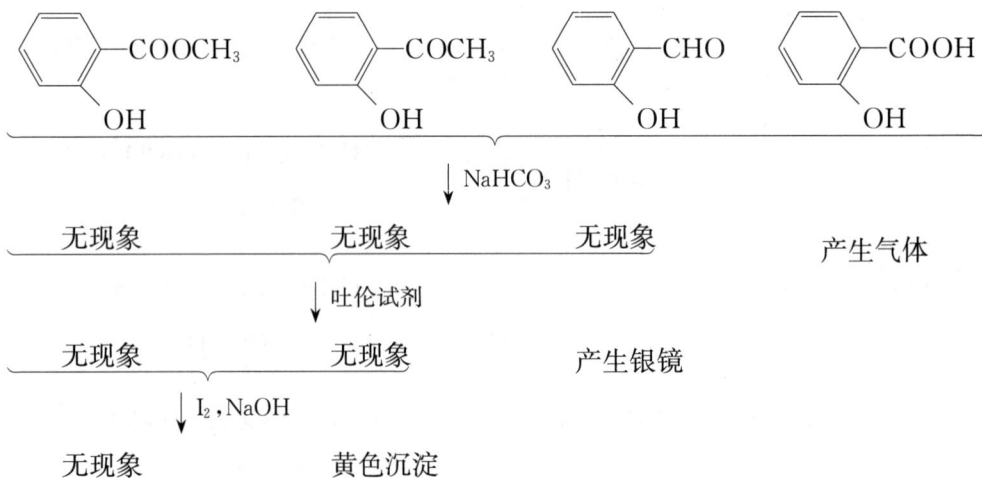

| 无现象 | 无现象 | 无现象 | 产生气体 |

↓ NaHCO₃

无现象　　　　无现象　　　　产生气体

↓ 吐伦试剂

无现象　　　　无现象　　　　产生银镜

↓ I₂,NaOH

无现象　　　　黄色沉淀

5. A. 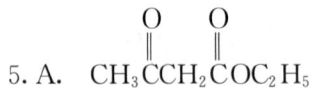　　　　B.

C. C₂H₅OH

6. A. 　　　　B.

C.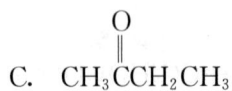

7. A.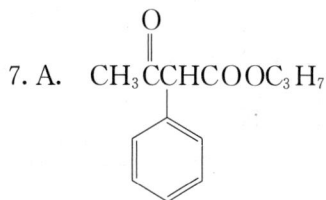

B.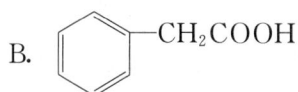

C. CH_3COOH

D. $CH_3CH_2CH_2OH$

8.

(1) $CH_3COCH_2COOC_2H_5$ $\xrightarrow{C_2H_5ONa}$ $\xrightarrow{CH_3CH_2CH_2Cl}$ $CH_3COCH(CH_2CH_2CH_3)COOC_2H_5$

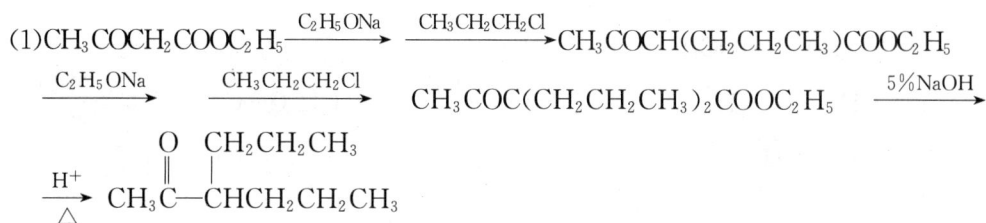

(2)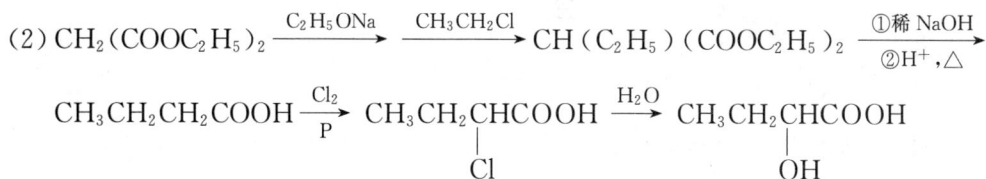

(3)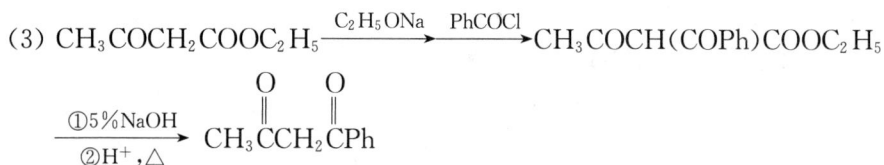

(4)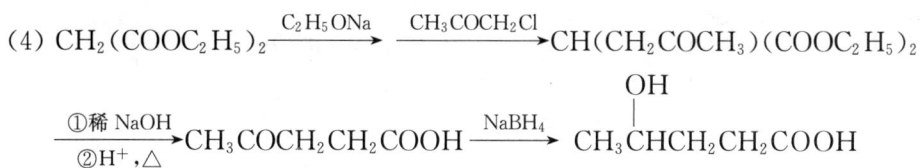

(5)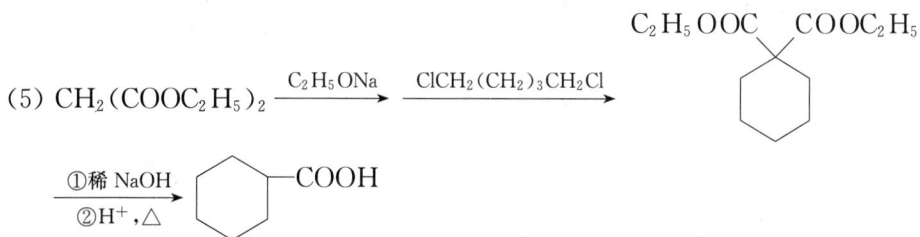

9.

(1)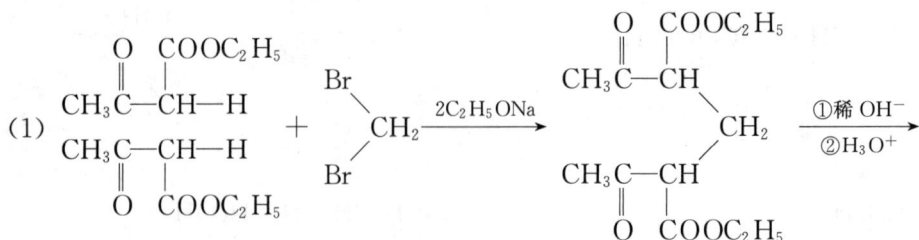

$CH_3COCH_2CH_2CH_2COCH_3$

(2)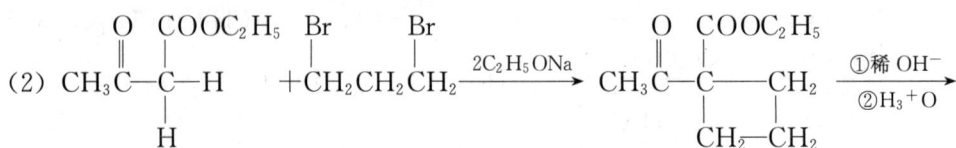

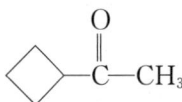

(3)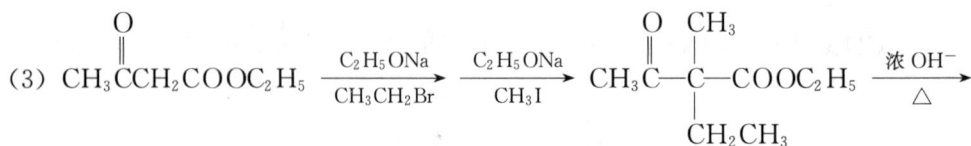

$CH_3CH_2CHCOOH$
　　　　$|$
　　　　CH_3

(4)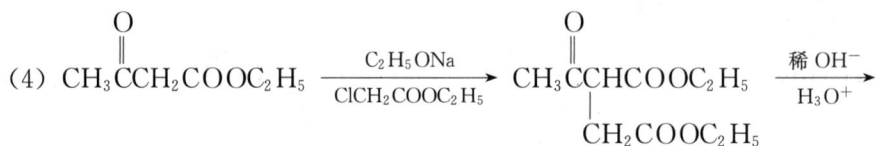

$CH_3CCH_2CH_2COOH$

(5)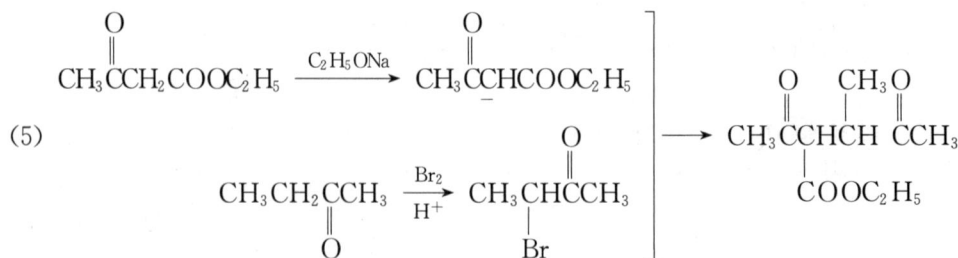

(6)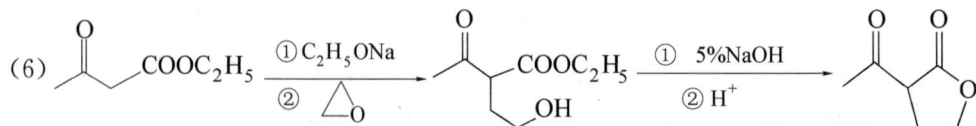

10.

(1)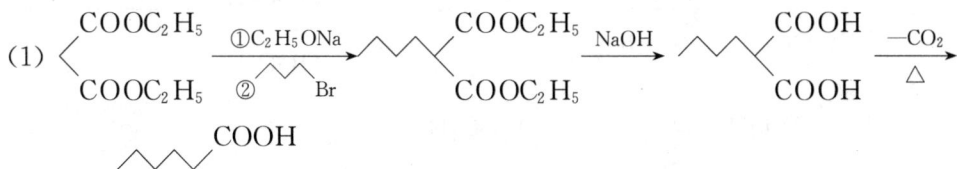

(2)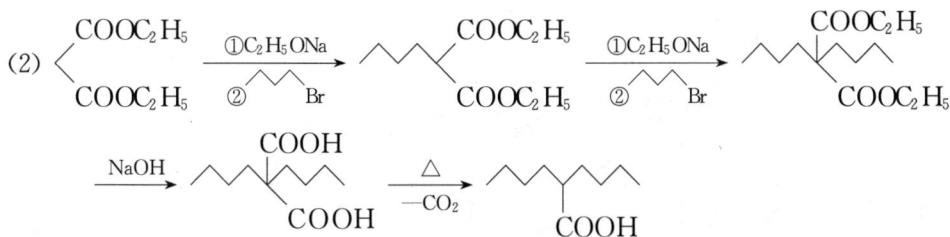

(3)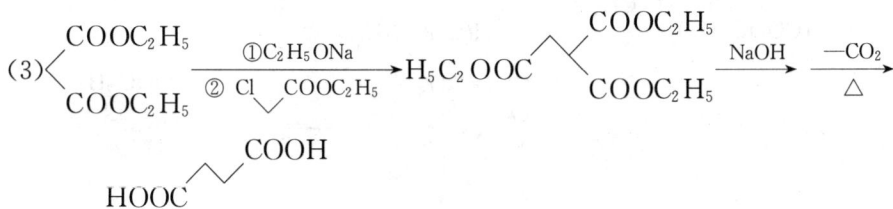

(4)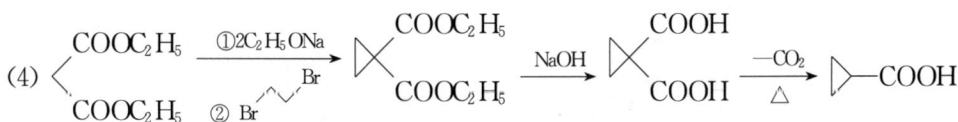

(5)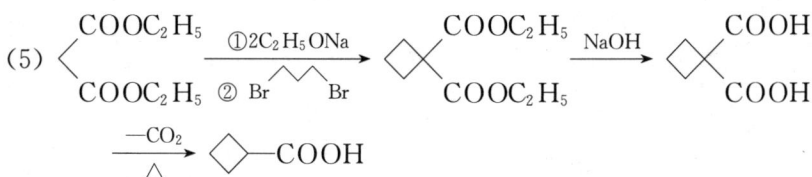

(6)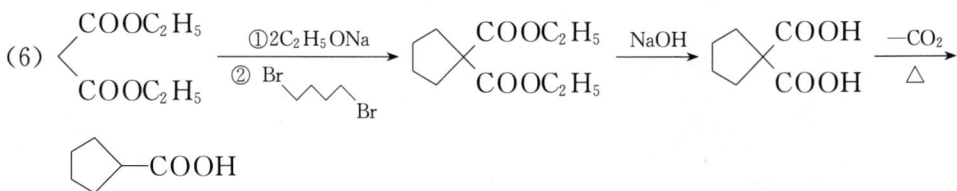

(7)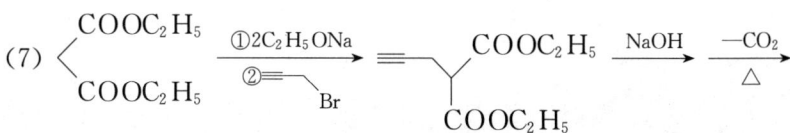

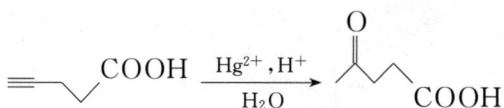

(8)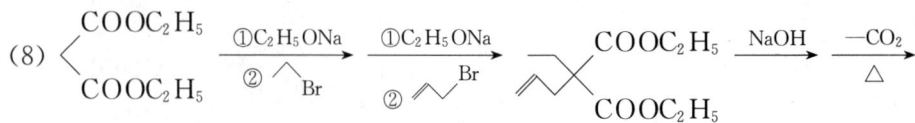

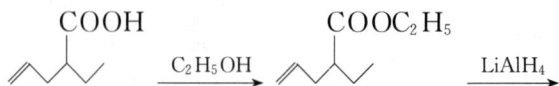

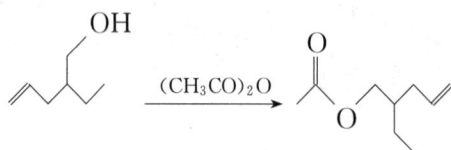

11.

$$CH_2(COOC_2H_5)_2 \xrightarrow{CH_3O^-} \bar{C}H(COOC_2H_5)_2 \xrightarrow{\triangle O}$$

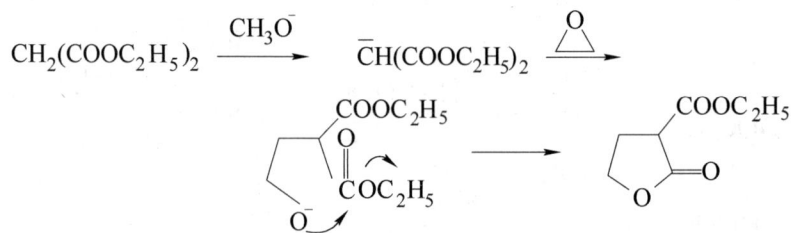

第十四章　　含氮有机化合物　▷▷▷

习　题

1. 单选题：

(1)下列化合物属于叔胺(3°胺)的是：

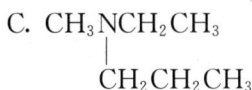

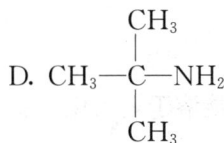

A. $CH_3CH_2CH_2NH_2$ 　　　　　B. $(CH_3CH_2CH_2)_2NH$

C. $CH_3\underset{|}{\overset{}{N}}CH_2CH_3$ $CH_2CH_2CH_3$ 　　　　　D. $CH_3-\underset{\underset{CH_3}{|}}{\overset{\overset{CH_3}{|}}{C}}-NH_2$

(2)下列化合物中碱性最弱的是：

A. 氨水　　　　B. 三乙胺　　　　C. 苯胺　　　　D. 乙酰胺

(3)下列化合物不能发生酰化反应的是：

A. 苯胺　　　　B. 乙胺　　　　C. 二乙胺　　　　D. 三乙胺

(4)不列化合物中碱性最强的是：

A. $(CH_3)_4N^+OH^-$ 　　　　　B. C_2H_5ONa

C. $(C_2H_5)_2NH$ 　　　　　D. 苯胺

(5)下列化合物中不与溴水反应的是：

A. 环己烯　　　　B. 苯胺　　　　C. 苯酚　　　　D. 苯甲酰胺

(6)下列试剂中能区别苯胺和苯酚的是：

A. 氯化铁溶液　　B. 溴水　　　　C. 高锰酸钾溶液　　D. 托伦试剂

(7)下列化合物最易与溴发生亲电取代反应的是：

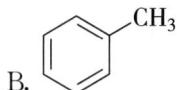

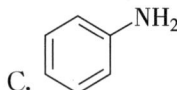

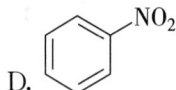

A. （苯环）　　B. （苯环）CH₃　　C. （苯环）NH₂　　D. （苯环）NO₂

(8)下列化合物中碱性最强的是：

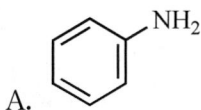

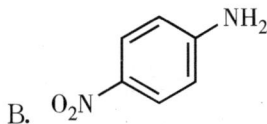

A. （苯环）NH₂　　　　　B. O₂N（苯环）NH₂

C.

D.

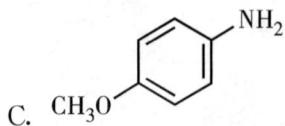

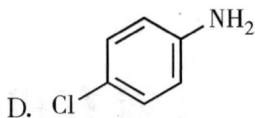

(9) 在碱性水溶液中, 氯原子最容易水解的是:

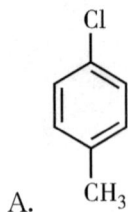

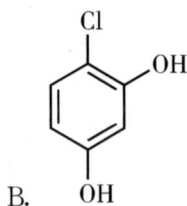

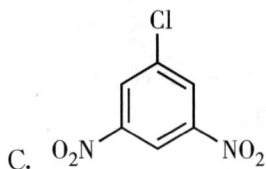

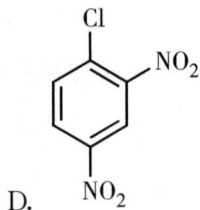

A.

B.

C.

D.

(10) 下列化合物不能溶于氢氧化钠溶液的是:

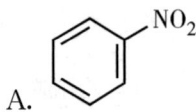

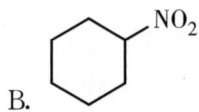

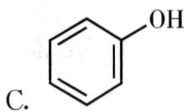

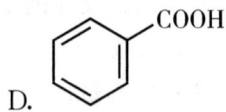

A.

B.

C.

D.

(11) 下列化合物不能与乙酰氯发生反应的是:

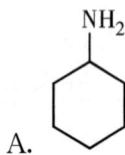

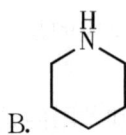

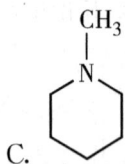

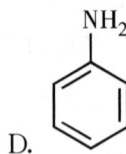

A.

B.

C.

D.

(12) 下列化合物中不具有旋光性的是:

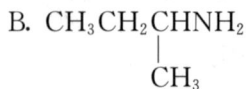

A. $CH_3NHC_2H_5$

B. $CH_3CH_2CHNH_2$
$\qquad\ \ |$
$\qquad\ \ CH_3$

C. （结构式：哌啶环 N—H，2-位连 CH₂CH₂CH₃）

D. $C_6H_5\overset{\overset{\displaystyle CH_3}{|}}{\underset{\underset{\displaystyle CH(CH_3)CH_3}{|}}{\overset{+}{N}}}$—CH₂CH₂CH₃ I⁻

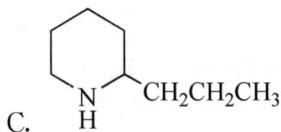

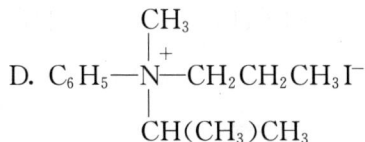

(13)由重氮盐制备苯酚所需试剂是：

A. H_3PO_2

B. 40%～50% H_2SO_4

C. CH_3OH

D. HCN/CuCN

(14)关于季铵碱表述错误的是：

　A. 季铵碱受热可以分解成烯烃

　B. 季铵碱是离子型化合物，碱性比较强

　C. 季铵碱可由季铵盐制备，分解又生成季铵盐

　D. 季铵碱中氮原子有正电荷，是强吸电子基团

(15)从麻黄中提取出来的麻黄碱，其正确的系统名称是：

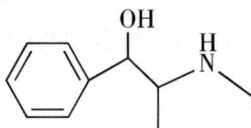

（结构式：苯环—CH(OH)—CH(CH₃)—NH—CH₃）

　A. 羟基甲基苯丙胺

B. 2-氨甲基-2-苯基丙-1-醇

　C. 1-羟基-N-甲基-1-苯基丙-2-胺

D. 2-甲氨基-1-苯基丙-1-醇

(16)麦角酰二乙胺 LSD 是一种致幻剂（毒品的一种），结构式如下：

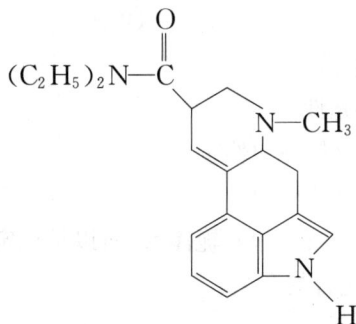

（结构式图）

　　在麦角酰二乙胺的分子中不含下列哪种结构：

　A. 伯胺　　　　B. 仲胺　　　　　　C. 叔胺　　　　　　D. 酰胺

(17)完成下列转化，通常可用什么试剂？

H_3C—（苯环）—$N_2^+ HSO_4^-$ ⟶ H_3C—（苯环）—CN +N_2↑

　A. HCN　　　　　B. KCN +CuCN　　　C. THF　　　　　　D. RCN

(18)下列化合物中具有旋光性的是：

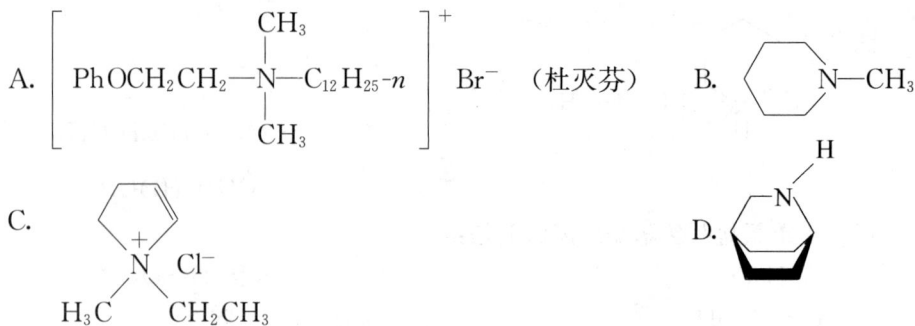

A. $\left[\text{PhOCH}_2\text{CH}_2-\overset{\underset{\displaystyle CH_3}{\displaystyle |}}{\underset{\underset{\displaystyle CH_3}{\displaystyle |}}{N}}-\text{C}_{12}\text{H}_{25}\text{-}n \right]^+ \text{Br}^-$ （杜灭芬）　　B.

C.　　　　　　　　　　　　　　　　　　　D.

(19)氯化重氮苯与对甲苯酚发生偶合反应,反应的位置在对甲苯酚的什么位置:

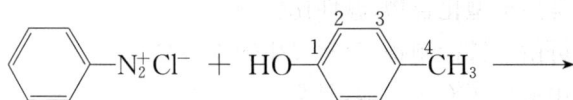

A. 1-位　　　　B. 2-位　　　　C. 3-位　　　　D. 4-位

(20)秋水仙胺是一种抗肿瘤药,在许多中药(如百合)中都有存在。结构式如下:

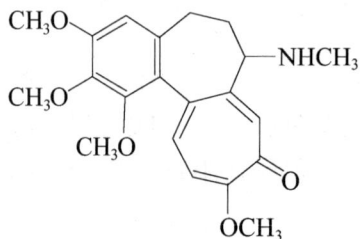

有关秋水仙胺的叙述错误是:

A. 秋水仙胺没有旋光性

B. 秋水仙胺可以看成是一种仲胺

C. 秋水仙胺易溶于稀盐酸中

D. 秋水仙分子中含有较大的共轭体系,所以是稳定的,在自然界能稳定存在

2. 用系统命名法给下列化合物命名:

(1)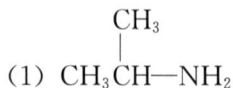

(2) $\text{CH}_3\text{CH}_2\text{N}(\text{CH}_3)_2$

(3)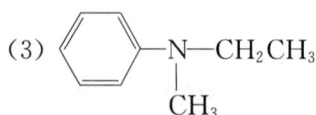

(4)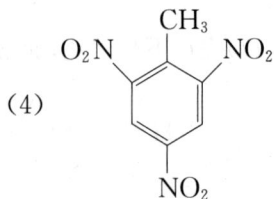

(5)

$$
\underset{CH_2CHCH_2CH_3}{\overset{N(CH_3)_2}{|}}
$$

(6)

$$
\begin{array}{c} NH_2 \\ \\ NH_2 \end{array}
$$

(7) $[(CH_3)_2N(C_2H_5)_2]^+OH^-$

(8) $[N(C_2H_5)_4]^+Br^-$

(9) $H_3C- \!\!\!\!-N=N- \!\!\!\!-C_2H_5$

(10) CH_2N_2

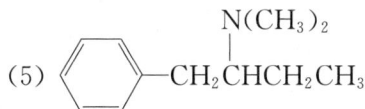

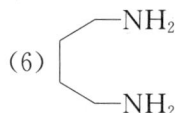

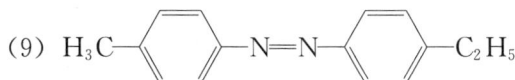

3. 从上题的化合物中,各举一个硝基化合物、1°胺(伯胺)、3°胺(叔胺)、季铵盐、季铵碱、二元胺、偶氮化合物的例子。

4. 写出下列化合物的结构式(不参照课本):

(1)苯胺

(2)2,4,6-三硝基苯酚(苦味酸)

(3)β-萘胺

(4)苯胺盐酸盐

(5)硫酸氢重氮苯

5. 写出下列化合物的结构式(可参照课本):

(1)邻苯二甲酰亚胺

(2)金刚烷胺

(3)新洁尔灭

(4)卡宾

6. 写出分子式为 $C_4H_{11}N$ 的所有胺的同分异构体的结构式(如果为立体异构体,则需写出其费歇尔式),并用系统命名法命名。

7. 用 R、S 标识甲基、乙基、烯丙基、苯基铵离子的两种对映体(参见教材第十四章第二节中"手性氮原子"部分)。

8. 比较题:

(1)比较下列化合物酸性:对甲基苯甲酸、对硝基苯甲酸、苯甲酸、2,4-二硝基苯甲酸

(2)比较下列化合物的碱性(水溶液中):乙胺、二乙胺、苯胺、氨气

(3)比较下列化合物的沸点:三甲胺、丙醇、乙甲胺、丁烷

(4)比较下列化合物的碱性:苯胺、对甲基苯胺、对硝基苯胺、2,4-二硝基苯胺

(5)比较下列化合物的碱性(水溶液中):氢氧化四乙铵、乙酰胺、苯胺、二苯胺

9. 用简单的化学方法鉴别下列化合物:

(1)硝基苄、邻硝基甲苯

(2)苯胺、N-甲基苯胺、N,N-二甲基苯胺

(3)苯胺、N-甲基苯胺、四甲基氯化铵

10. 写出苯胺分别与下列试剂作用的反应式:

(1)CH_3I(1mol)

(2)CH_3I(过量)

(3)乙酸酐

(4)苯磺酰氯(NaOH)

(5)$NaNO_2+H_2SO_4$,低温

(6)$Na_2Cr_2O_7+H_2SO_4$

(7)Br_2/H_2O

(8)对-二甲氨基苯甲醛

(9)乙醛

11. 完成下列反应式：

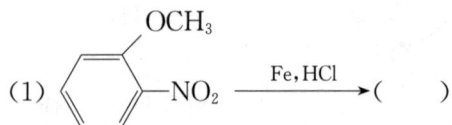

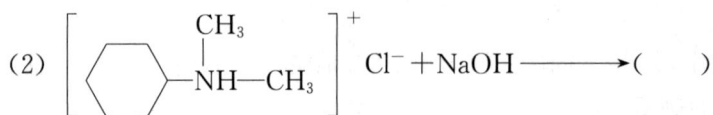

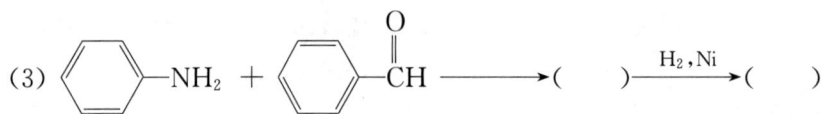

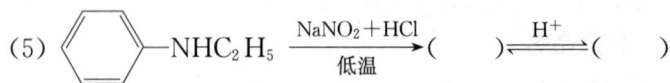

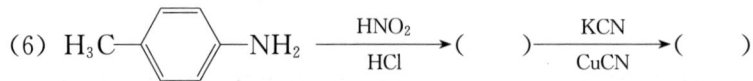

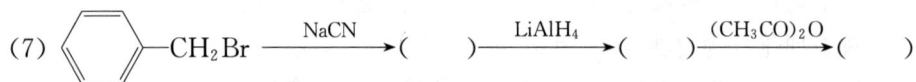

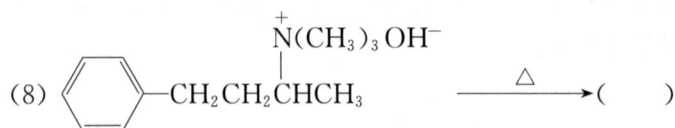

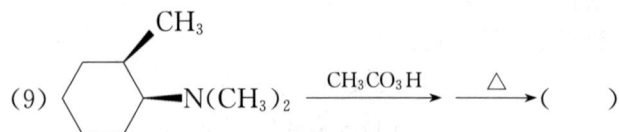

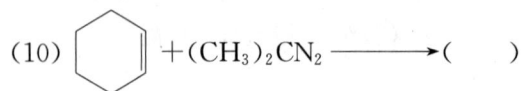

(1) （邻甲氧基硝基苯） $\xrightarrow{\text{Fe,HCl}}$ (   )

(2) $\left[\text{环己基N}^+(\text{CH}_3)_2\text{H} \right]^+ \text{Cl}^- + \text{NaOH} \longrightarrow$ (   )

(3) （苯胺）$-\text{NH}_2$ + （苯甲醛）$\longrightarrow$ (   ) $\xrightarrow{\text{H}_2,\text{Ni}}$ (   )

(4) （苯胺）$-\text{NH}_2 \xrightarrow{\text{CH}_3\text{COCl}}$ (   ) $\xrightarrow[\text{乙酸}]{\text{HNO}_3}$ (   ) $\xrightarrow{\text{水解}}$ (   )

(5) （苯）$-\text{NHC}_2\text{H}_5 \xrightarrow[\text{低温}]{\text{NaNO}_2+\text{HCl}}$ (   ) $\underset{}{\overset{\text{H}^+}{\rightleftharpoons}}$ (   )

(6) $\text{H}_3\text{C}-$（苯）$-\text{NH}_2 \xrightarrow[\text{HCl}]{\text{HNO}_2}$ (   ) $\xrightarrow[\text{CuCN}]{\text{KCN}}$ (   )

(7) （苯）$-\text{CH}_2\text{Br} \xrightarrow{\text{NaCN}}$ (   ) $\xrightarrow{\text{LiAlH}_4}$ (   ) $\xrightarrow{(\text{CH}_3\text{CO})_2\text{O}}$ (   )

(8) （苯）$-\text{CH}_2\text{CH}_2\overset{+}{\text{C}}\text{HCH}_3$ 带 $\overset{+}{\text{N}}(\text{CH}_3)_3\text{OH}^-$ $\xrightarrow{\triangle}$ (   )

(9) （2-甲基环己基）$-\text{N}(\text{CH}_3)_2 \xrightarrow{\text{CH}_3\text{CO}_3\text{H}} \xrightarrow{\triangle}$ (   )

(10) （环己烯）$+ (\text{CH}_3)_2\text{CN}_2 \longrightarrow$ (   )

(11) $H_3CHC=CHCH_3 + PhCH_2N_2 \longrightarrow$ (   )

(12) 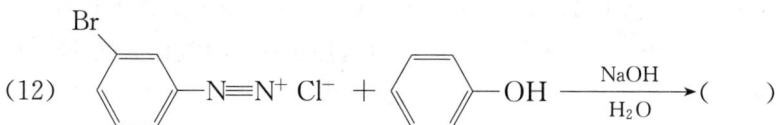 $\xrightarrow[H_2O]{NaOH}$ (   )

(13) 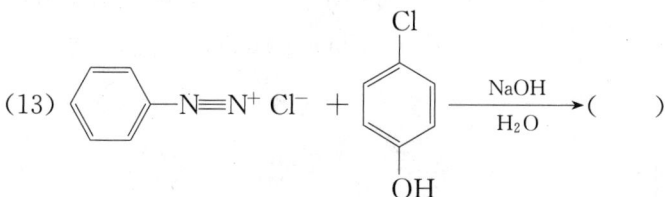 $\xrightarrow[H_2O]{NaOH}$ (   )

(14) 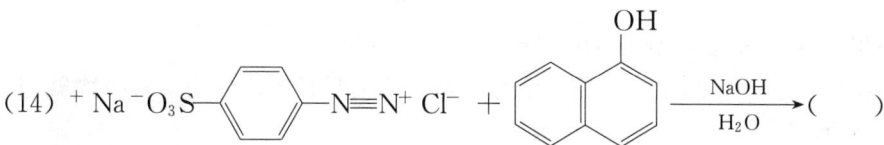 $\xrightarrow[H_2O]{NaOH}$ (   )

(15) 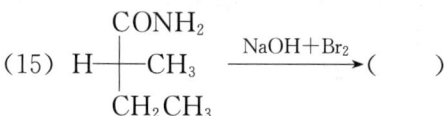 $\xrightarrow{NaOH+Br_2}$ (   )

12. 如何分离下列各组混合物：

(1)苯胺、N-甲基苯胺、N,N-二甲基苯胺

(2)苯酚、苯胺、苯甲酸

(3)环己烷、环己酮、环己胺

13. 莨菪碱是一种生物碱,存在于中药洋金花及其他茄科植物中,具有很强的生理活性,是临床常用的抗胆碱药。将莨菪碱用氢氧化钠溶液处理后,生成 $C_6H_5CH(CH_2OH)COOH$ 和一种无旋光活性的醇 $(C_8H_{15}NO)$。该醇失水后即生成：

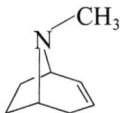

试写出莨菪碱的结构式。

14. 上题所说的无旋光性的醇 $(C_8H_{15}NO)$,经过如下处理,最终得到了环庚三烯。

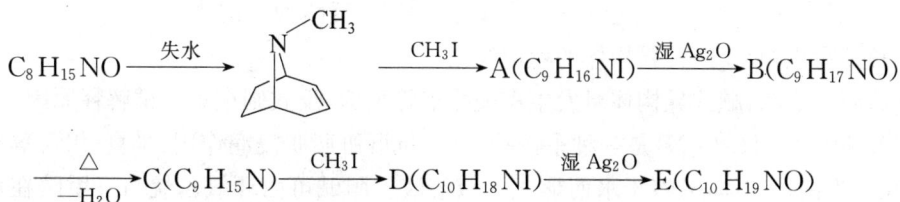

$$\xrightarrow[-H_2O]{\triangle} 环庚三烯$$

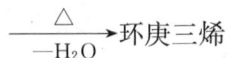

试写出上述 A、B、C、D、E 的结构式。

15. 化合物 A 的分子式为 $C_7H_7O_2N$，无碱性；A 在 Fe＋HCl 条件下还原，得到 B (C_7H_9N)，B 有碱性；B 在低温下与 $NaNO_2$＋HCl 作用，加热水解可放出氮气，同时生成 C (C_7H_8O)；C 与混酸发生硝化反应，只得到一种单取代产物。试写出 A、B、C 的结构式。

16. 某化合物 A ($C_{14}H_{12}N_2O_3$)，不溶于水、稀碱或稀酸。A 水解生成一个中和当量为 167 ± 1 的羧酸 B 和另一产物 C，C 与对甲苯磺酰氯反应生成不溶于氢氧化钠溶液的固体。B 在 Fe＋HCl 条件下还原，生成 D。D 在低温下与 $NaNO_2$＋H_2SO_4 反应后，再与 C 反应生成：

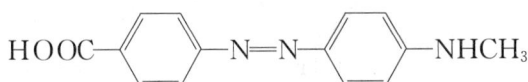

$$HOOC-\!\!\!\left\langle\begin{array}{c}\end{array}\right\rangle\!\!\!-N\!=\!N-\!\!\!\left\langle\begin{array}{c}\end{array}\right\rangle\!\!\!-NHCH_3$$

试写出 A、B、C、D 四种化合物的结构式及相关反应式。

17. 番木鳖为一种剧毒中药，用于治疗偏瘫。其主要有效成分为两种生物碱，其一为马钱子碱，结构式如下：

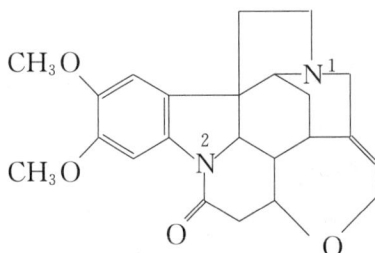

马钱子碱

在马钱子碱分子内含有两个 N 原子(N-1 和 N-2)。试指出哪一个 N 原子的碱性强，为什么？

18. 氢氧化(4-叔丁基环己基)三甲基铵结构式如下：

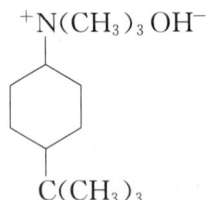

$$^+N(CH_3)_3OH^-$$

$$C(CH_3)_3$$

已知氢氧化(4-叔丁基环己基)三甲基铵存在顺、反两种异构体。

(1)试写出顺、反两种异构体的稳定构象。

(2)研究表明，顺式异构体可发生霍夫曼消除反应，反式则很难。试解释原因。

19. 胆碱($C_5H_{15}O_2N$)是一种季铵盐，具有抗肝脏脂肪浸润作用，半夏、川芎等中药中均存在。为白色固体，易溶于水而形成强碱溶液。胆碱可由环氧乙烷与三甲胺在水溶液中反应制得。胆碱乙酰化，即得乙酰胆碱，乙酰胆碱是一种重要的神经传递物质。试写出胆碱及乙酰胆碱的结构式。

20. 试写出用盖布瑞尔(Gabriel)法合成乙胺的过程。

21. 如何由苯及其他易得的有机原料合成下列化合物：

(1)邻苯二胺　　　　　　　(2)间苯二胺　　　　　　　(3)对苯二胺

22. 由苯(或甲苯)及其他易得的有机原料合成下列化合物：

(1)对氨基苯甲酸　　　　(2)间硝基乙酰苯胺　　　　(3)1-氨基-1-苯基丙烷

23. 如何实现下列转化？

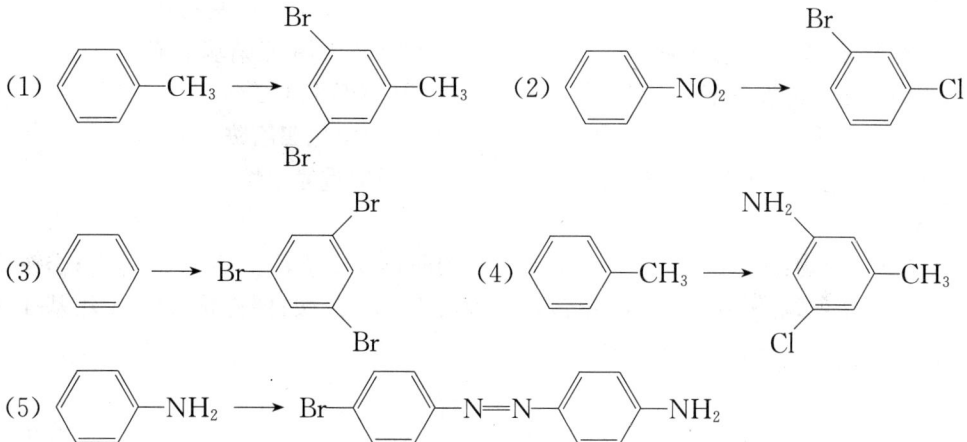

(1) 　(2)

(3) 　(4)

(5)

参考答案

1.

(1)C (2)D (3)D (4)A (5)D (6)A (7)C (8)C (9)D (10)A (11)C

(12)A (13)B (14)C (15)D (16)A (17)B (18)C (19)B (20)A

2.

(1)异丙胺　　　　　　　　　　　(2)N,N-二甲基乙胺

(3)N-乙基-N-甲基苯胺　　　　(4)2,4,6-三硝基甲苯

(5)2-二甲氨基-1-苯基丁烷　　　　(6)丁-1,4-二胺

(7)氢氧化二乙二甲铵　　　　　　(8)溴化四乙铵

(9)4-乙基-4′-甲基偶氮苯　　　　(10)重氮甲烷

3.

硝基化合物:2,4,6-三硝基甲苯;1°胺:异丙胺;3°胺:N-乙基-N-甲基苯胺;季铵盐:溴化四乙铵;季铵碱:氢氧化二乙二甲铵;二元胺:丁-1,4-二胺;偶氮化合物:4-乙基-4′-甲基偶氮苯。

4.

(1) 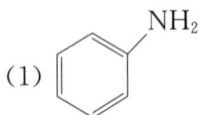　　(2) 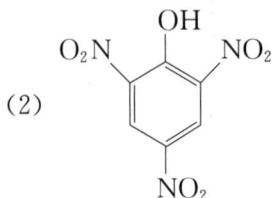　　(3)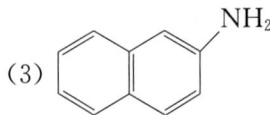

(4) 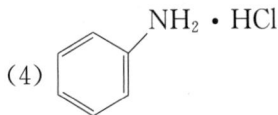　　(5)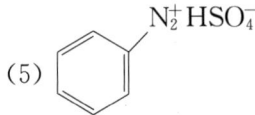

5.

(1) 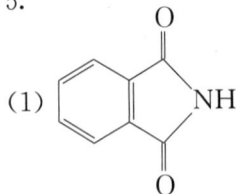　　　　　　(2)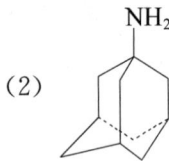

(3) 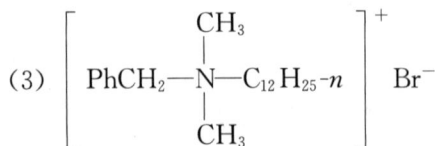　　(4) :CH$_2$

6.

提示:先按 1°、2°、3°胺进行粗分类,再分别写出每类胺的碳骨架和立体异构。

(1)  正丁胺　　　(2) 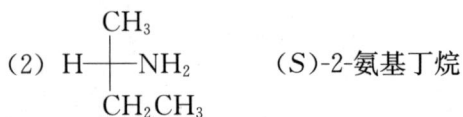　　(S)-2-氨基丁烷

(3) 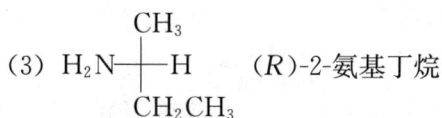 (*R*)-2-氨基丁烷   (4) 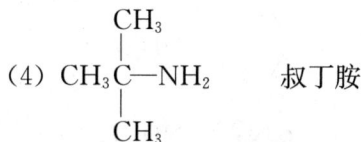 叔丁胺

(5) $CH_3CH_2CH_2NHCH_3$ 甲基正丙基胺   (6)  异丙基甲基胺

(7) 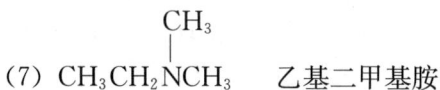 乙基二甲基胺   (8) 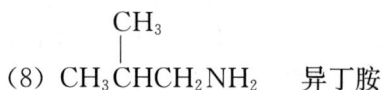 异丁胺

(9) $CH_3CH_2NHCH_2CH_3$ 二乙胺

7.

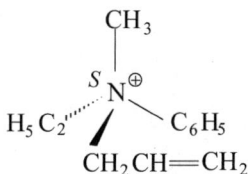   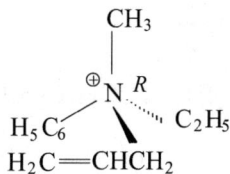

8.

(1)酸性:2,4-二硝基苯甲酸>对硝基苯甲酸>苯甲酸>对甲基苯甲酸

(2)水溶液中的碱性:二乙胺>乙胺>氨气>苯胺

(3)沸点:丙醇>甲乙胺>三甲胺>丁烷

(4)碱性:对甲基苯胺>苯胺>对硝基苯胺>2,4-二硝基苯胺

(5)水溶液中的碱性:氢氧化四乙铵>苯胺>二苯胺>乙酰胺

9.

(1)

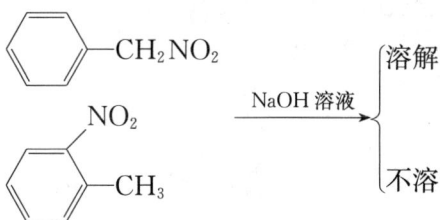

(2)

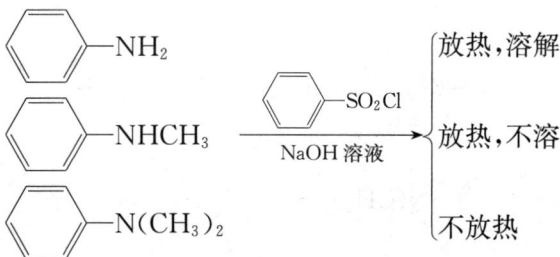

(3)

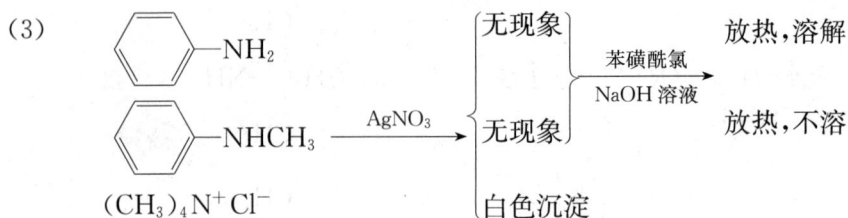

10.

(1)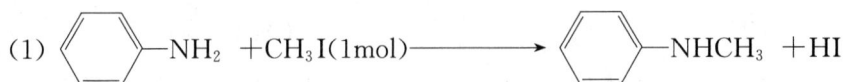

(2)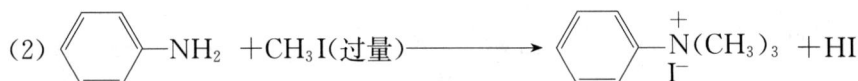

(3)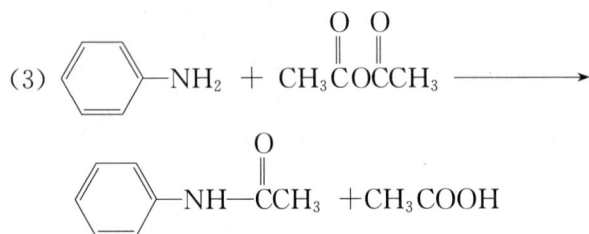

(4)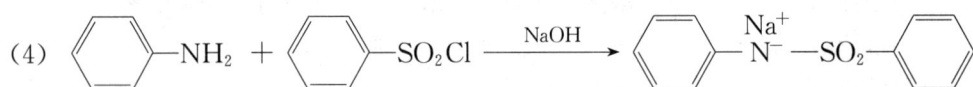

(5)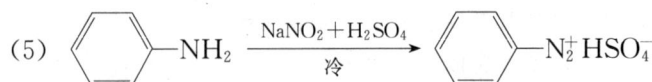

(6)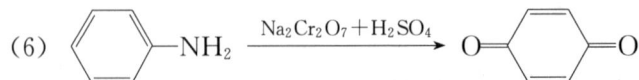

(7)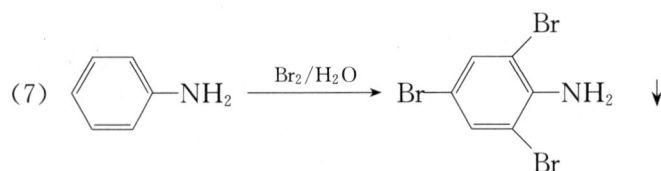

(8)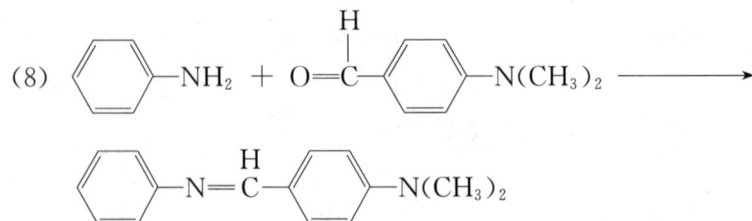

(9)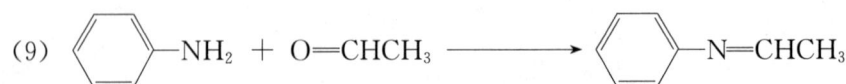

11.

(1)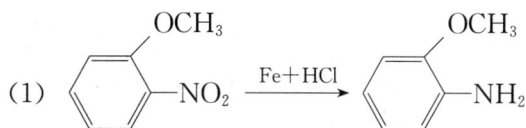

(2)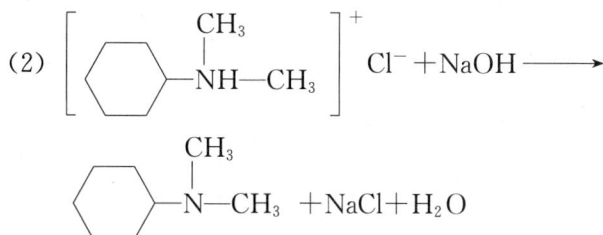

(3)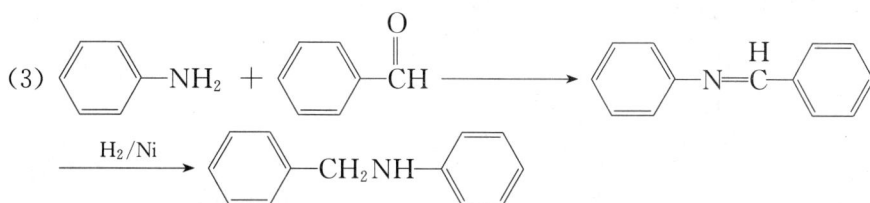

(4)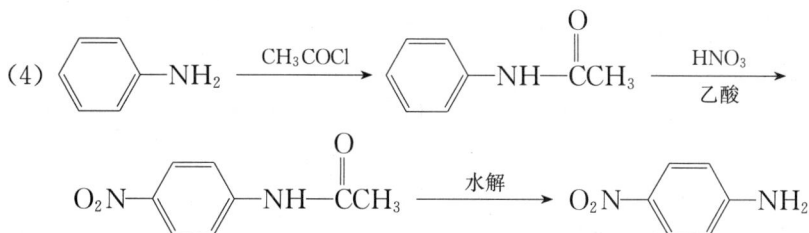

(5)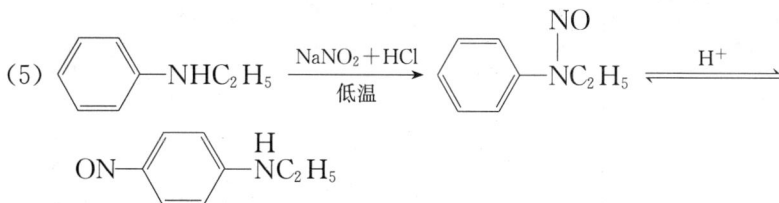

(6)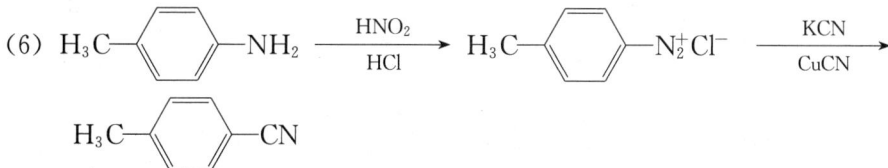

(7)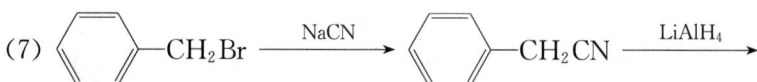

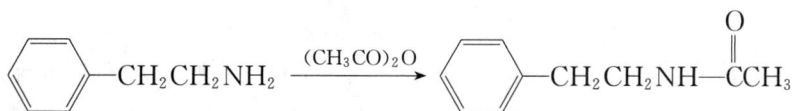

(8)

$$\underset{|}{\overset{+}{N}(CH_3)_3 OH^-}$$

$$\text{CH}_2\text{CH}_2\text{CHCH}_3 \xrightarrow{\triangle}$$

$$\text{CH}_2\text{CH}_2\text{CH}=\text{CH}_2 + N(CH_3)_3$$

(9)

$$\xrightarrow{CH_3CO_3H} \xrightarrow{\triangle}$$

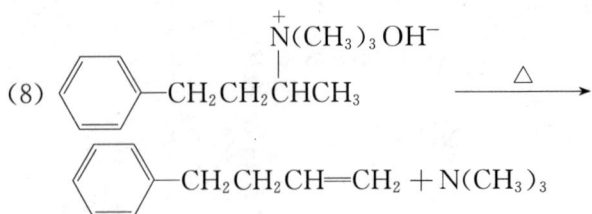

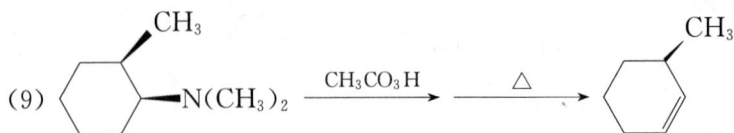

（先氧化生成氧化胺，再发生 Cope 消除）

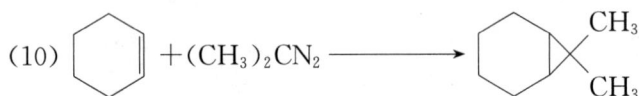

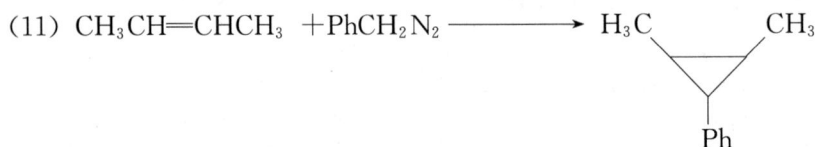

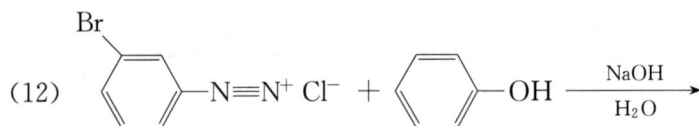

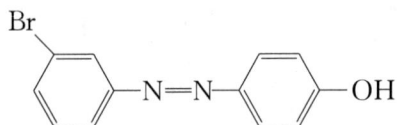

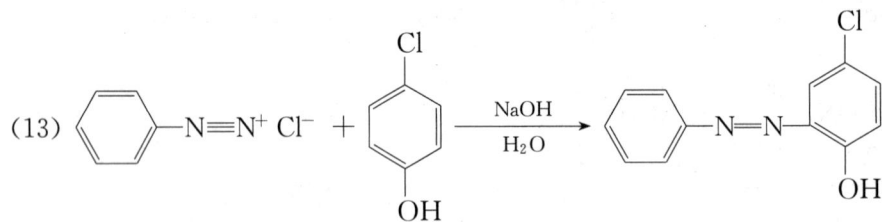

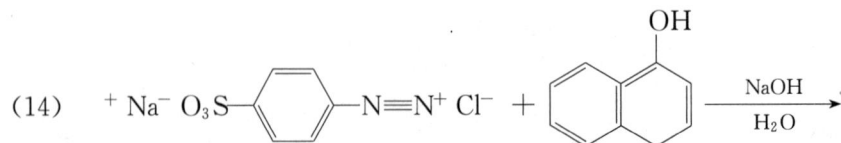

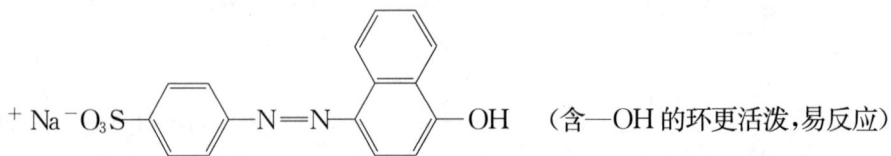

(10) $\bigcirc$ + (CH₃)₂CN₂ ⟶

(11) $CH_3CH=CHCH_3$ + PhCH₂N₂ ⟶

(12)

$$\xrightarrow[H_2O]{NaOH}$$

(13)

$$\xrightarrow[H_2O]{NaOH}$$

(14)

$$\xrightarrow[H_2O]{NaOH}$$

（含—OH 的环更活泼，易反应）

(15) 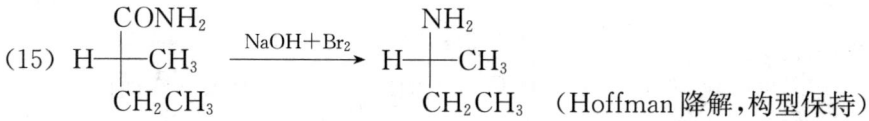 （Hoffman 降解，构型保持）

12.

(1)

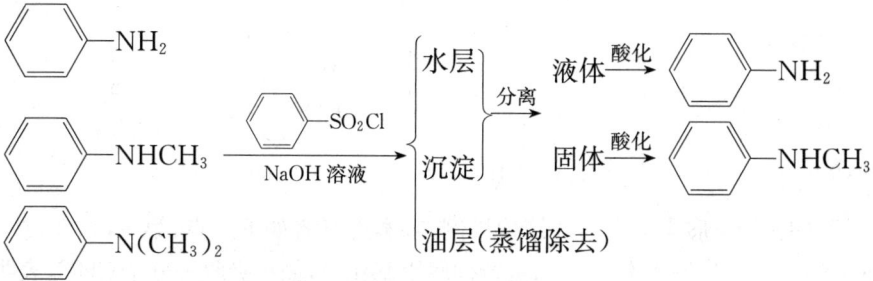

(2)

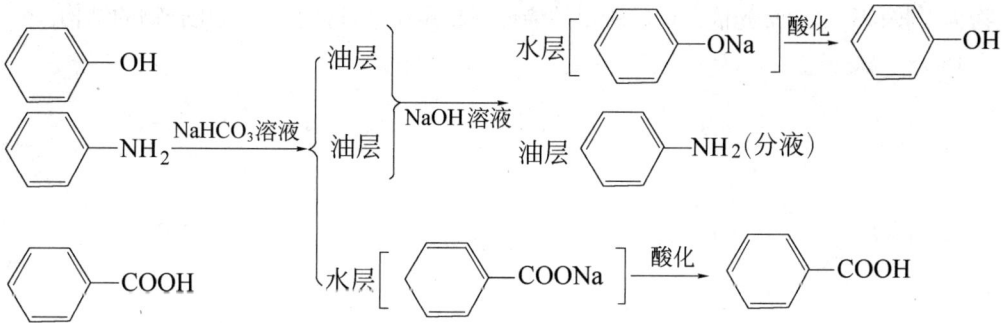

(3)

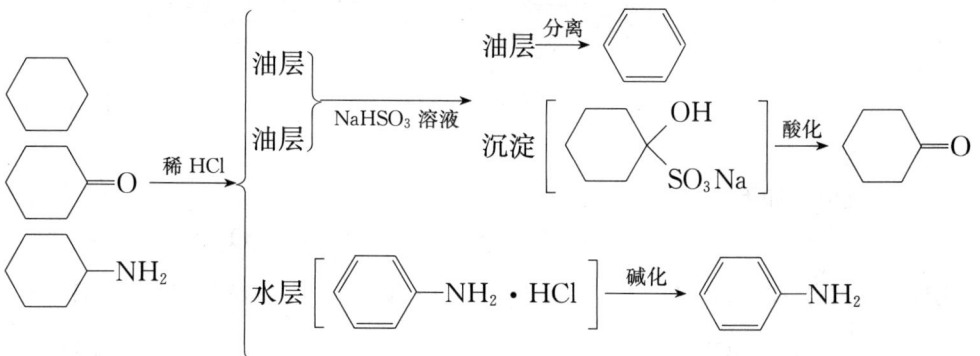

13.

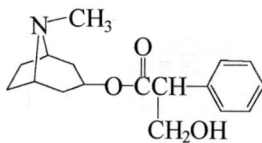

14.

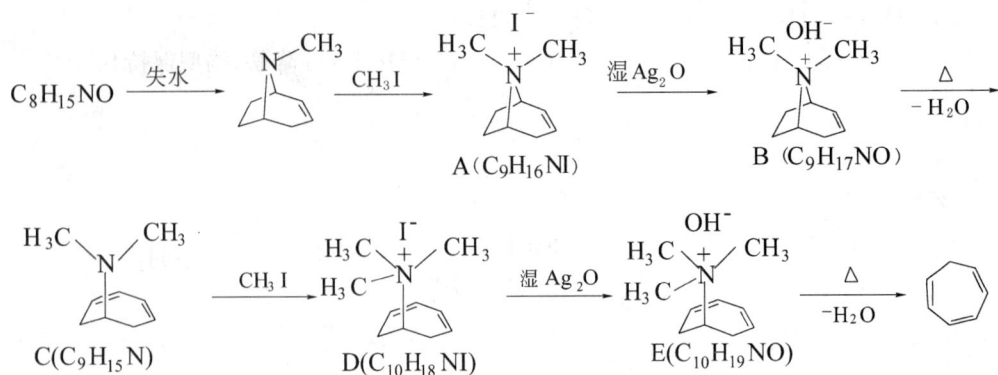

霍夫曼降解常用于胺类化合物的结构推测,基本思路有如下三点:第一,每经过一次霍夫曼降解循环断裂一根 C—N 键;第二,进行彻底甲基化时,如果吸收一分子 CH₃I,表明原化合物为 3°胺,如果吸收两分子 CH₃I,表明原化合物为 2°胺,如果吸收三分子 CH₃I,表明原化合物为 1°胺;第三,通常先依据最后所得的烯烃一步步逆推,得到原胺类化合物的结构。

15.

A.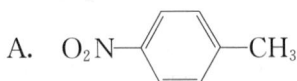

B.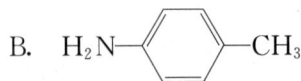

C.

16.

A.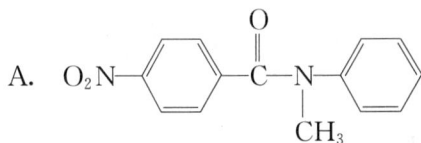

B.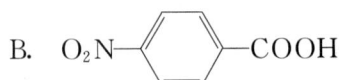

C.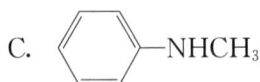

D.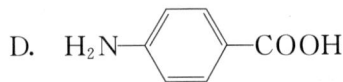

相关反应式如下:

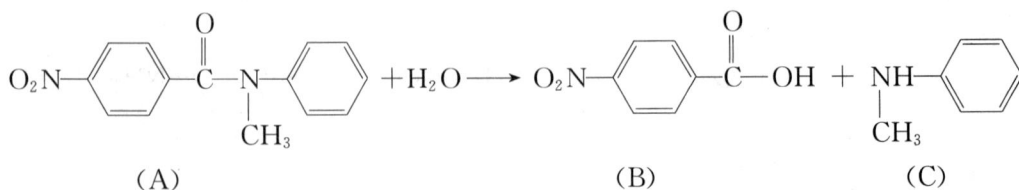

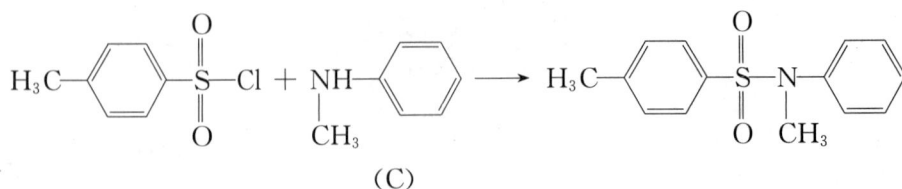

(C)

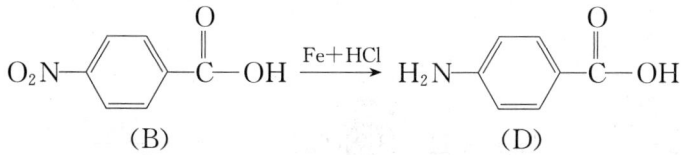

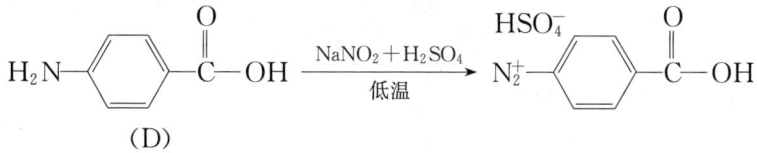

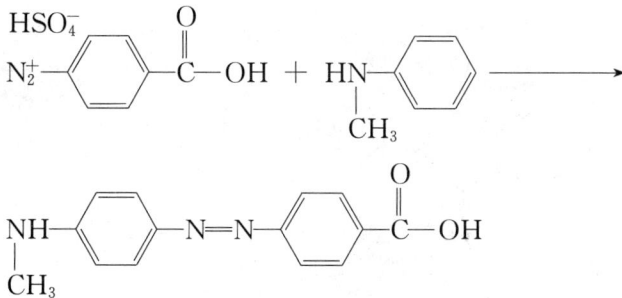

17.

N-1 的碱性更强。这是因为 N-2 上的孤对电子与苯环、羰基均可形成 p-π 共轭效应。这种共轭无疑减弱了其上的电子云密度,所以,碱性也随之减弱。

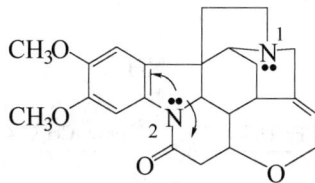

18.

(1)反式构象只能是(Ⅰ)式:

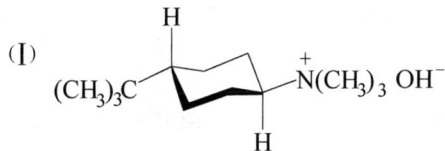

顺式构象可能是(Ⅱ)式或(Ⅲ)式:

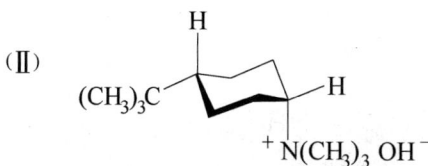

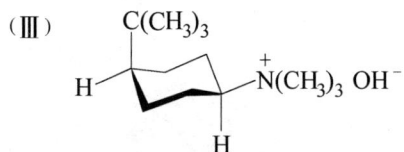

(2)反式构象(Ⅰ式)中,离去基团 $N^+(CH_3)_3 OH^-$ 由于取 e 键,无法与 β-H 发生反式共平面的消除;而在顺式构象的 Ⅱ 式则可以发生这种消除。所以,顺式异构体可发生霍夫

曼消除反应,反式则很难。

19.

$$\overset{\triangle}{O} + (CH_3)_3N \xrightarrow{H_2O} [HO-CH_2CH_2\overset{+}{N}(CH_3)_3]OH^- \xrightarrow{CH_3COCl}$$

胆碱

$$\left[\begin{array}{c} O \\ \| \\ CH_3C-O-CH_2CH_2N^+(CH_3)_3 \end{array} \right] OH^-$$

乙酰胆碱

20.

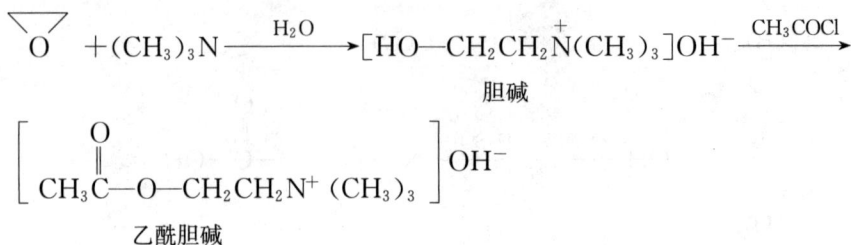

21.

(1)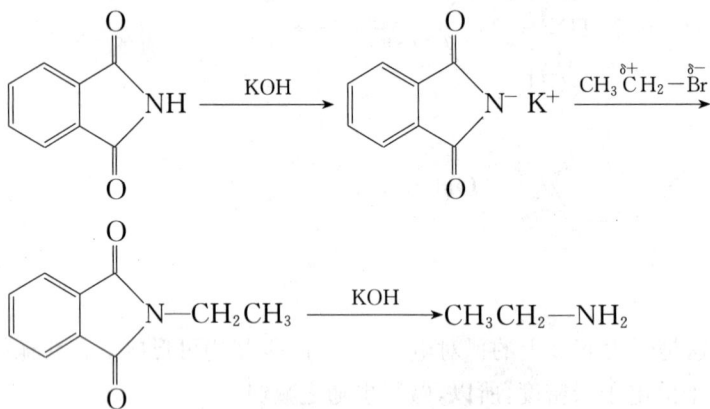

(2)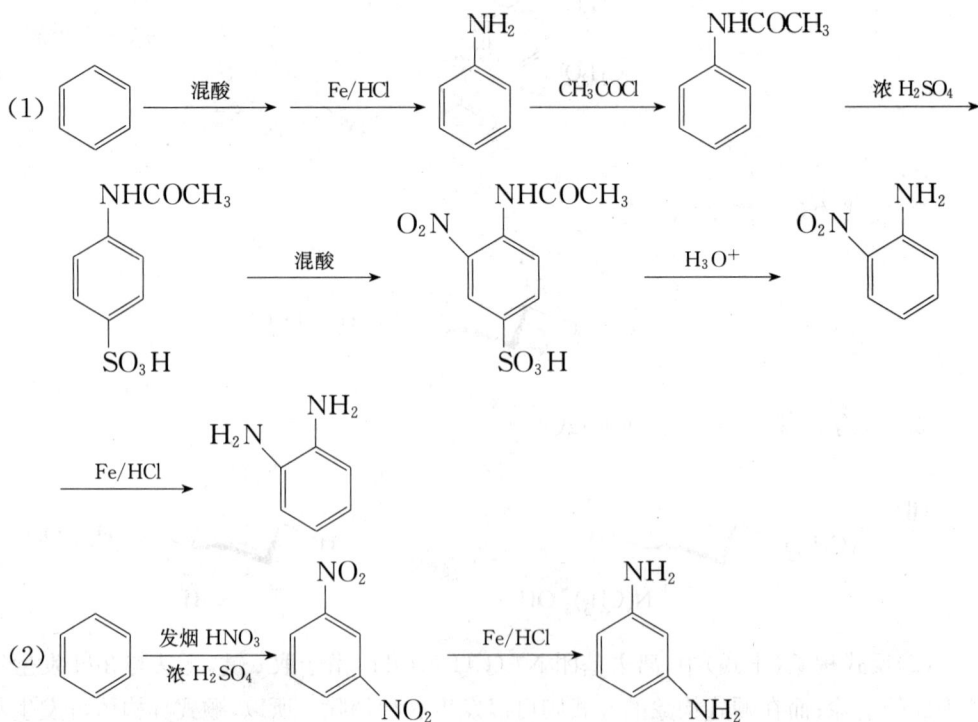

(3)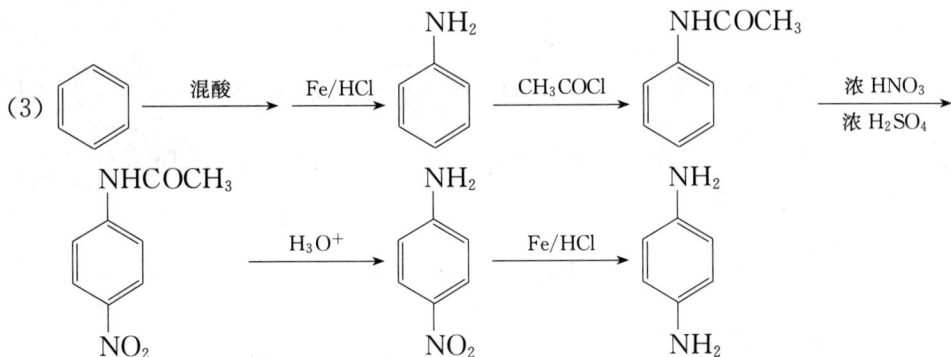

22.

(1)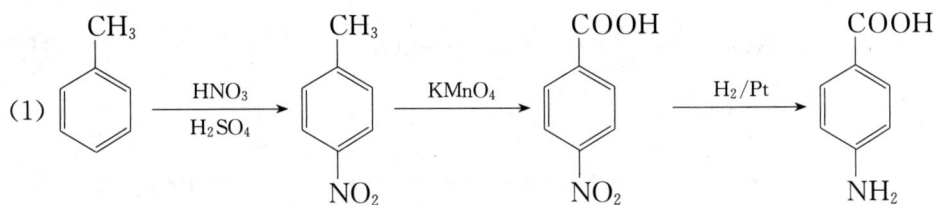

（分去邻位产物）

(2)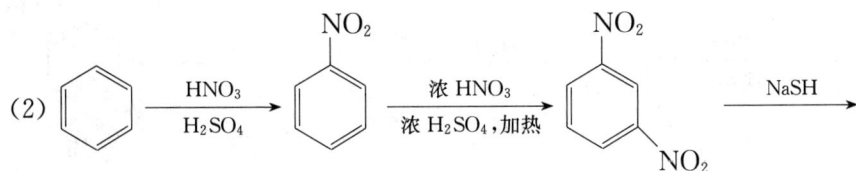

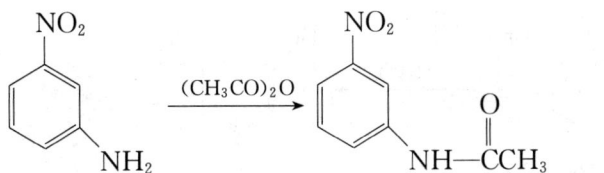

(3)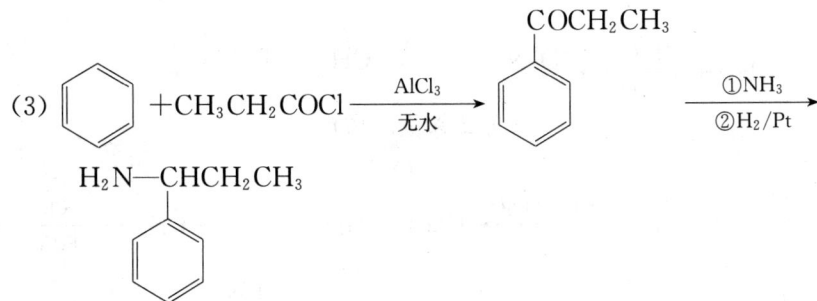

23.

(1)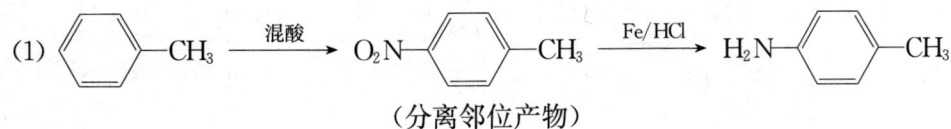

（分离邻位产物）

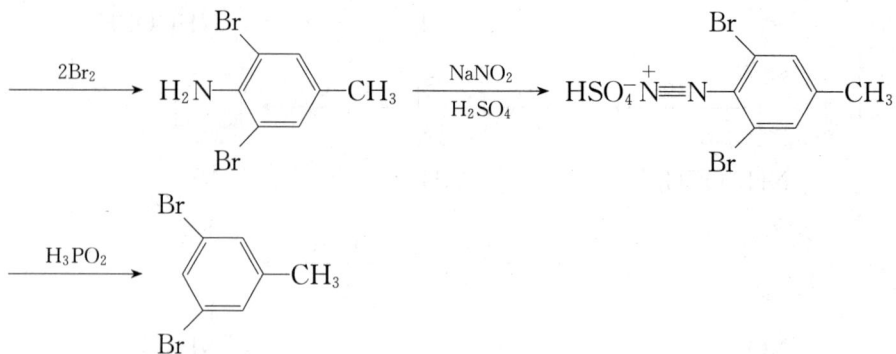

(2)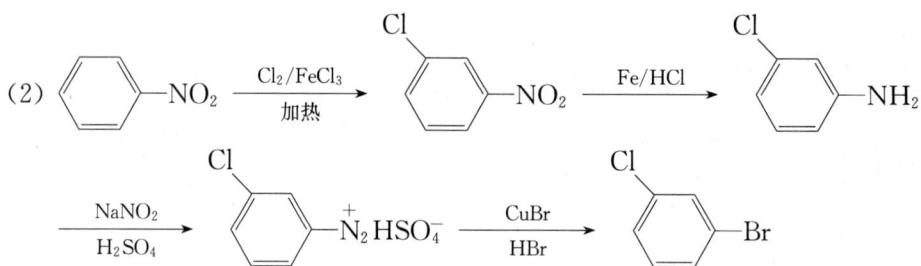

(3)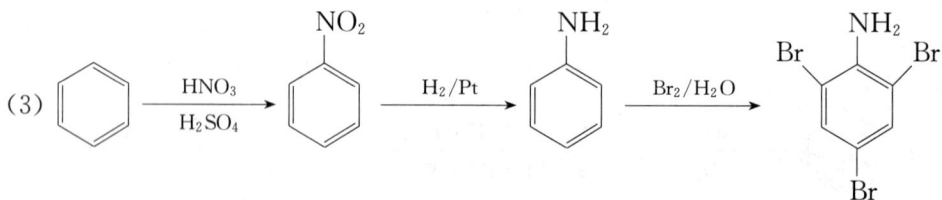

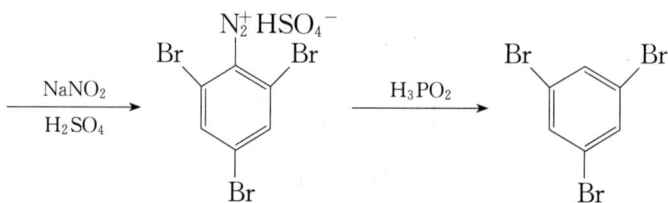

(4)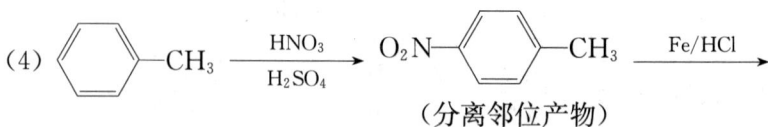

（分离邻位产物）

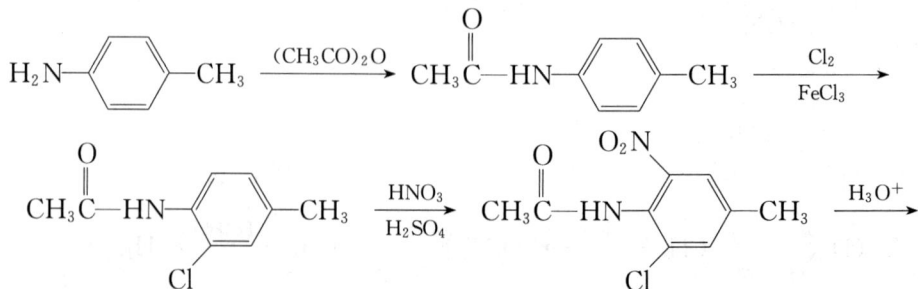

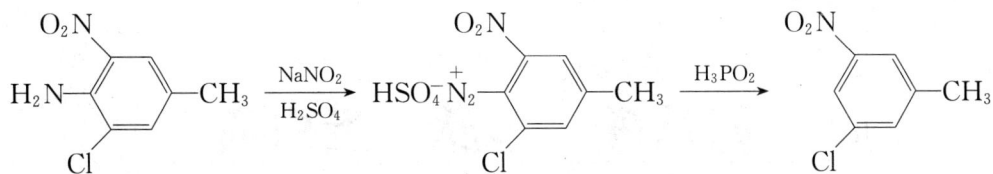

(5)

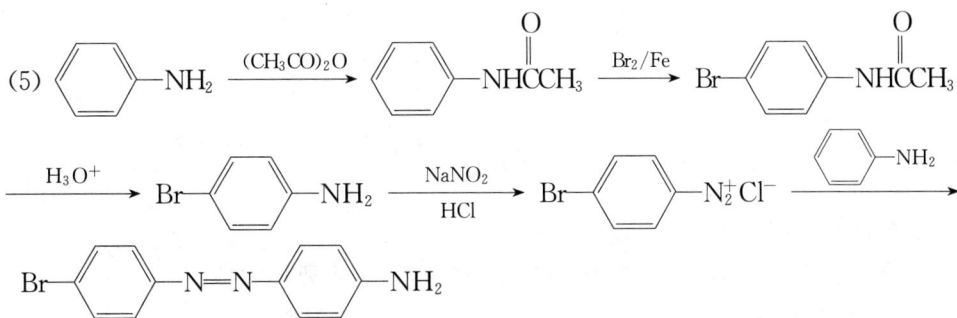

第十五章　氨基酸、多肽、蛋白质 ▷▷▷▷

习　题

1. 单选题：

(1)赖氨酸的等电点为 9.74，在 pH＝12 的溶液中，主要形式是：

　A. 两性离子　　　　　　　　　　　　B. 阳离子

　C. 阴离子　　　　　　　　　　　　　D. 中性分子

(2)下列化合物不能与茚三酮反应而形成蓝紫色的是：

　A. $H_2NCH_2\underset{\underset{NH_2}{|}}{C}HCOOH$ 　　　　　　　　B. $CH_3\underset{\underset{NH_2}{|}}{C}HCOOH$

　C. 蛋白质　　　　　　　　　　　　　D. $H_2N(CH_2)_5COOH$

(3)丙氨酸的结构式如下：

$$CH_3\underset{\underset{NH_2}{|}}{C}HCOOH$$

丙氨酸的等电点为 6.0，在 pH4.0 的溶液中，主要存在形式是：

　A. $CH_3\underset{\underset{NH_2}{|}}{C}HCOO^-$ 　　　　　　　　　B. $CH_3\underset{\underset{NH_3^+}{|}}{C}HCOO^-$

　C. $CH_3\underset{\underset{NH_3^+}{|}}{C}HCOOH$ 　　　　　　　　　D. $CH_3\underset{\underset{NH_2}{|}}{C}HCOOH$

(4)食用味精，即 L-谷氨酸单钠盐，其结构式如下：

$$\begin{array}{c}COONa\\ H_2N\!-\!\!\!\!-\!\!\!\!-\!H\\ CH_2CH_2COOH\end{array}$$

关于谷氨酸的说法错误的是：

　A. 谷氨酸属于酸性氨基酸　　　　　　B. 味精可溶于水

　C. 谷氨酸不是 α-氨基酸　　　　　　D. 分子中的手性碳原子为 S 型

（5）下列 α-氨基酸中，无旋光性的是：

A. COOH

B. H_2NCH_2COOH

C. $\underset{NH_2}{CH_2}CH_2CH_2\underset{NH_2}{CHCOOH}$

D. $HOOCCH_2CH_2\underset{NH_2}{CHCOOH}$

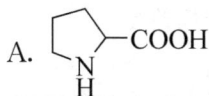

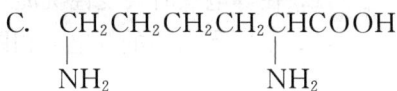

（6）已知天冬氨酸的结构式如下：

$$HOOCCH_2\underset{NH_2}{CHCOOH}$$

下列说法错误的是：

A. 天冬氨酸是酸性氨基酸

B. 天冬氨酸的等电点小于 7

C. 天冬氨酸可以与亚硝酸反应放出氮气

D. 天冬氨酸没有旋光性

（7）甘氨酸与苏氨酸（$\underset{HO}{CH_3CH}\underset{NH_2}{CHCOOH}$）形成二肽甘氨酰-苏氨酸，其结构式为：

A. $\underset{HO}{CH_3CH}\underset{NH_2}{CHCONHCH_2COOH}$

B. $\underset{HO}{CH_3CH}\underset{NH_2}{CHCONH}\underset{CH_3}{CHCOOH}$

C. $NH_2CH_2CONH\underset{HO-CHCH_3}{CHCOOH}$

D. $NH_2\underset{H_3C}{CHCONH}\underset{HO-CHCH_3}{CHCOOH}$

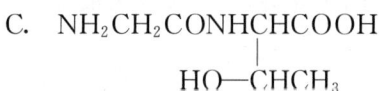

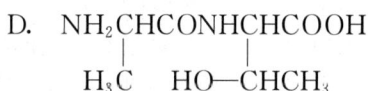

（8）太子参环肽 B(heterophylin B)是存在于太子参黄芪口服液中的一种寡肽，结构式如下：

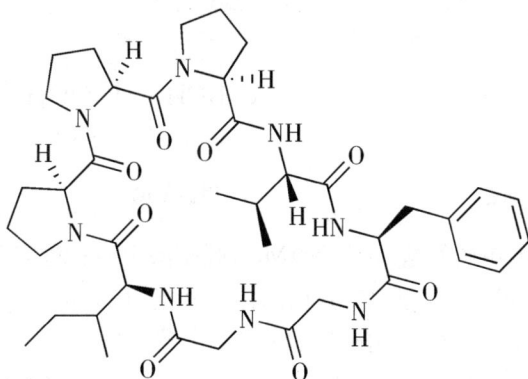

则有关说明正确的是：

A. 太子参环肽 B 是一种八肽

B. 太子参环肽 B 没有旋光性

C. 太子参环肽 B 含有一个 C-端氨基酸

D. 太子参环肽 B 含有一个 N-端氨基酸

（9）在蛋白质变性后的表现中，表述错误的是：

    A. 溶解度降低   B. 生物活性丧失

    C. 肽键必定断裂   D. 空间结构改变

(10)关于蛋白质等电点的叙述,正确的是:

    A. 在等电点时所带净电荷为零   B. 在等电点时会变性沉淀

    C. 在等电点时稳定性增加   D. 不同蛋白质的等电点相同

2. 已知苏氨酸的结构式及等电点 pI 值如下:

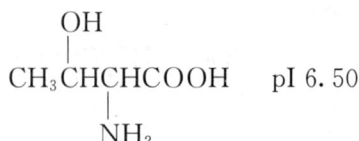

$$\underset{\underset{NH_2}{|}}{\overset{\overset{OH}{|}}{CH_3CHCHCOOH}} \qquad pI\ 6.50$$

试写出苏氨酸在 pH=4.00、6.50、8.20 缓冲溶液中的主要存在形式。

3. 已知谷氨酸、苯丙氨酸、赖氨酸的结构式及等电点 pI 值如下:

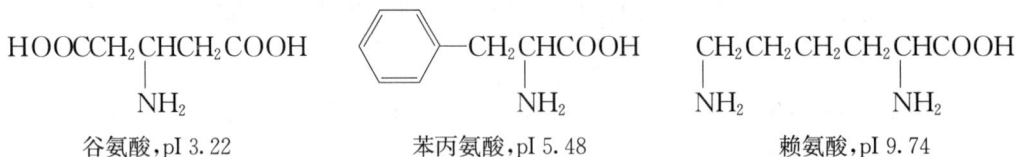

$$\underset{\underset{NH_2}{|}}{HOOCCH_2CHCH_2COOH} \qquad \underset{\underset{NH_2}{|}}{\bigcirc-CH_2CHCOOH} \qquad \underset{\underset{NH_2}{|} \qquad \underset{NH_2}{|}}{CH_2CH_2CH_2CH_2CHCOOH}$$

谷氨酸,pI 3.22   苯丙氨酸,pI 5.48   赖氨酸,pI 9.74

将上述三种氨基酸的混合物,置于 pH 5.48 的缓冲溶液中,缓冲溶液一端接正电极,一端接负电极。三种氨基酸分别向哪个方向运动?

4. 写出苯丙氨酸发生下列反应的反应式:

(1)加热脱水反应   (2)与亚硝酸作用   (3)与甲醛作用

5. 已知苏氨酸 Thr、甲硫氨酸(蛋氨酸)Met、脯氨酸 Pro 三种氨基酸的结构式如下:

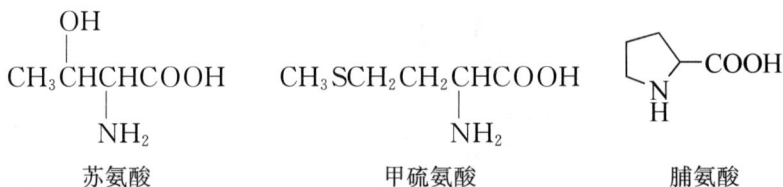

$$\underset{\underset{NH_2}{|}}{\overset{\overset{OH}{|}}{CH_3CHCHCOOH}} \qquad \underset{\underset{NH_2}{|}}{CH_3SCH_2CH_2CHCOOH} \qquad \underset{\underset{H}{N}}{\langle\ \rangle}-COOH$$

苏氨酸   甲硫氨酸   脯氨酸

由苏氨酸 Thr、甲硫氨酸(蛋氨酸)Met、脯氨酸 Pro 三种氨基酸,最多可组成的几种多肽?分别写出它们的结构式及缩写符号,命名并指出 N-端及 C-端。

6. 用化学方法鉴别下列各组化合物:

(1)水杨酸、丙氨酸、β-氨基丙酸   (2)葡萄糖、赖氨酸、淀粉

7. 海人草酸是从红藻、鹧鸪菜中分离得到的一种化合物,其驱蛔虫效果是山道年的10倍,但也具有一定的神经毒性作用。结构式如下:

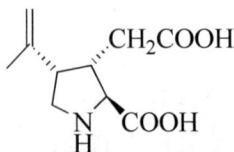

$$\underset{\underset{H}{N}}{\overset{\overset{\diagup\diagdown}{}}{}}\ CH_2COOH \atop COOH$$

试回答下列问题：

(1)海人草酸是否 α-氨基酸？属于酸性、中性、碱性氨基酸？其等电点值大于 7、等于 7 还是小于 7？

(2)用 * 标出海人草酸分子中的手性碳原子，并指出 R、S 构型。

(3)设海人草酸与甘氨酸缩合形成甘氨酰-海人草酸，试写出该二肽的结构式。

8. 化合物 A 分子式为 $C_8H_{15}O_4N_3$，1molA 与甲醛作用后的产物可消耗 1molNaOH。A 与 HNO_2 反应，放出 N_2，并生成 $B(C_8H_{14}O_5N_2)$，B 经水解后，得到羟基乙酸和丙氨酸。写出 A 和 B 的结构式和各步反应式。

参考答案

1.
(1)C (2)D (3)C (4)C (5)B (6)D (7)C (8)A (9)C (10)A

2. 苏氨酸在 pH=4.00、6.50、8.20 的缓冲溶液中的主要存在形式是:

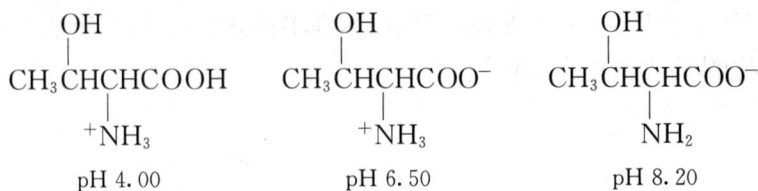

3.

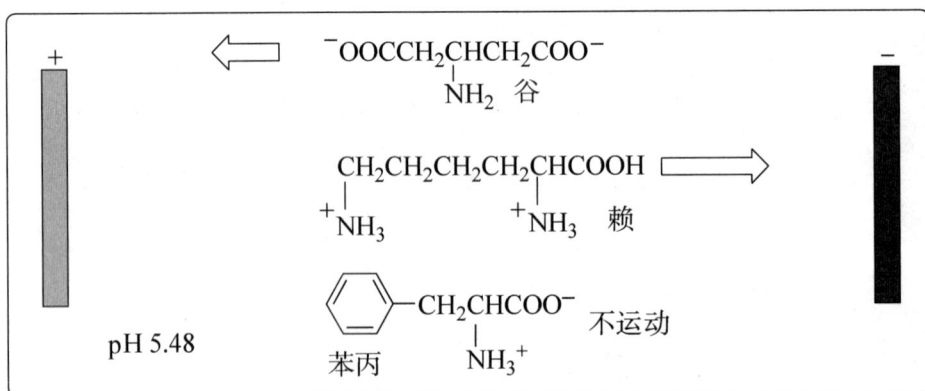

因此,采用上述电泳便可将三者分离。

4.

(1)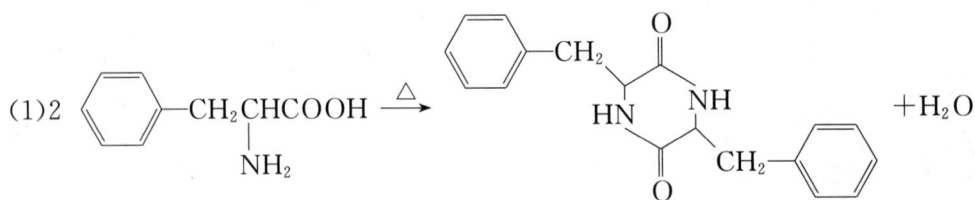

(2)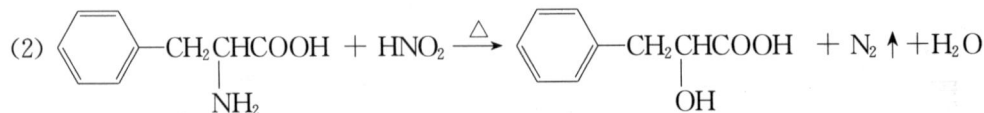

(3)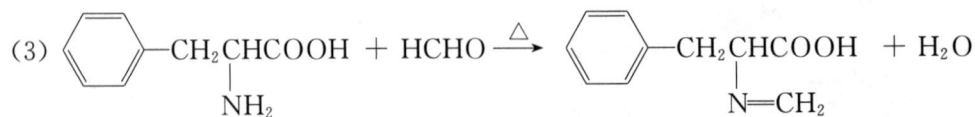

5.

(1)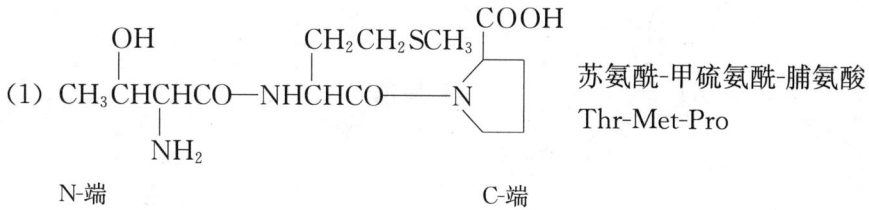

苏氨酰-甲硫氨酰-脯氨酸
Thr-Met-Pro

(2)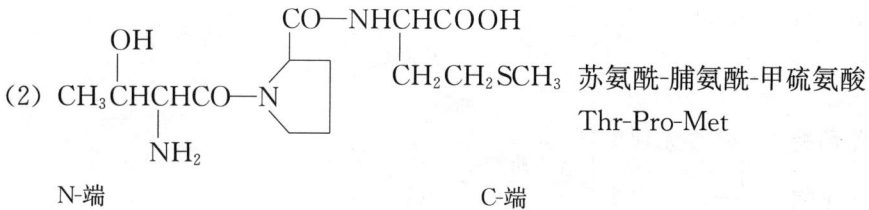

苏氨酰-脯氨酰-甲硫氨酸
Thr-Pro-Met

(3)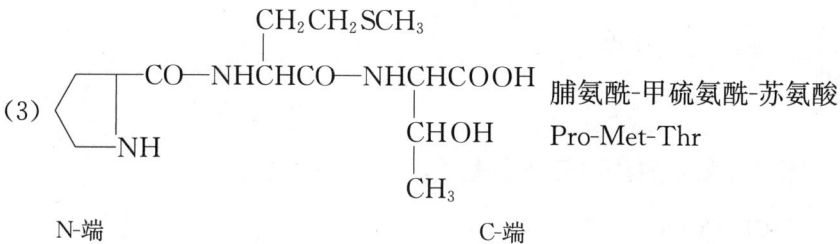

脯氨酰-甲硫氨酰-苏氨酸
Pro-Met-Thr

(4)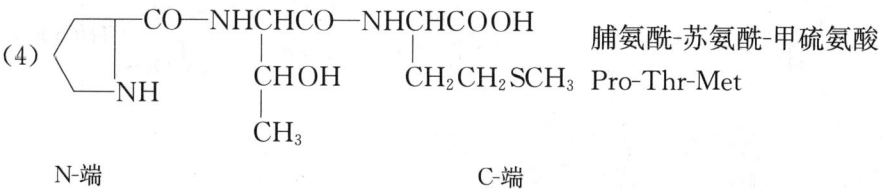

脯氨酰-苏氨酰-甲硫氨酸
Pro-Thr-Met

(5)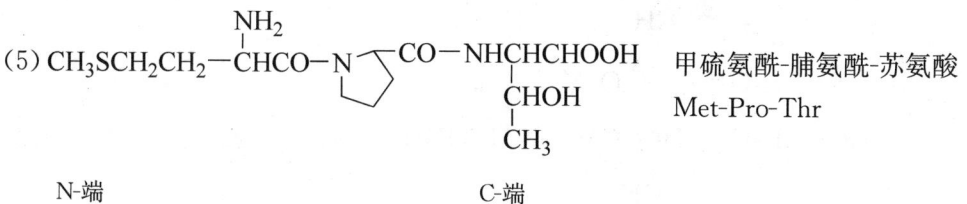

甲硫氨酰-脯氨酰-苏氨酸
Met-Pro-Thr

(6)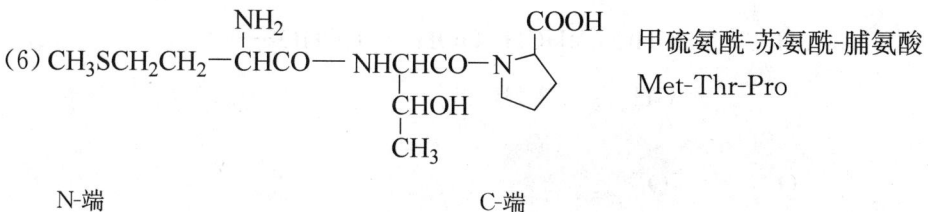

甲硫氨酰-苏氨酰-脯氨酸
Met-Thr-Pro

6.

(1)

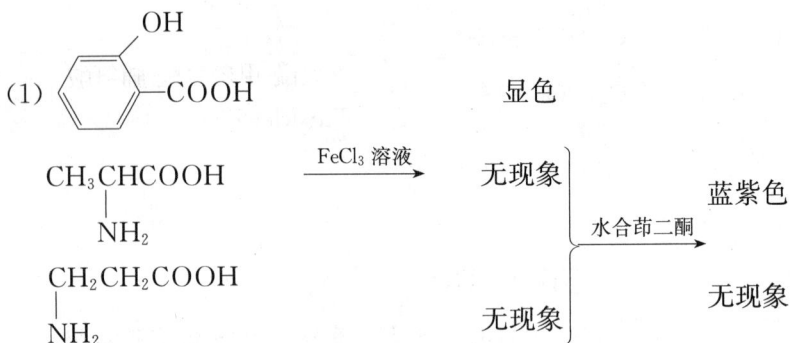

(2) 葡萄糖   无现象
  赖氨酸 $\xrightarrow{I_2}$ 无现象 $\Big\}\xrightarrow{\text{水合茚三酮}}$
  淀粉   蓝色

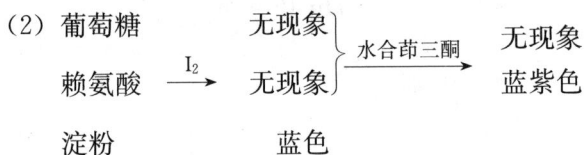

7.

(1)海人草酸是 α-氨基酸,属于酸性氨基酸,其等电点值小于 7。

(2)

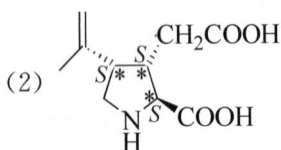

(3)

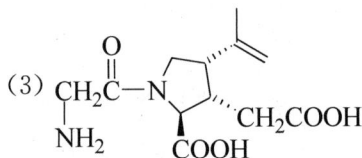

8.

A.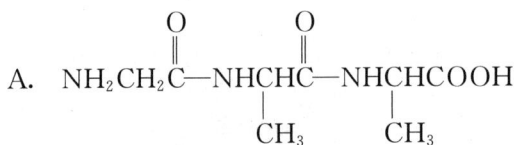

B.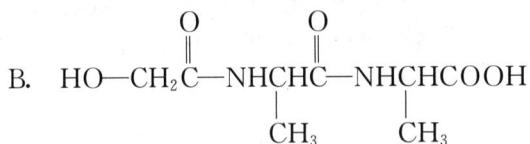

(1)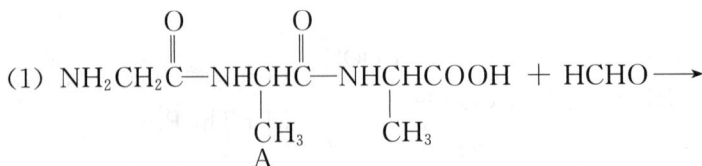

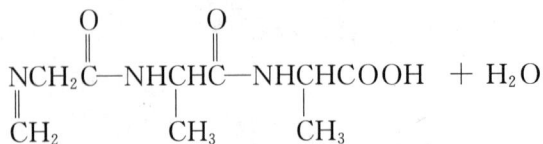

(2) 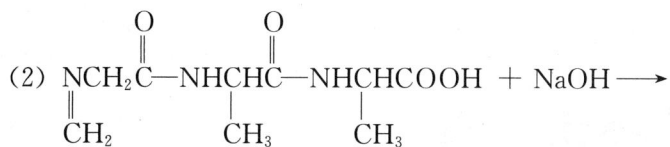 + NaOH ⟶

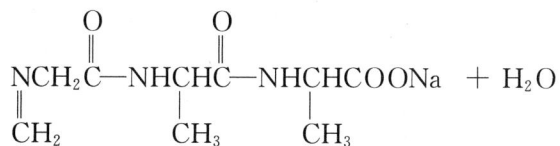 + H_2O

(3) 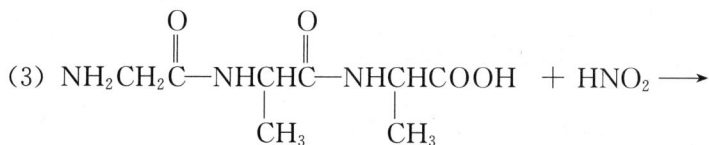 + HNO_2 ⟶

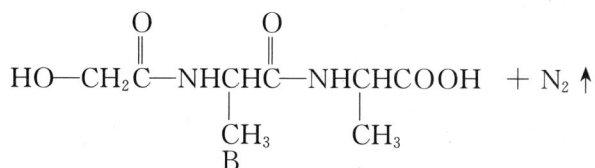 + $N_2\uparrow$

(4) 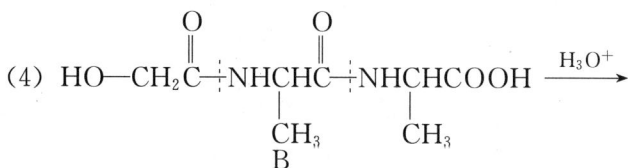 $\xrightarrow{H_3O^+}$

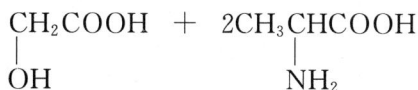 + 2$CH_3CHCOOH$

第十六章　杂环化合物 ▷▷▷▷

习　题

1. 单选题：

(1)下列不属于杂环化合物的是：

A.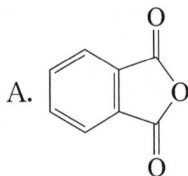

B.

C.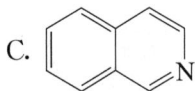

D.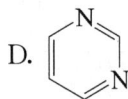

(2)下列杂环中没有芳香性的是：

A.

B.

C.

D.

(3)下列化合物中不属于稠杂环的是：

A.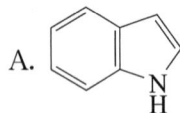

B.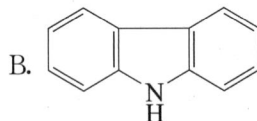

C.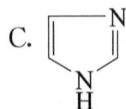

D.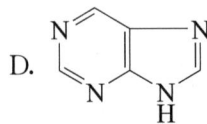

(4)下列杂环化合物命名编号错误的是：

A.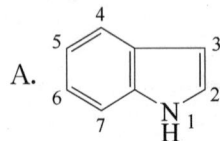

B.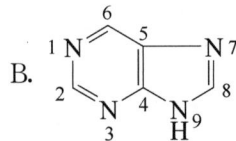

C.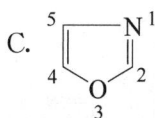

D.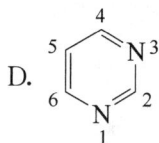

(5) 下列组合杂环在命名时,应该选用右环作为基本环的是:

A.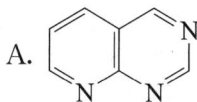

B.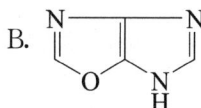

C.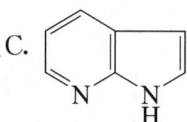

D.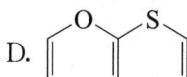

(6) 下列说法中错误的是:

A. 维生素 B_{12} 和血红素都含有卟吩环的结构

B. 糠醛(α-呋喃甲醛)遇苯胺醋酸盐溶液显深红色,且能发生 Cannizzaro 反应

C. 分子中含有两个杂原子(通常其中一个是 N 原子)的五元单杂环属于唑类

D. 胸腺嘧啶 T 是构成核苷酸的一种碱基,其结构是

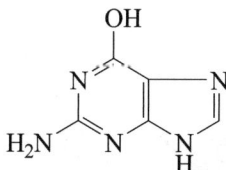

(7) 毛果芸香碱是存在于毛果芸香中的一种生物碱,可用于治疗青光眼;存在于烟草中的烟碱俗称尼古丁(nicotine),少量能兴奋神经,大量(50 毫克/次)会引起心脏停搏而致死。二者的结构式如下:

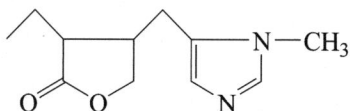

毛果芸香碱

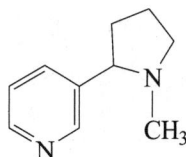

烟碱

下列有关这两个化合物的描述,不正确的是:

A. 毛果芸香碱分子中含有一个咪唑环

B. 毛果芸香碱滴眼液不能在碱性条件下使用,否则,分子中的内酯环会开环而致失效

C. 烟碱分子中含有吡啶环

D. 如用 $KMnO_4$ 氧化烟碱,则可以得到 γ-吡啶甲酸

（8）下列化合物中属于咪唑类药物的是：

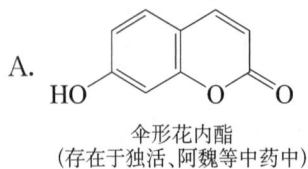

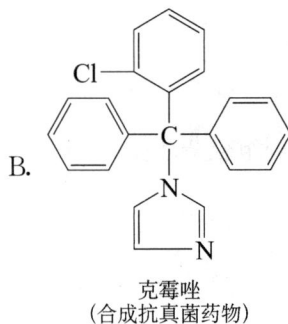

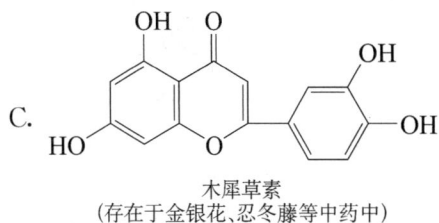

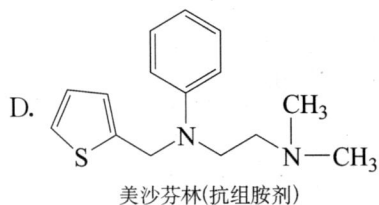

A.

伞形花内酯
（存在于独活、阿魏等中药中）

B.

克霉唑
（合成抗真菌药物）

C.

木犀草素
（存在于金银花、忍冬藤等中药中）

D.

美沙芬林(抗组胺剂)

（9）下列分子中属于黄酮类化合物的是：

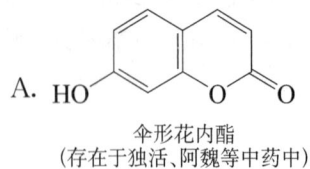

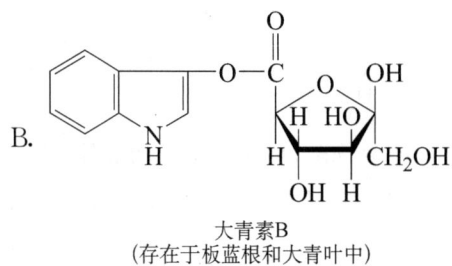

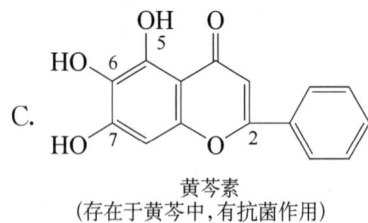

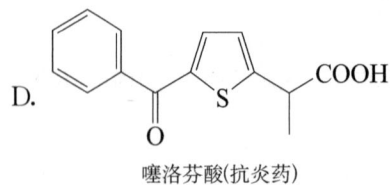

A. HO

伞形花内酯
（存在于独活、阿魏等中药中）

B.

大青素B
（存在于板蓝根和大青叶中）

C.

黄芩素
（存在于黄芩中，有抗菌作用）

D.

噻洛芬酸(抗炎药)

（10）下列常见化合物中，属于香豆素类的是：

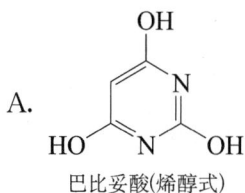

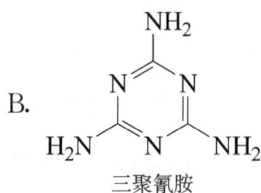

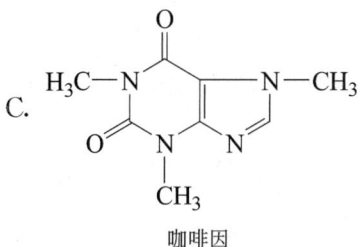

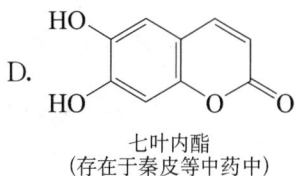

A. 巴比妥酸(烯醇式)

B. 三聚氰胺

C. 咖啡因

D. 七叶内酯
（存在于秦皮等中药中）

（11）下列化合物中亲电取代反应活性最弱的是：

A. 呋喃

B. 苯

C. 吡咯

D. 吡啶

（12）吴茱萸碱来源于芸香科植物吴茱萸的果实，结构式如下：

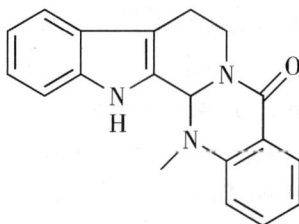

在吴茱萸碱分子中，含有以下哪种杂环：

A. 吡喃

B. 吲哚

C. 嘌呤

D. 吡啶

（13）去氢骆驼蓬碱来源于蒺藜科骆驼蓬属植物骆驼蓬 *Peganum harmala* L. 的种子，结构式如下：

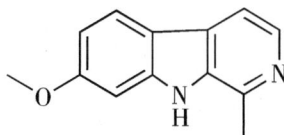

有关去氢骆驼蓬碱的说法不正确的是：

A. 两个氮原子都具有弱碱性，但强度不同

B. 分子中左右两个六元环都具有芳香性

C. 去氢骆驼蓬碱具有伯胺结构

D. 去氢骆驼蓬碱可用酸性水溶液提取

（14）长春质碱（catharanthine）来源于夹竹桃科植物长春花 *Catharanthus roseus* (L.)G. Don 的全草，结构式如下：

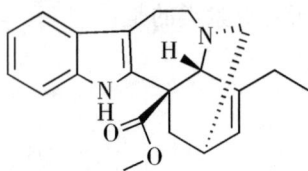

有关长春质碱说法不正确的是：

A. 长春质碱可溶于酸水中　　　　　　B. 长春质碱是一种吲哚类生物碱

C. 长春质碱具有叔胺结构　　　　　　D. 分子中只有一个芳香环

(15) 10-羟基喜树碱是从喜树的种子或根皮中提取出来的生物碱,结构如下：

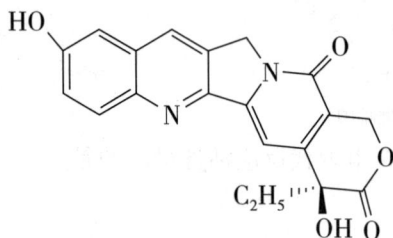

则有关说法正确的是：

A. 10-羟基喜树碱中含有异喹啉环

B. 10-羟基喜树碱属于香豆素

C. 10-羟基喜树碱有 Z/E 两种不同的构型

D. 10-羟基喜树碱在碱液中不能稳定存在

2. 请指出下列药物(或中药活性成分)分子中所含杂环的名称(不参照课本)：

(1)

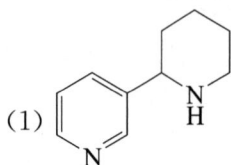

毒藜碱
(八角枫的有效成分)

(2)

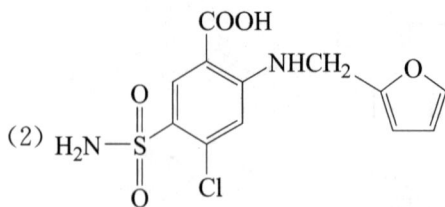

呋塞米
(利尿药)

(3)
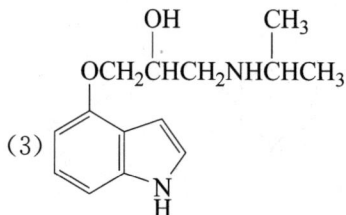

吲哚洛尔
(肾上腺素受体阻滞药)

(4)
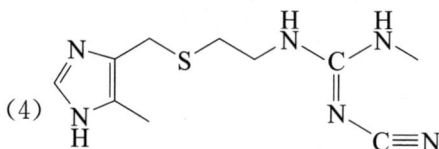

西咪替丁
(抗溃疡药)

(5)
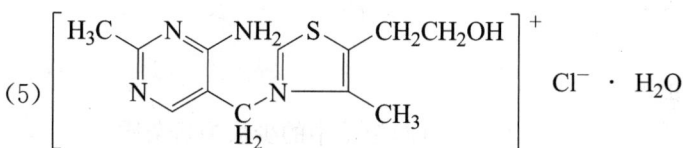

维生素B₁

(6)
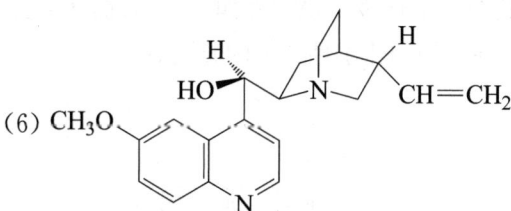

奎宁(金鸡纳碱)

3. 写出下列化合物的结构式(不参照课本):

(1) α-呋喃甲醛(糠醛)　　　　　　　　(2) 吡啶盐酸盐

(3) 苯并 γ-吡喃酮(色原酮)　　　　　　(4) β-吡啶甲酸(烟酸)

(5) 六氢吡啶(哌啶)　　　　　　　　　(6) 4,5-二氢咪唑

(7) 2,4-二羟基嘧啶(尿嘧啶,烯醇式)　　(8) 香豆素(苯并 α-吡喃酮)

(9) 6-氨基-9H-嘌呤(腺嘌呤,烯醇式)　　(10) 吡咯并[2,3-c]吡啶

4. 命名下列化合物(不参照课本):

(1)
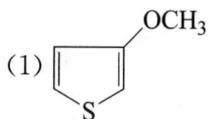

(2)
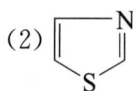

(3)
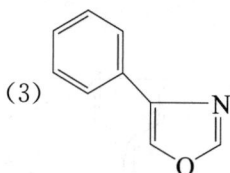

(4)
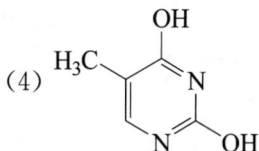

(5)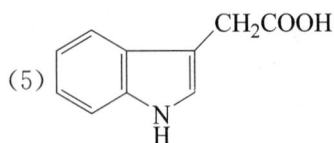

(6)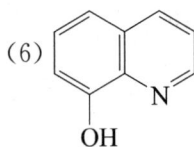

(7)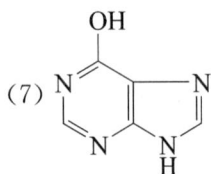

(8)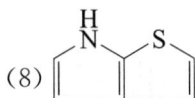

(9)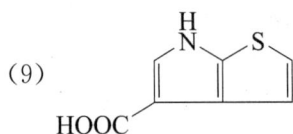

(10)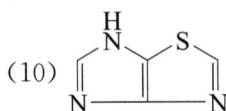

5. 试述除去下列杂质的原理与方法：

(1) 甲苯中的少量吡啶杂质　　　　　　(2) 粗苯中的少量噻吩杂质

6. 用电子效应解释吡咯同时呈现弱酸性和弱碱性的原因。

7. 试从共轭结构、电子密度、亲电取代反应活性及环稳定性四个方面，简述五元单杂环（呋喃、吡咯、噻吩）与六元单杂环（吡啶）在结构和化学性质上的异同点。

8. 比较下列各组化合物的碱性：

(1)

(2)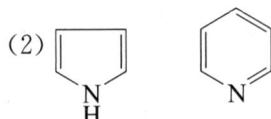

(3)

(4)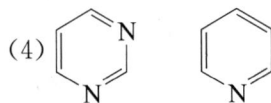

(5)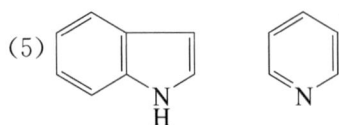

(6)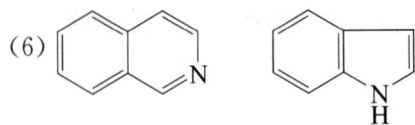

9. 比较下列各组化合物的酸性：

(1)

(2)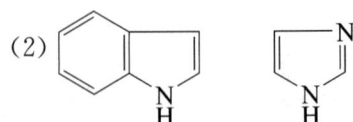

10. 比较下列各组化合物亲电取代反应活性：

(1)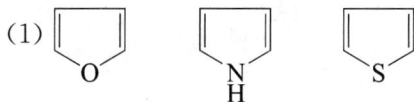

(2)

(3)

(4)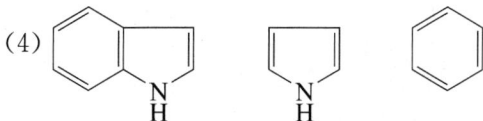

11. 试用简单的化学鉴别下列各组化合物：

(1)吡啶、苯

(2)呋喃、吡咯和糠醛

12. 如下列杂环化合物发生硝化反应，请用箭头指明硝基所进入的位置：

(1)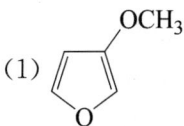

(2)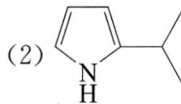

(3)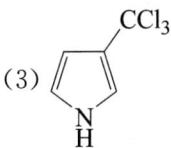

(4)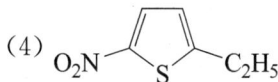

13. 写出下列反应的主要产物：

(1) 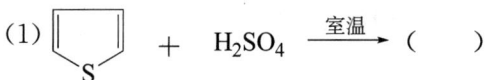 $+$ H_2SO_4 $\xrightarrow{\text{室温}}$ (　　)

(2) 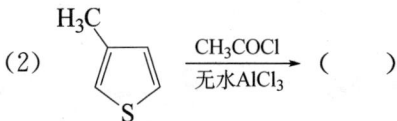 $\xrightarrow[\text{无水AlCl}_3]{\text{CH}_3\text{COCl}}$ (　　)

(3) H_3C 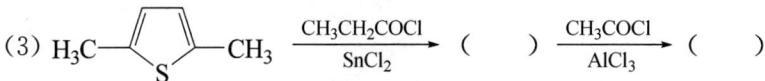 CH_3 $\xrightarrow[\text{SnCl}_2]{\text{CH}_3\text{CH}_2\text{COCl}}$ (　　) $\xrightarrow[\text{AlCl}_3]{\text{CH}_3\text{COCl}}$ (　　)

(4) [噻吩结构式] $\xrightarrow[H_3PO_4]{(CH_3CO)_2O}$ (   ) $\xrightarrow[HCl]{Zn-Hg}$ (   ) $\xrightarrow[AlCl_3]{[苯甲酰氯结构式]}$ (   )

(5) [吲哚结构式] + HNO$_3$ $\xrightarrow{催化剂}$ (   )

(6) [吲哚结构式] + (CH$_3$CO)$_2$O $\xrightarrow{无水AlCl_3}$ (   )

(7) [吡啶结构式] + H$_2$SO$_4$(稀) $\longrightarrow$ (   )

(8) [吡啶结构式] $\xrightarrow{混酸}$ (   ) $\xrightarrow{Fe+HCl}$ (   ) $\xrightarrow[低温]{NaNO_2/H_2SO_4}$ (   ) $\xrightarrow[KBr]{CuBr}$ (   )

(9) [3-(2-哌啶基)吡啶结构式] $\xrightarrow[H^+]{KMnO_4}$ (   )

(10) [5-甲氧基香豆素结构式] $\xrightarrow[\Delta]{OH^-}$ (   )

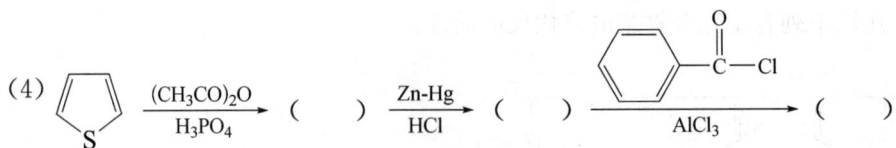

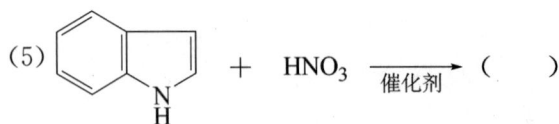

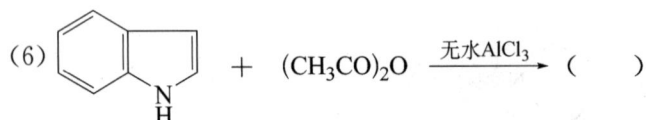

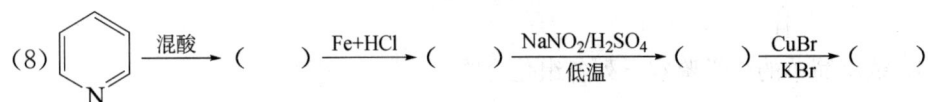

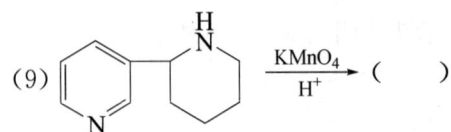

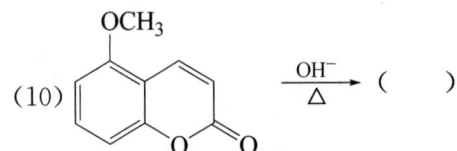

14. 试写出下列化合物烯醇式和酮式的互变异构体系。

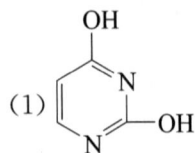

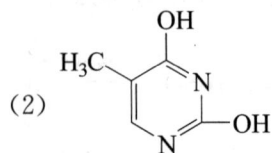

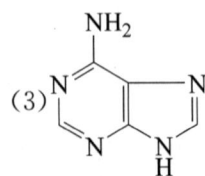

(1) [2,4-二羟基嘧啶结构式]

(2) [5-甲基-2,4-二羟基嘧啶结构式]

(3) [腺嘌呤结构式]

（4）尿酸（2,6,8-三羟基嘌呤）　　　　　　（5）2,4,6-三羟基嘧啶（巴比妥酸）

15. 合成题：

（1）以不超过 7 个碳原子的有机物为原料，合成 6-甲基喹啉（Skraup 合成法）。

（2）以甲苯及其他化合物为原料，合成 8-硝基喹啉-6-甲酸（Skraup 合成法）。

参考答案

1.

(1)A　(2)D　(3)C　(4)C　(5)A　(6)D　(7)D　(8)B　(9)C　(10)D　(11)D

(12)B　(13)C　(14)D　(15)D

2.

(1) 吡啶环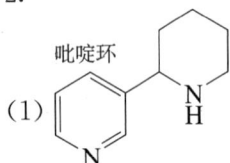

(2)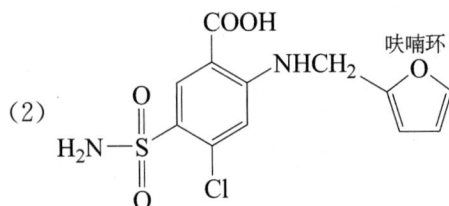

(3)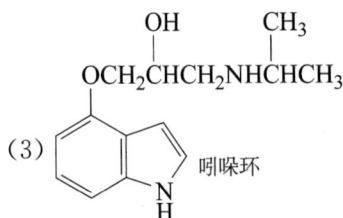

(4)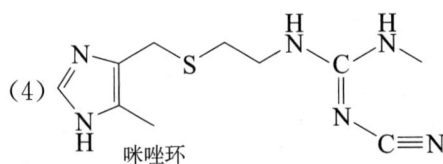

(5)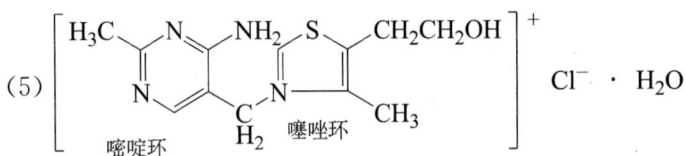

(6)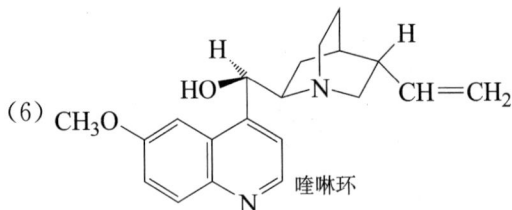

3.

(1)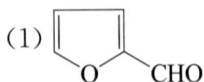

(2)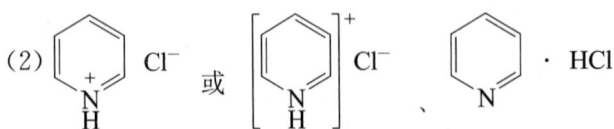

(3)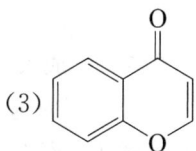

(4)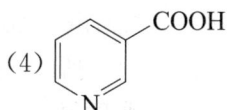

(5)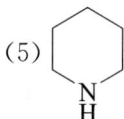

(6)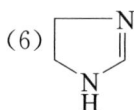

(7)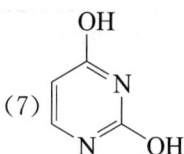

(8)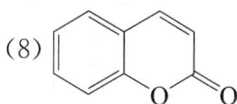

(9)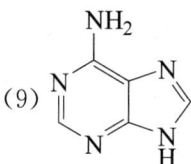

(10)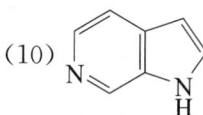

4.

(1)3-甲氧基噻吩(或 β-甲氧基噻吩)

(2)噻唑

(3)4-苯基噁唑

(4)2,4-二羟基-5-甲基嘧啶

(5)β-吲哚乙酸

(6)8-羟基喹啉

(7)6-羟基嘌呤

(8)吡咯并[2,3-b]噻吩

(9)吡咯并[2,3-b]噻吩-4-甲酸

(10)咪唑并[4,5-d]噻唑

5.

(1)吡啶可溶于水;而甲苯不溶。依据该原理,可将甲苯中的吡啶杂质除去。方法如下:在含吡啶的甲苯中,加入水后,尽力振荡,静置分层后,分去下层(水),上层即无吡啶的甲苯。

(2)从煤焦油中得到的粗苯往往含有噻吩杂质,由于噻吩与苯的沸点相近,故难用分馏的方法将噻吩除去。一般采用化学的方法。常温下,苯在不与浓硫酸反应,而噻吩则可以发生如下反应:

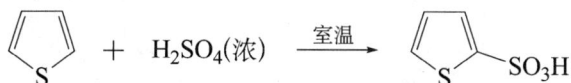

依据该反应,可选用浓硫酸除去粗苯中所含的噻吩杂质。方法如下:在含噻吩粗苯中,加入浓 H_2SO_4,尽力振荡,静置分层后,分去硫酸层(下层),上层即为无噻吩苯。

6.

吡咯环上的 N 原子含有孤对电子,故有弱碱性。当然,因孤对电子参与形成大 π 键,
N 原子上的电子云密度显著降低,所以,其碱性非常弱(pK_b 13.6)。同时,也正因为 N 原
子参与形成大 π 键,其电子云密度很弱,N-H 键变得很脆弱,H 原子易变成 H⁺ 离去,反而
表现出弱酸性(pK_a 17.5)。

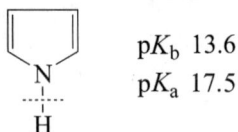

pK_b 13.6
pK_a 17.5

7.

	五元单环			六元单环
化合物	呋喃	噻吩	吡咯	吡啶
共轭结构	共轭大 π 键(π_5^6)			共轭大 π 键(π_6^6)
平均 π 电子密度	比苯高("多 π 芳环")			比苯低("缺 π 芳环")
亲电取代反应活性	比苯强			比苯弱
环稳定性	比苯弱 (比苯容易氧化开环)			比苯强 (比苯难氧化开环)

8.

(1)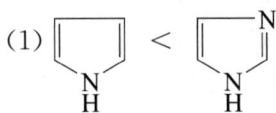

(2)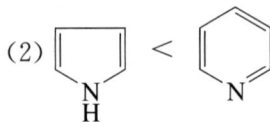

(3)

(4)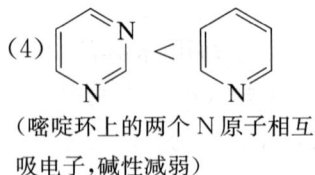

(嘧啶环上的两个 N 原子相互
吸电子,碱性减弱)

(5)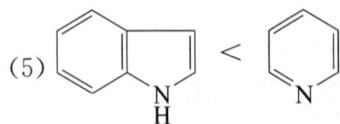

(6)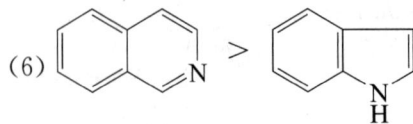

9.

(1)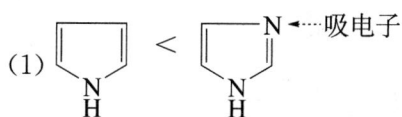

(2)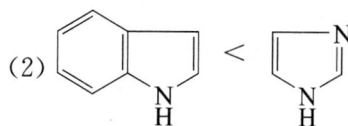

10.

(1)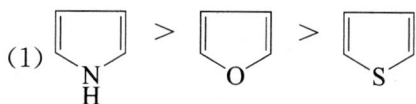

(2)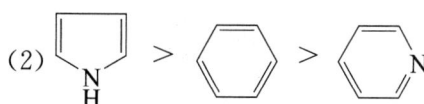

(3)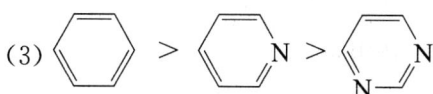

(4)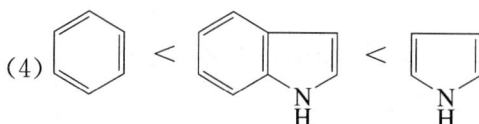

11.

(1)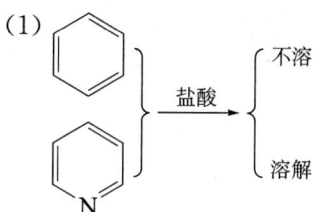

(2) 方法一：

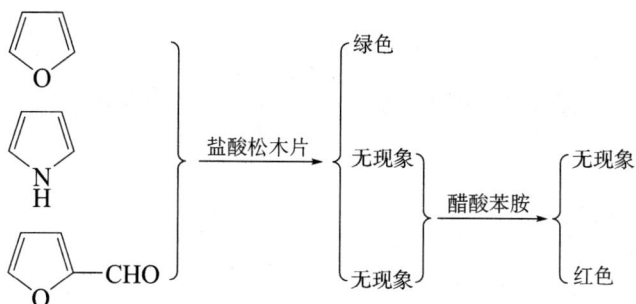

方法二：

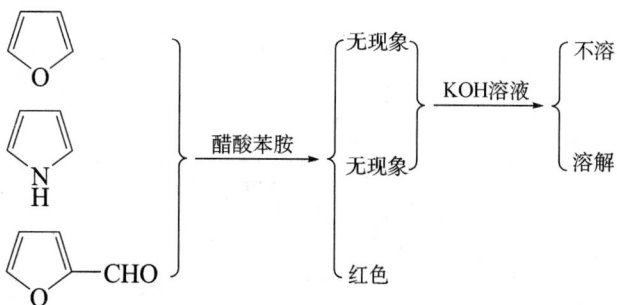

说明：除以上方法外，可能还有其他的鉴别方法。

12.

(1)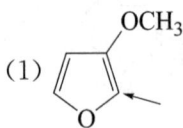

(2)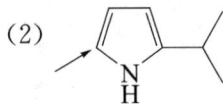

(3)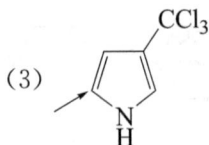

(4)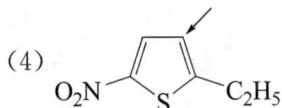

说明:本题要综合考虑取代基和杂原子的定位作用。

13.

(1)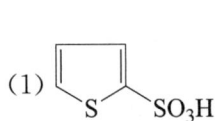

(2)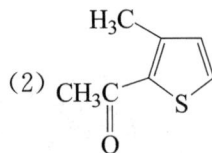

(3)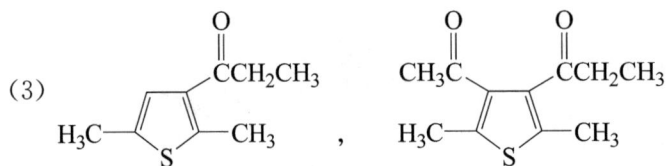

(4)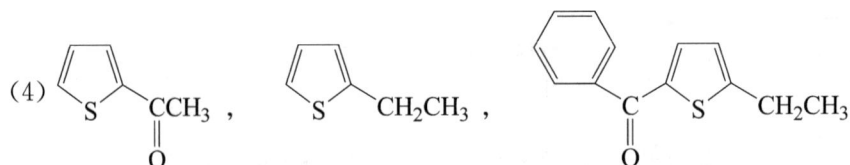

(5) ... (6) ... (7)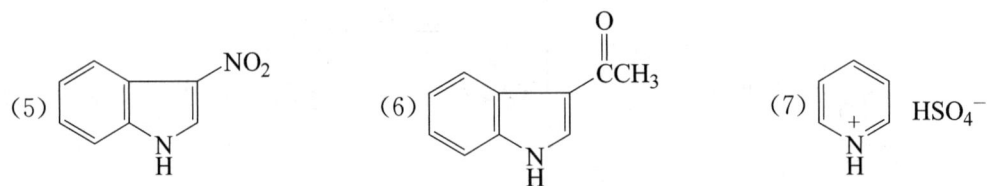

(8)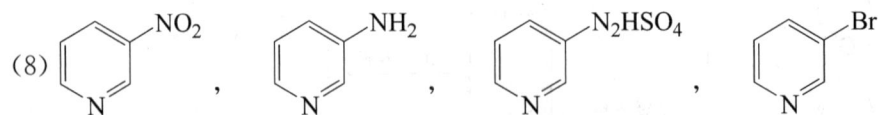

(9) ... (10)

14.

(1)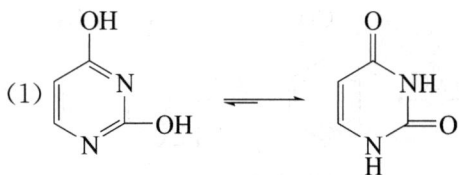

(2)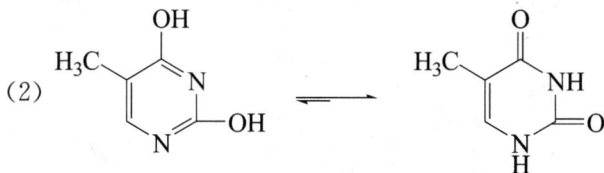

(3)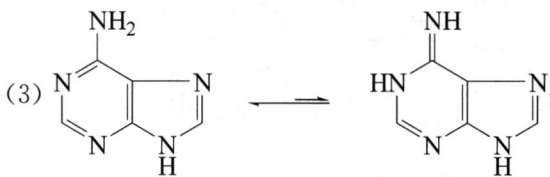

(4)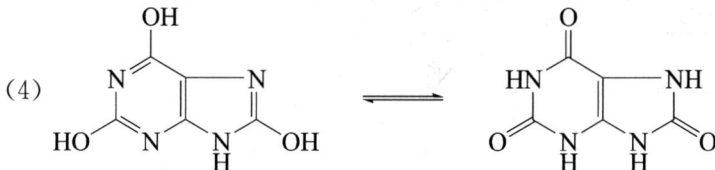

(5)

15.

(1)

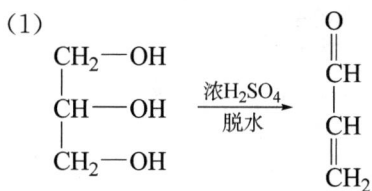

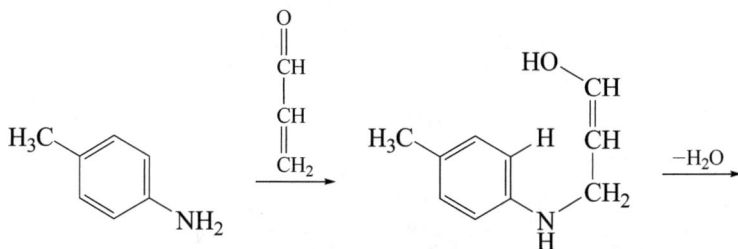

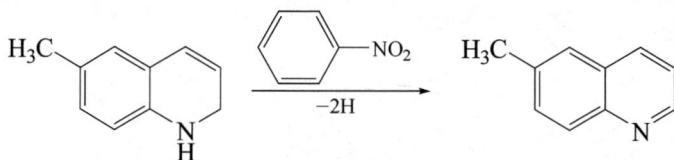

（2）

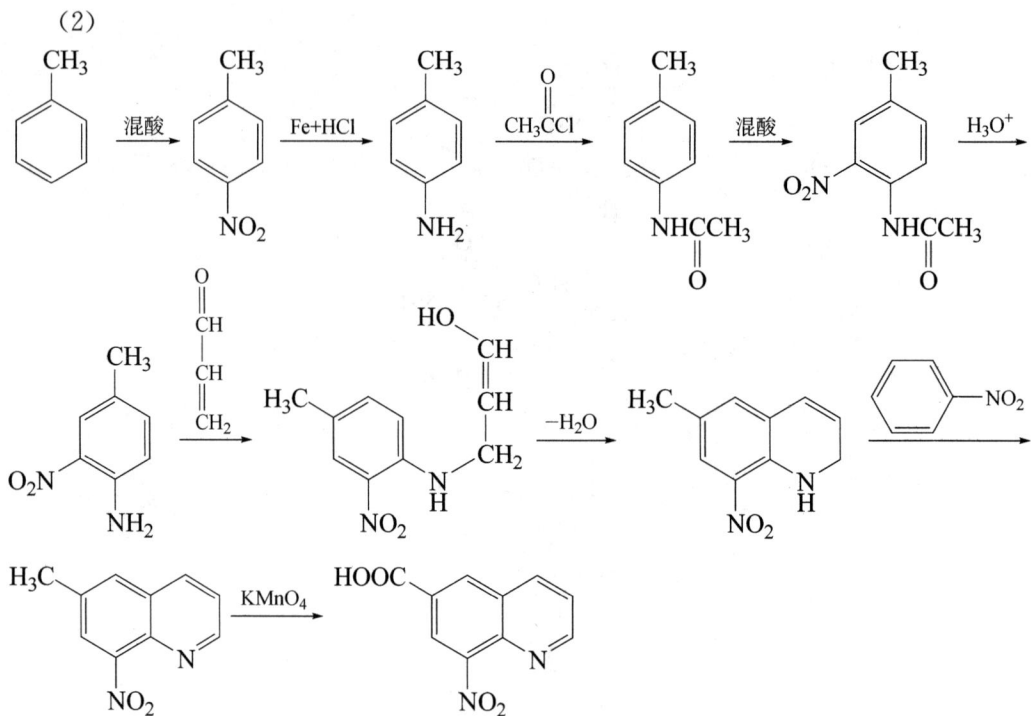

第十七章　糖类化合物 ▷▷▷

习　题

1. 单选题：

(1)决定葡萄糖 D/L 构型的碳原子是：

  A. 1 号碳   B. 3 号碳

  C. 4 号碳   D. 5 号碳

(2)关于 D-果糖的下列说法,错误的是：

  A. 酮糖   B. 有变旋现象

  C. 还原糖   D. 非还原糖

(3)鉴别葡萄糖和果糖的试剂是：

  A. 托伦试剂   B. 班氏试剂

  C. 溴水   D. 苯肼

(4)区别还原糖和非还原糖的方法是：

  A. 银镜反应   B. 碘仿反应

  C. 成苷反应   D. 莫立许反应

(5)糖类检识最常用的反应是：

  A. 成脎反应   B. 银镜反应

  C. 氧化反应   D. 莫立许反应

(6)下列化合物不属于还原性糖的是：

  A. 蔗糖   B. 纤维二糖

  C. 葡萄糖   D. 麦芽糖

(7)单糖在碱性条件下可发生差向异构化,其中间体是：

  A. 半缩醛结构   B. 烯醇式结构

  C. 半缩酮结构   D. 糖苷结构

(8)葡萄糖与甲醇成苷反应的条件是：

  A. 浓盐酸   B. 干燥 HCl

  C. 碱性条件   D. 浓硫酸

(9)与碘能显蓝紫色的是：

  A. 淀粉   B. 纤维素

C. 蔗糖   D. 环糊精

(10)纤维素分子中的苷键类型是：

     A. α-1,4-糖苷键   B. β-1,4-糖苷键

     C. α-1,6-糖苷键   D. β-1,6-糖苷键

(11)关于蔗糖表述正确的是：

     A. 果糖部分保留半缩酮羟基   B. 葡萄糖部分保留半缩醛羟基

     C. 果糖和葡萄糖都不具有苷羟基   D. 果糖和葡萄糖各自都保留苷羟基

(12)对莫立许反应现象的正确理解是：

     A. 结果阳性表明一定含有糖   B. 结果阴性表明一定不含糖

     C. 结果阳性表明含有还原糖   D. 结果阴性表明只含非还原糖

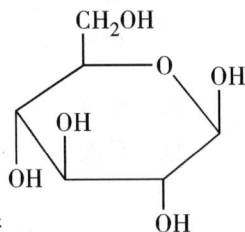

(13)β-D-吡喃葡萄糖 的开链结构式是：

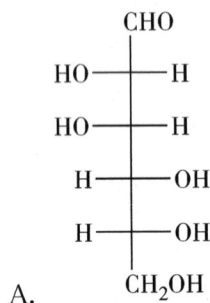

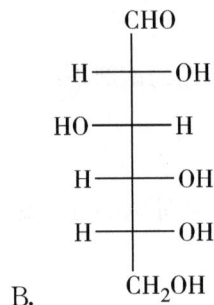

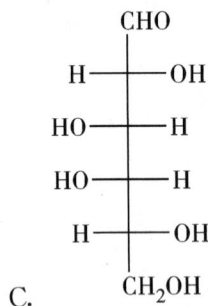

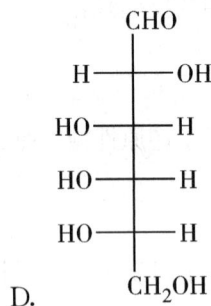

A.

B.

C.

D.

(14)异荭草苷存在于决明子等中药中,结构式如下：

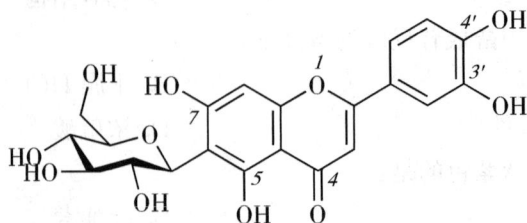

则有关异荭草苷的说法不正确的是：

A. 属于碳苷类化合物

B. 因为 1,4,5,7,3′,4′-位都不是手性碳，所以异荭草苷不具有旋光性

C. 属于黄酮苷类

D. 其苷键为 β-型

（15）毛蕊花苷和金石蚕苷往往共存于一些中药（如广东紫珠）中，二者的结构式如下：

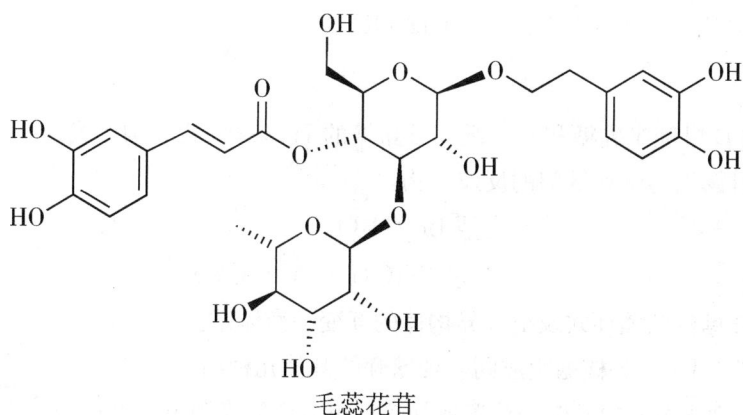

毛蕊花苷

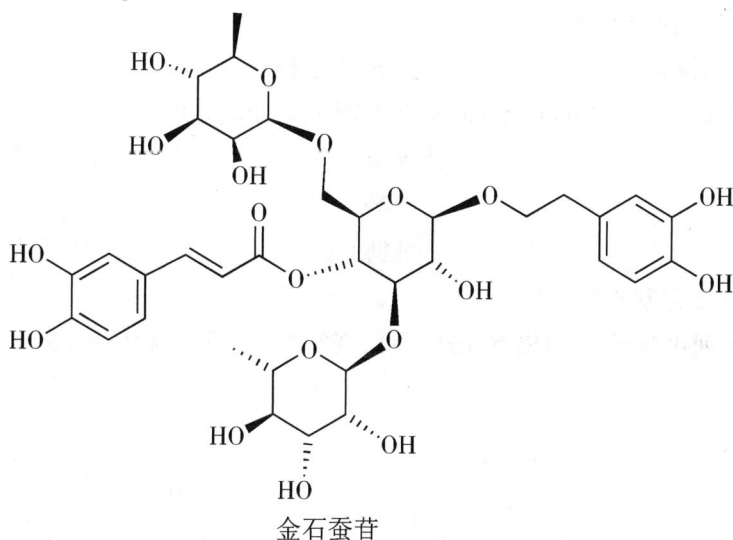

金石蚕苷

则有关说法不正确的是：

A. 两者属于多糖

B. 其苷键都是 O-苷键

C. 在酸性或碱性水溶液中都容易分解

D. 金石蚕苷可以看成是毛蕊花苷的糖苷

2. 写出己酮糖的所有旋光异构体，注明哪些属于 D-系列？哪些属于 L-系列？哪些互为对映体？哪些属于差向异构体？

3. 将下列几个单糖改写成 Haworth 结构式，并写出相应的名称：

①　　　　　　　　②　　　　　　　　③

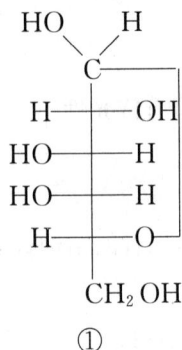

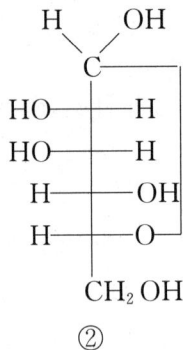

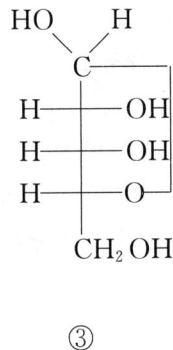

4. 试写出 β-D-吡喃半乳糖和 α-D-吡喃甘露糖的 Haworth 式和构象式。

5. 写出 D-甘露糖与下列试剂的反应产物：

①HNO_3　　　　　　　　②Br_2/H_2O　　　　　　　③稀碱

④过量苯肼　　　　　　　　⑤$CH_3OH+HCl$（无水）

6. 写出 D-核糖的呋喃环式及链式异构体的互变平衡体系。

7. 试写出能与 D-(—)-核糖生成同一种糖脎的其他几种糖。

8. 糖苷在酸性水溶液中长时间放置或加热后也有变旋光现象，为什么？

9. 用化学方法区分下列糖：

①葡萄糖、果糖和半乳糖　　　　②蔗糖与麦芽糖　　　　③淀粉与纤维素

10. 下列物质哪些可以和吐伦试剂反应，哪些具有变旋光现象：

①葡萄糖　　　　　　　　②果糖　　　　　　　　③半乳糖

④麦芽糖　　　　　　　　⑤糠醛　　　　　　　　⑥淀粉

⑦蔗糖　　　　　　　　⑧乳糖　　　　　　　　⑨环己基甲醛

⑩1-环己基-2-羟基乙酮

11. 命名下列化合物，并指出有无还原性、变旋光现象和水解作用，其水解产物有无还原性。

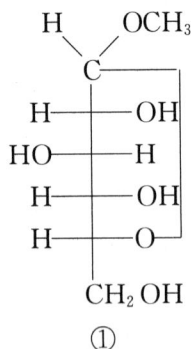

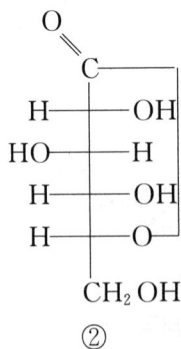

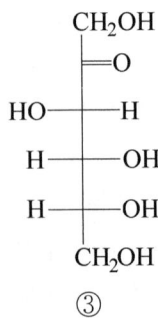

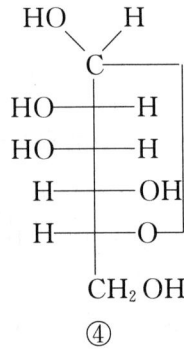

①　　　　　　　　②　　　　　　　　③　　　　　　　　④

12. 将葡萄糖还原得到单一的葡萄糖醇 A，而将果糖还原，除得到 A 外，为什么还得到另一种糖醇 B？A 与 B 是什么关系？

13. 蜜二糖是一个双糖，可被麦芽糖酶水解，不为苦杏仁酶水解。该糖能使 Fehling

溶液显红色;该糖经溴水氧化后再彻底甲基化,最后以酸水解,得到 2,3,4,5-四-O-甲基-D-葡萄糖酸和 2,3,4,6-四-O-甲基-D-半乳糖。试写出其结构式,并进行系统命名,然后写出各步化学反应。

14. A、B 和 C 都是 D-型己醛糖,催化加氢后,A 和 B 生成同样的具有旋光性的糖醇;但与苯肼作用时,A 和 B 生成的糖脎不同。B 和 C 能生成同样的糖脎,但加氢时所得的糖醇不同。试推测 A 和 C 的费歇尔投影式。

15. 某 D 系列戊醛糖,经降解生成的丁醛糖用硝酸氧化,可生成 2S,3S-左旋酒石酸;此戊醛糖经升级而得到的两个己醛糖中,有一个用硝酸氧化生成内消旋的己糖二酸。试推测此戊醛糖的开链结构,说明理由。

16. 某 D 系列戊醛糖 A 氧化后生成具有旋光性的糖二酸 B;该糖通过碳链缩短反应,得到丁醛糖 C,C 氧化后生成没有旋光性的糖二酸 D。试推测 A、B 、C 和 D 的结构。

17. 高碘酸氧化法能确定多糖中苷键连接的位置,请以 D-葡萄糖残基 β-苷键为例,写出 1,2-连接情况下经高碘酸氧化、氢硼化钠还原、酸性水解后的反应产物。

参考答案

1.
(1)D　(2)D　(3)C　(4)A　(5)D　(6)A　(7)B　(8)B　(9)A　(10)B　(11)C
(12)B　(13)B　(14)B　(15)A

2. D-系列的己酮糖有：

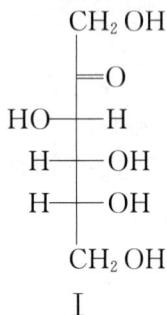 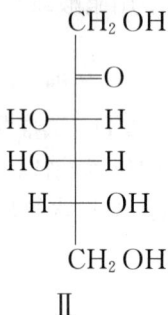 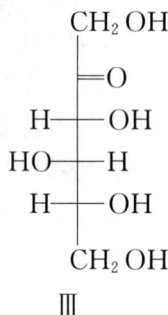 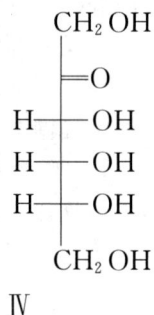

L-系列的己酮糖有：

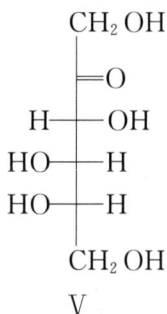 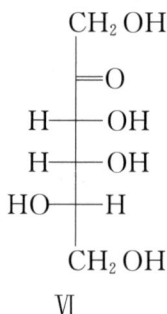 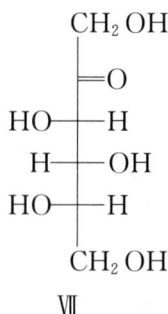 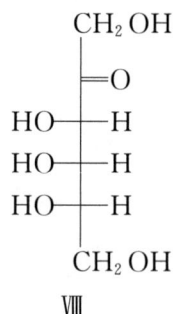

其中，Ⅰ与Ⅴ、Ⅱ与Ⅵ、Ⅲ与Ⅶ、Ⅳ与Ⅷ互为对映体；就 D-系列来说，Ⅰ与Ⅳ互为 C-3 差向异构体，Ⅱ与Ⅲ互为 C-4 差向异构体。L-系列中，Ⅴ与Ⅷ互为 C-3 差向异构体，Ⅵ与Ⅶ互为 C-4 差向异构体。

3.

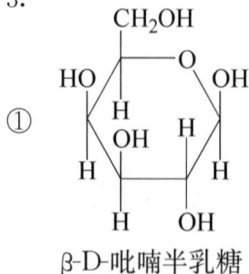

①　β-D-吡喃半乳糖

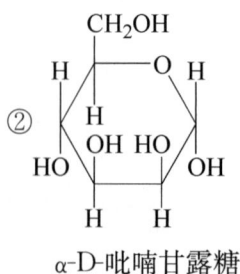

②　α-D-吡喃甘露糖

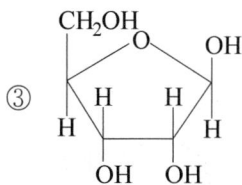

β-D-呋喃核糖

4. ①为 β-D-吡喃半乳糖。②为 α-D-吡喃甘露糖。

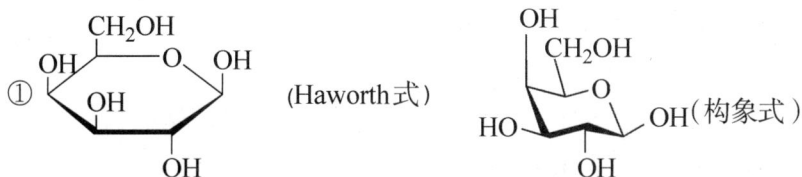

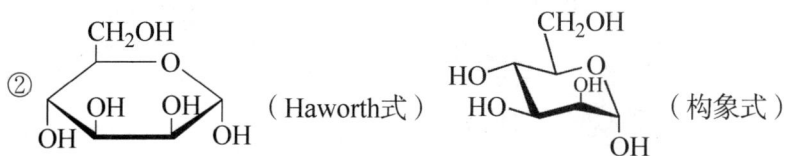

5.

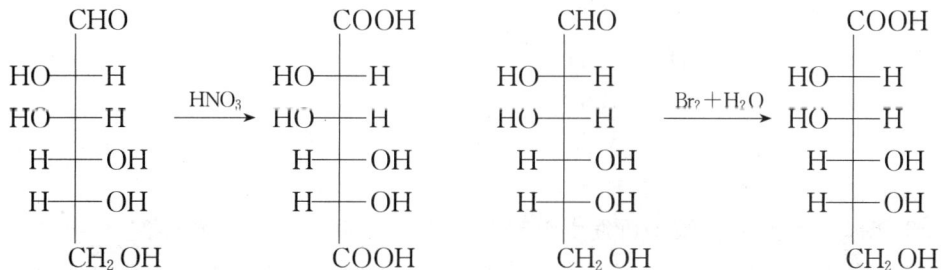

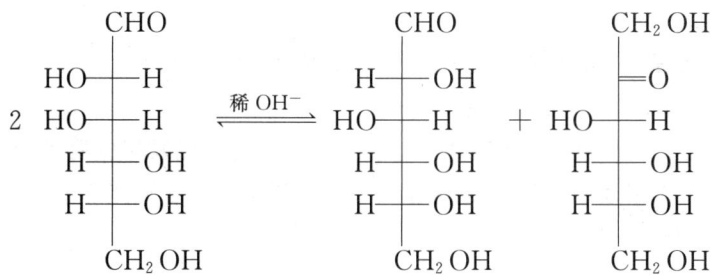

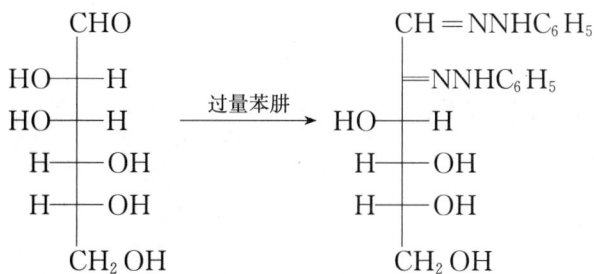

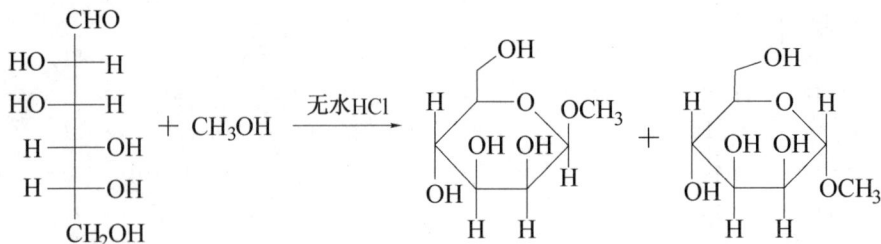

6. D-核糖的开链结构及环状结构的平衡体系如下：

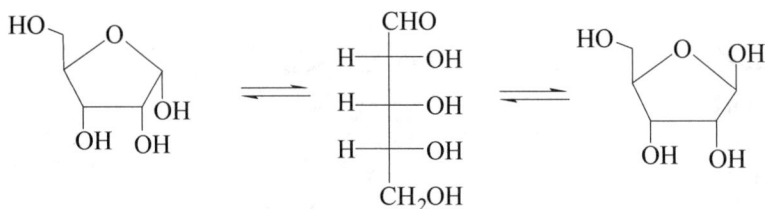

7. 能与 D-核糖生成同一种脎的另两种糖：

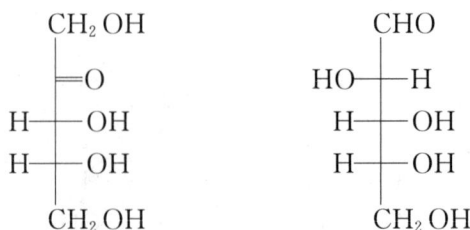

8. 糖苷在酸性水溶液中可发生水解生成单糖，单糖发生变旋光现象。

9. ①用稀硝酸氧化，析出结晶者为半乳糖；用溴水氧化，能使溴颜色褪去者为葡萄糖，余下的便是果糖。

　②能与吐伦试剂发生银镜反应者为麦芽糖，蔗糖不与吐伦试剂发生反应。

　③淀粉与碘呈蓝紫色，纤维素无此反应。

10. ①②③④⑤⑧⑨⑩均可以和吐伦试剂反应；①②③④⑧均可以发生变旋现象。

11.

名称	还原性	变旋现象	水解	水解产物的还原性
①α-D-吡喃葡萄糖甲苷	无	无	有	有
②D-葡萄糖-δ-内酯	无	无	有	无
③D-果糖	有	有	无	
④β- D-吡喃甘露糖	有	有	无	

12. 葡萄糖和果糖还原后的糖醇分别如下：

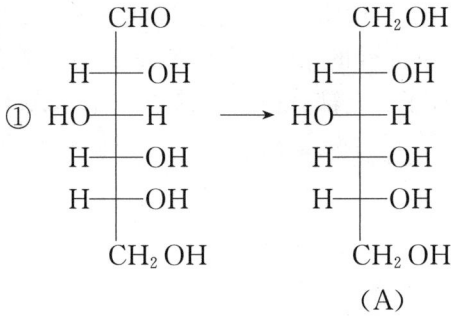

①

(A)

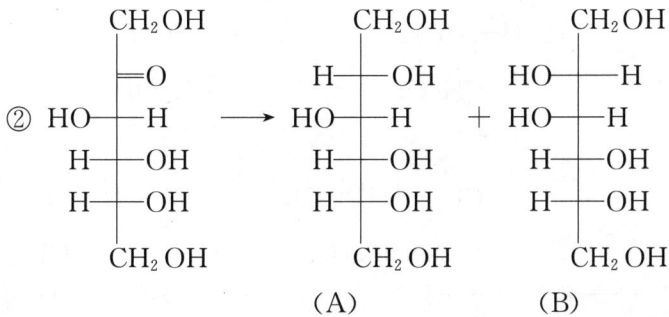

②

(A)　　　(B)

互为差向异构体

13. 可被麦芽糖酶水解，不被苦杏仁酶水解，说明该双糖为 α-苷键；能还原 Fehling 试剂，说明该糖是还原糖。此蜜二糖的系统名称为 6-O-(α-D-吡喃半乳糖基)-D-吡喃葡萄糖，化学结构如下：

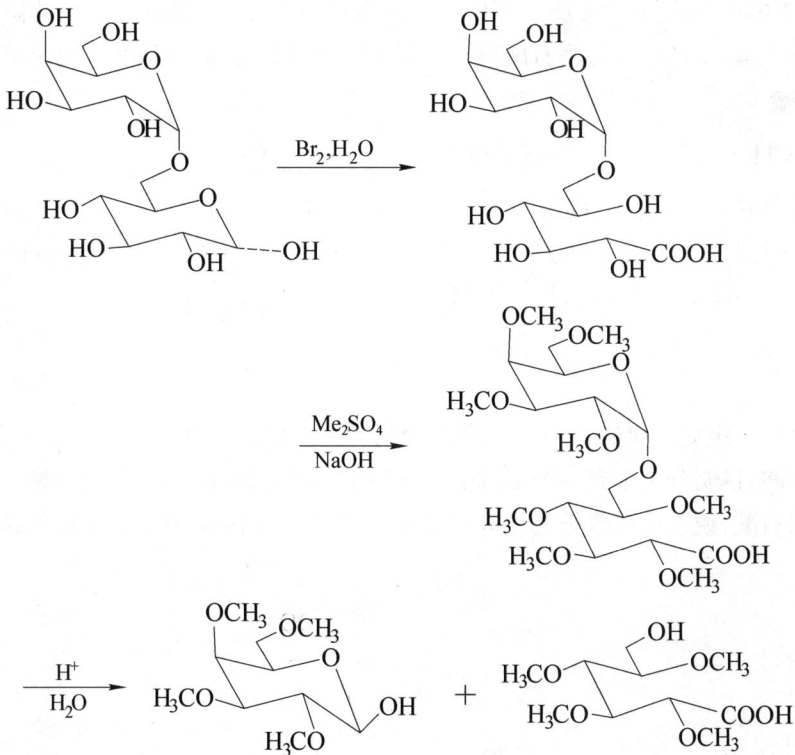

14. 与苯肼作用时，A 与 B 生成不同的糖脎，说明 A 和 B 的 C-3、C-4 和 C-5 不相同或不完全相同；加氢后 A 与 B 生成具有相同旋光性的糖醇，说明 A 与 B 在纸平面上旋转 180°后，除 C-1 和 C-6 为不同的官能团外，分子其余部分构型都相同。因此，A、B、C 的费歇尔投影式分别为：

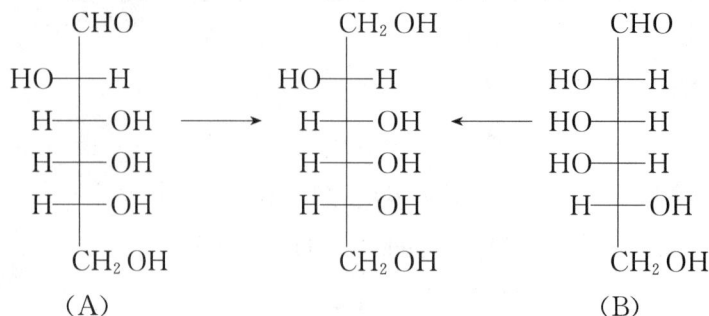

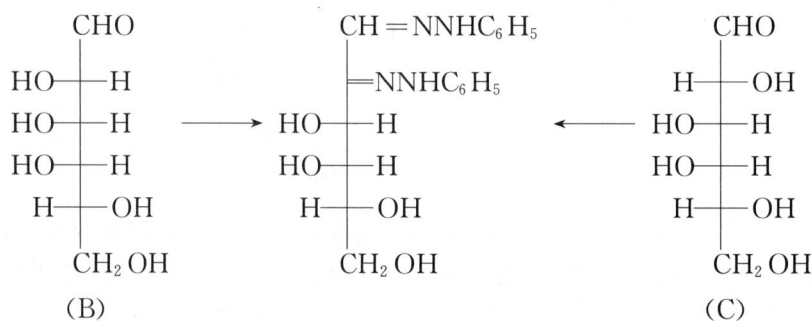

```
        CHO                    CH2OH                   CHO
   HO ──┤── H            HO ──┤── H             HO ──┤── H
    H ──┤── OH     ──▶    H ──┤── OH     ◀──    HO ──┤── H
    H ──┤── OH            H ──┤── OH            HO ──┤── H
    H ──┤── OH            H ──┤── OH             H ──┤── OH
        CH2OH                  CH2OH                  CH2OH
        (A)                                           (B)
```

```
        CHO               CH = NNHC6H5                  CHO
   HO ──┤── H                 = NNHC6H5            H ──┤── OH
   HO ──┤── H     ──▶    HO ──┤── H      ◀──      HO ──┤── H
   HO ──┤── H            HO ──┤── H               HO ──┤── H
    H ──┤── OH            H ──┤── OH               H ──┤── OH
        CH2OH                 CH2OH                    CH2OH
        (B)                                            (C)
```

15. D-戊醛糖降解后生成 D-丁醛糖。D-丁醛仅有两个异构体（L-异构体除外），如经硝酸氧化后生成 2S,3S-左旋酒石酸（旋光性酒石酸，非内消旋酒石酸），此戊醛糖的结构应为：

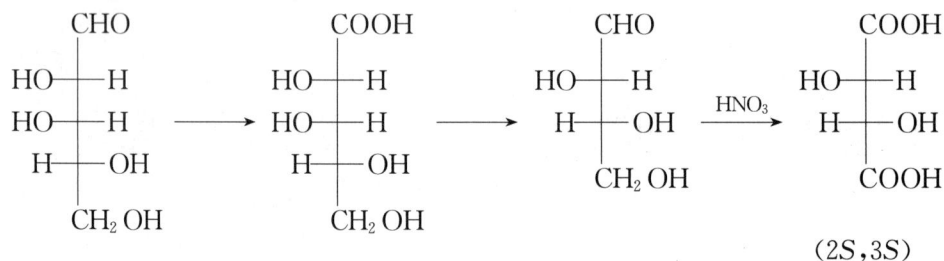

```
     CHO               COOH              CHO                    COOH
HO ─┤─ H          HO ─┤─ H          HO ─┤─ H              HO ─┤─ H
HO ─┤─ H    ──▶   HO ─┤─ H    ──▶    H ─┤─ OH    HNO3    H ─┤─ OH
 H ─┤─ OH          H ─┤─ OH             CH2OH           COOH
     CH2OH             CH2OH                              (2S,3S)
```

D-戊醛糖升级后生成的两个 D-己醛糖应为 C-2 差向异构体，其一经硝酸氧化生成内消旋的糖二酸，说明分子中有一个对称面。又该 D-戊醛糖降解并氧化后的糖二酸既然不是内消旋酒石酸，说明该戊醛糖的 C-3 羟基不在右侧。故该戊醛糖应有如下结构和转化过程：

16. 该戊醛糖及其氧化产物的结构分别为:

(D)　　　　(C)　　　　　　(A)　　　　　　(B)

17. 1,2-连接时,产物为甘油和 D-甘油醛。反应过程如下:

第十八章 萜类和甾体化合物 ▷▷▷▷

习 题

1. 单选题：

(1)樟脑中含有两个异戊二烯单元,它属于：

    A. 半萜   B. 单萜

    C. 二萜   D. 倍半萜

(2)存在于中药薄荷里的薄荷醇 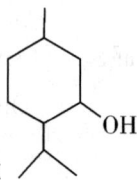 ,从结构上看属于：

    A. 半萜   B. 单萜

    C. 二萜   D. 倍半萜

(3)樟脑 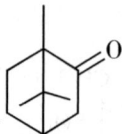 的化合物骨架属于：

    A. 螺环化合物   B. 桥环化合物

    C. 两者都是   D. 两者都不是

(4)萜类化合物 的系统命名是：

    A.3,7,7-三甲基二环[4.1.0]庚烷   B.1,7,7-三甲基二环[4.1.0]庚烷

    C.1,7,7-三甲基二环[2.2.1]庚烷   D.2,6,6-三甲基二环[3.1.1]庚烷

(5)甘草次酸存在于中药甘草中,结构式如下：

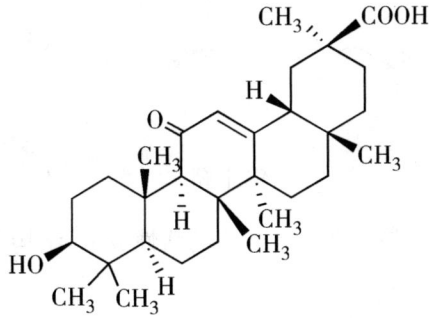

不能发生的化学反应是：

A. 还原反应　　　 B. 氧化反应　　　　　 C. 加成反应　　　　 D. 水解反应

(6)环戊烷并多氢菲是甾体化合物的基本骨架,按有机化合物命名原则命名时,环上哪个碳原子被指定为第三个碳原子(C_3):

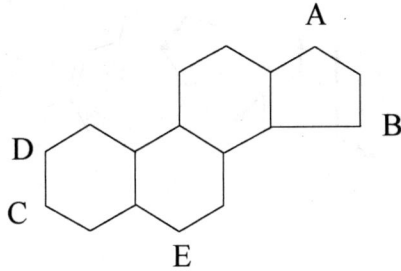

(7)某甾体化合物的结构式为: 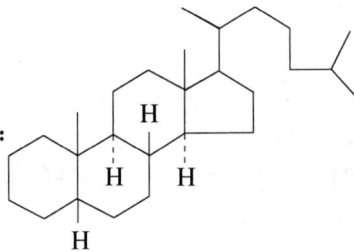 此化合物从理论上有多少个立体异构体:

A. 512　　　　　　 B. 256　　　　　　　 C. 128　　　　　　 D. 326

(8)胆酸 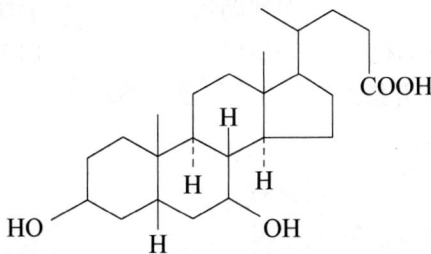 分子中 C_3-OH 和 C_7-OH 的空间构型是:

A. $C_3\beta C_7\alpha$　　　　　 B. $C_3\beta C_7\beta$　　　　　　 C. $C_3\alpha C_7\alpha$　　　　　 D. $C_3\alpha C_7\beta$

(9)维生素 A 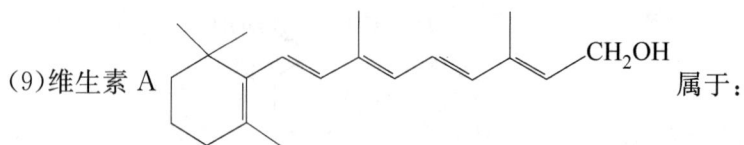 属于：

A. 单萜　　　　　　　 B. 倍半萜　　　　　 C. 二萜　　　　　　 D. 三萜

(10) 人参皂苷 Rb₂ 是存在于人参中的活性成分,结构式如下：

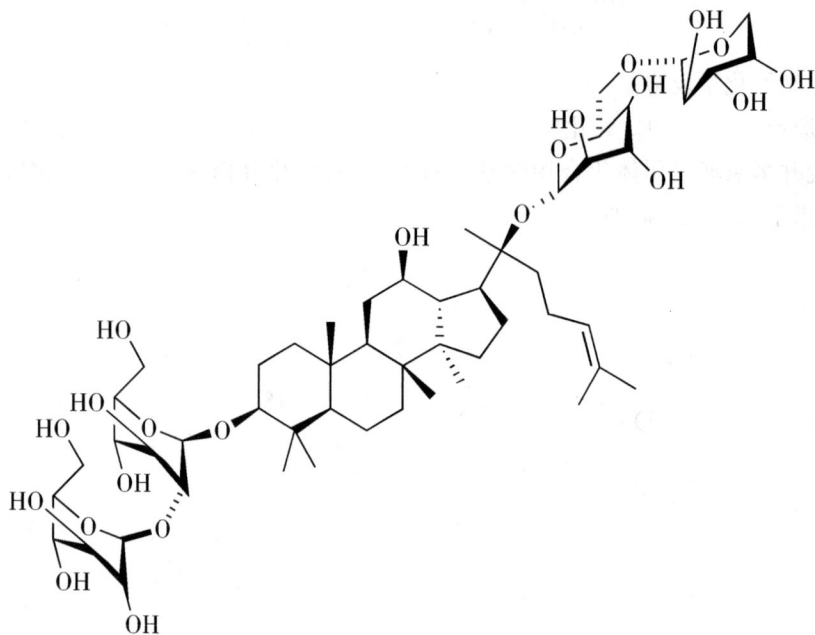

有关说法不正确的是：

A. 此化合物没有旋光性

B. 所有的—OH,都可以看成是醇—OH

C. 酸性水溶液中会水解

D. 所有的苷键都是 O—苷键

2. 参照课本写出下列化合物的结构式：

(1)薄荷醇　　　　　 (2)樟脑　　　　　 (3)罗勒烯　　　　　 (5)胆甾醇

(5)胆酸　　　　　 (6)氢化可的松　　　 (7)苧烯　　　　　 (8)薄荷烷

3. 画出下列化合物的异戊二烯单位并指出它们各属于哪一类萜：

(1) 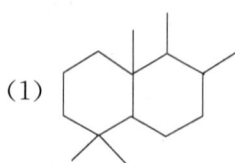　　　　　 (2)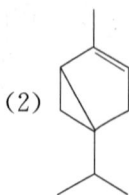

（3）　（4）

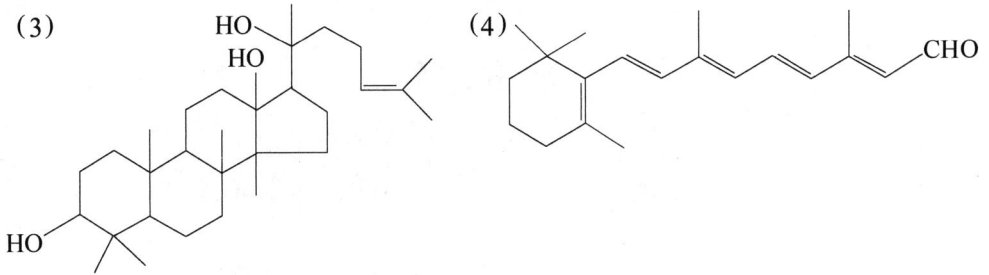

4.杯苋甾酮是源于中药川牛膝的一个化合物,结构式如下:

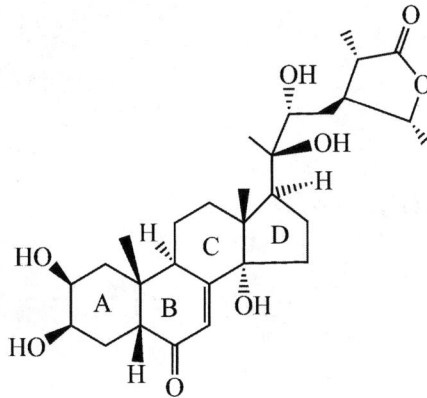

试回答下列问题:

(1)杯苋甾酮属于 5α 系还是 5β 系?

(2)A 环与 B 环是顺式稠合吗?

(3)分子中共有多少个手性碳原子?

5. 推导结构:

化合物 A 的分子式为 $C_{10}H_{16}O$,分子结构符合异戊二烯规律。A 能使溴的四氯化碳溶液褪色,也能与吐伦试剂反应生成银镜。A 的臭氧化产物为丙酮、乙二醛和化合物 B($C_5H_8O_2$)。B 即可以发生碘仿反应,又能与吐伦试剂作用。试推出 A 和 B 的结构。

参考答案

1.

(1)B (2)B (3)B (4)C (5)D (6)C (7)B (8)B (9)C (10)A

2.

（1）

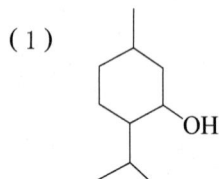

2-异丙基-5-甲基环己醇

（2）

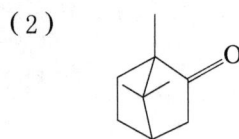

1,7,7-三甲基二环[2.2.1]庚-2-酮

（3）

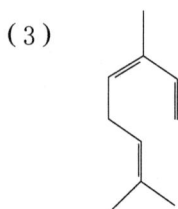

3,7-二甲基辛-1,3,6-三烯

（4）

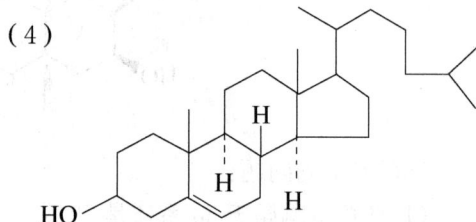

3β-羟基胆甾-5-烯

（5）

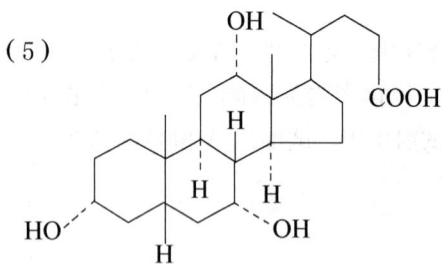

3α,7α,12α-三羟基-5β-胆烷-24-酸

（6）

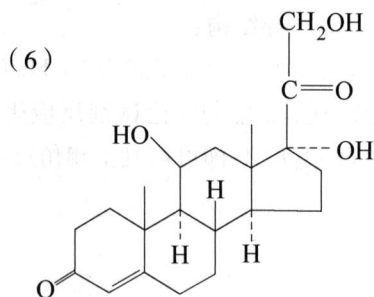

11β,17α,21-三羟基孕甾-4-烯-3,20-二酮

（7）

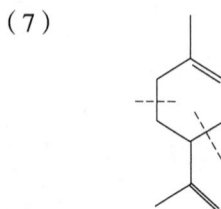

1-甲基-4-(甲基乙烯基)环己-1-烯

（8）

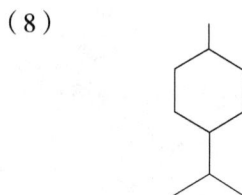

4-异丙基-1-甲基环己烷

3.

（1）

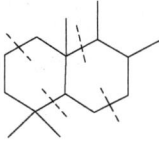

倍半萜

（2）

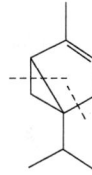

单萜

（3）

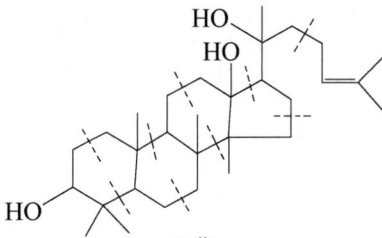

三萜

（4）

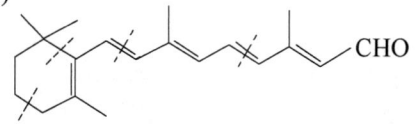

二萜

4.
(1)①5β系　　(2)是　　　(3)13

5.

A.

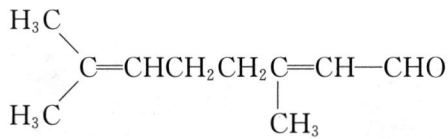

B.

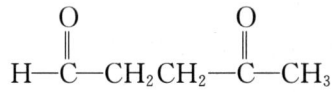